国家高技术研究发展计划(863计划)重大专项
"重大环境污染事件应急技术系统研究开发与应用示范"共性课题之一
"重大环境污染事件风险源识别与监控技术"(2007AA06A40405与2007AA06A40406)

多尺度突发
环境污染事故风险区划

曾维华 宋永会 姚 新 程红光 刘仁志 石巍方 薛鹏丽 等◎著

Multi-Scale Environmental Pollution Emergency Risk Zoning

科学出版社
北京

内 容 简 介

本书在环境风险区划综述基础上,以环境风险系统理论为主线,剖析突发环境污染事故的成因,发生过程及其各要素之间的特征与相互联系;借鉴地理区划的研究方法,构建了突发环境污染事故风险区划的理论与方法体系,以及环境风险系统中各子系统的相应量化模型;在此基础上,采用k-均值聚类数据挖掘技术与环境风险综合评价等方法,在不同尺度上开展了区域环境风险分区示范研究;搭建了典型示范区环境风险分区信息系统与基于环境风险分区的布局优化调整决策支持系统。本书是国家"863"计划重大专项"重大环境污染事件风险源识别与监控技术"的研究成果之一,从空间分区角度贯彻了区域环境风险差异性管理思想,对丰富和发展环境风险管理理论与方法,指导具体区域环境风险管理,具有一定理论意义与实际应用价值。

本书可作为从事重大环境污染事故风险评价与管理工作以及不同尺度区域环境风险分区工作指南,可供相关学科领域学者、研究人员与工程技术人员参阅。

图书在版编目(CIP)数据

多尺度突发环境污染事故风险区划/曾维华等著. —北京:科学出版社,2013.7

ISBN 978-7-03-037999-3

Ⅰ.①多… Ⅱ.①曾… Ⅲ.①环境污染事故–研究 Ⅳ.①X507

中国版本图书馆 CIP 数据核字(2013)第 136189 号

责任编辑:李 敏 刘 超/责任校对:朱光兰
责任印制:徐晓晨/封面设计:无极书装

科学出版社出版

北京东黄城根北街 16 号
邮政编码:100717
http://www.sciencep.com

北京京华虎彩印刷有限公司 印刷
科学出版社发行 各地新华书店经销

*

2013 年 7 月第 一 版 开本:787×1092 1/16
2017 年 4 月第二次印刷 印张:18 1/4
字数:300 000

定价:180.00 元
(如有印装质量问题,我社负责调换)

《多尺度突发环境污染事故风险区划》课题组

组　　长　曾维华

副 组 长　宋永会

成　　员　（按姓氏笔画排列）

马俊伟　石巍方　兰冬东　刘　俊

刘　锐　刘仁志　汪䐀喆　宋永会

张力小　姚　新　曹世凯　程红光

曾维华　谢　涛　谢槟宇　薛鹏丽

审　　校　石巍方　姚　新

排　　版　石巍方　余全龙　龙晓东

序

工业革命以来，人类社会文明有了高度的发展，近一二百年所创造的财富远远超过了此前人类社会漫长发展中所创造的财富的总和。人类正津津乐道地享受现代高度发达的工业文明所带来的诸多愉悦之时，一些问题也随之而来，笼罩在人类赖以生存的蓝色星球上。2004 年印度洋海啸，2005 年中国吉林化工爆炸及松花江水污染事件等，都向世人展示了这些风险事件的巨大威力和带给人类的创伤。正如乌尔里希·贝克所指出的那样，人类正生活在一个风险的社会里。

风险一直是伴随着人类社会的发展而出现的，它无处不在，无时不在。自然界神秘力量的破坏力依然是人们所难以想象的。火山喷发、地震、洪灾等这些自然灾害古已有之，但为什么如今社会对风险如此关注而又充满着畏惧呢。关键在于人类现今社会的发展给风险注入了新的力量，加剧了自人类历史以来一直存在的风险。人类开发活动造成的生态环境的急剧恶化与破坏，使洪灾、山体滑坡、泥石流等灾害变得频繁而严重。人们常常不断地听到这类灾害的消息。同时，当今社会的发展也带来了新的风险类型。如伦敦烟雾事件，日本"水俣病"事件等，其所带来的巨大危害绝不亚于大规模自然灾害。而其所带来的后遗症则是任何一次自然灾害都无法比拟的。

风险不可能消灭，只能减缓，人类社会今后的发展也必须直面各种风险。面对人类社会化学工业生产中所带来的巨大风险，人们需要有勇气和智慧面对并处理。既然不可能抛弃工业文明，那只能与工业风险并存，将工业文明所带来的风险降至最低，即风险最小化。

中国社会的发展已经进入了环境污染事件频发期，各种环境污染事件层出不穷，已成为危害人类健康、破坏生态环境的重要因素，严重威胁了我国环境、经济及社会的健康发展。如何有效地预防环境污染事件，降低环境风险，减少对人群和环境的危害，是我国现今发展中所面临的重大课题。

本书作者针对我国环境风险控制与管理中存在的问题，申请并完成了国家"863"计划项目重大课题"重大环境污染事件风险源识别与监控技术"。在系统归纳总结环境风险理论以及对国内外重大环境污染事件的发生过程进行剖析的基础上，开发环境风险源识别及风险分区技术，并在沿江化工工业园区、化工业特大城市以及流域尺度进行应用示范研究。其成果的推广与应用将极大地提高我国环境风险识别、控制和管理能力，为重大环境污染事件防范提供有力的技术支撑。对区域整体从源头上减少重大环境污染事件发生，遏制我国目前重大环境污染事件频发态势，最大限度地减小其对经济、社会发展的不利影响，具有十分重要的现实意义。

本书相关内容是作者国家"863"计划项目重大课题研究中一部分成果，书中对区域环境风险及其区划的研究，不只是对现有环境风险状态进行分析或评价，而是从环境风险系统理论的高度，对环境风险的产生、发展、显现进行了深入分析，旨在对环境风险发生链条中的每一个环节进行透彻分析，为管理者提供相应的借鉴与支持。书中所采用的分区方法综合了现有风险分区中较为先进的技术，并不仅仅局限于现有的环境风险评价的技术流程。对于中等尺度和小尺度的区域，采用聚类分析的方法能更好地体现"物以类聚"的特点，更有利于针对不同分区采用适合其特点的分区管理对策和应急措施。

本书作者在从事大量研究的基础上，对环境风险在空间上的传播进行了半定量化和数学化研究。对于空间分区问题，相关方法打破了行政单元的固有界限，为环境风险区划问题在空间上的定量化寻求解决办法进行了积极探索。为环境风险区划领域的进一步丰富与发展提供了研究基础。

对于环境工作者来说，"拯救地球"是老生常谈的呼吁。或许，对人类来说，善待自然，处理好人类加诸于自然的种种不和谐就是对人类自身的救赎。然而，要解决实际问题，正确的科学指导和完备的方法体系是十分重要的。今天的我们已经自觉或不自觉地卷入环境风险中。环境风险在我们的生活中随处可见，与我们的生活息息相关。相信本书的出版将为环境风险的控制与管理注入新的活力，为相关管理者和决策者提供富于启发性的参考。相信人类的努力将让环境风险重归"自然"。

前　言

我国重化工业的迅速发展之路使得危险化学物质生产、运输及储存的种类和数量都在急剧增加。强大的重化工业在拉动中国经济高速发展的同时也大大增加了环境污染发生概率。随着环境保护法律法规的执行、生产和污染控制工程技术的进步，企业的正常排污已得到逐步的控制，而突发环境污染事故造成的污染却在显著增长，其影响也越来越明显。与此同时，我国不断推进的城市化进程和人口密度的激增，更进一步加剧了突发污染事故的损失和社会影响。

突发环境污染事故发生突然，难以预测，来势凶猛，其危害和后果难以控制。2005年松花江污染事故是我国近年来影响最大的突发环境污染事故，不但造成了巨大的经济损失，而且带来了严重的社会恐慌和高达数百亿元人民币索赔的国际纠纷（Zhu et al，2007）。此外，仅2010年7月的突发污染事故就触目惊心，7月12日福建省紫金矿业发生重大污水渗漏事故，9100立方米的含铜酸水外渗引发汀江流域污染，事故导致棉花滩库区死鱼和中毒鱼达约189万kg；7月16日大连市输油管道爆炸，造成1500吨原油入海，污染范围达100平方公里；7月28日，吉林省1000多只装有三甲基乙氯硅烷的原料桶被冲往松花江下游，江面上不时地冒着白色刺鼻烟雾；7月28日南京塑料四厂发生可燃气体管道泄漏爆炸，由于事发地在居民区附近，造成10人死亡，134人受伤，附近建筑物破坏严重。由此可见，突发污染事故已成为威胁社会安定和环境安全的重要因素。

根据《中国环境统计年鉴》，1990～2008年，全国共发生36 211起污染事故，即平均2～3天就会有一起污染事故发生。在过去的十几年中，环境污染事故已造成128人死亡，53 966人的健康受到污染物影响。

鉴于日益严峻的突发环境污染事故影响，环境保护部对我国2003年以来建于环境敏感区的化工项目进行了风险排查。结果显示：有81%的化工企业都存在重大风险隐患，尤其在一些沿海、沿江，人口集中，产业密集的区域，呈现出环境风险源集聚，产业结构不合理，企业污染事故应急预防能力薄弱等特征。

由于我国经济发展模式的限制，短时间内彻底改变产业布局不合理引起的布局型环境风险存在一定的难度。环境风险区划作为区域环境风险管理的主要手段之一，是区域环境风险总体特征的划分，其目的在于客观地揭示区域内及区域之间环境风险系统特征的相似性和差异性，并根据区域环境风险特征的分布规律，划分成不同的地区，确定不同的环境风险管理对策。因此，进行突发环境污染事故风险区划，从空间上掌握区域环境风险的分布规律，实施不同的控制策略，可有效降低事故发生的概率和污染损失。

现有的环境风险分区大都是在环境风险评价基础上衍生而来的。环境风险评价是人类认识环境和处理环境关系的里程碑式的进步。对于可能造成的损失与不利后果的评价，使人们对不可预期的未来有一个概然的认识。然而，由于风险评价常常使各分区的一些风险特征难以轻易辨识，同时各分区的个性特征不够明显，使得风险评价基础上的环境风险区划其风险管理措施针对性不明显，难以取得应有的风险减缓效果。

本书在对环境风险区划进行综合评述的基础上，以环境风险系统理论为主线，剖析突发环境污染事故的成因，发生过程及其各要素之间的特征与相互联系，借鉴地理区划的相关研究成果，构建突发环境污染事故风险区划的指标体系框架。根据风险因子的释放、空间传递的特征和规律以及与风险受体之间相互作用的危害性，构建了环境风险系统中各子系统的相应量化模型，具体包括风险源危险性评估模型、风险场空间量化模型和受体脆弱性评估模型，在此基础上，采用k-均值聚类数据挖掘技术、风险综合评价等技术对区域进行环境风险分区，并根据环境风险系统理论提出环境风险分区管理与应急策略框架。

本书选取南京化学工业园、上海市闵行区、上海市和长江三角洲四个区域作为不同尺度的典型案例，采用环境风险区划技术方法进行环境风险区划，并根据区划结果提出有针对性的分区管理对策。鉴于环境风险区划是一个复杂的过程，现实中根据区域数据进行环境风险分区的过程通常是滞后的，无法适应区域实际情况的发展变化，因而计算机技术手段通常成为辅助决策的有力工具。

本书最后对环境风险动态分区系统以及基于环境风险分区的区域功能布局优化调整决策支持系统的开发过程进行了介绍。

本书的章节体系由曾维华、宋永会与姚新制定；第1章、第2章、第3章、第4章、第6章、第11章、第13章由曾维华与薛鹏丽负责编写；第5章、第7章、第12章、第17章由曾维华与石巍方负责编写；第8章、第14章由刘仁志负责编写；第9章、第15章由马俊伟负责编写；第10章、第16章由张力小负责编写；第18章由程红光与姚新负责编写；全书的统稿工作由曾维华、石巍方与余全龙负责完成。本书所涉及的系统由中科宇图天下科技有限公司负责开发完成。

本书是在吸取国内外环境风险区划最新技术方法、借鉴相关领域已有研究成果的基础上，结合作者的相关科研成果完成的。本书可作为环境专业高年级研究生和从事环境风险管理的技术人员的参考书。

目　　录

第二篇　案　例　篇

第三篇　系统开发篇

第一篇

理论方法篇

第1章 概　　述

1.1　基　本　概　念

1.1.1　突发环境污染事故

突发环境污染事故是相对于非突发环境污染事故而言的，非突发环境污染事故是经较长时间的潜伏和演化，经过时空积累效应才体现出来的，如农田施撒的农药经过长时间聚集后酿成污染事故，太湖水华水污染事故等。突发环境污染事故没有固定的排放方式和排放途径，发生突然，来势凶猛，瞬间排放大量的污染物，对生态环境和人体健康构成巨大威胁（Wies，1995；Gorsky，2000）。

突发环境污染事故的特征主要表现为以下几个方面。

1. 发生的突发性

突发环境污染事故都是在人们毫无准备的情况下瞬间发生的，给社会和公众带来极大的恐慌。突发环境污染事故能否发生，何时何地以何种方式爆发，以及爆发的程度等情况，人们都始料不及，难以准确把握，这使得突发环境污染事故预防机制的建立困难重重，加大了突发环境污染事故发生后组织有效紧急处理的难度。

2. 危害的严重性

污染事故发生突然，加之其预防和控制的难度大，使得污染事故对社会经济和生态环境造成的危害和影响远大于一般可防可控的污染事故。这种危害不仅体现在人员伤亡、组织消失、财产损失和环境污染上，而且还体现在突发环境污染事故对社会心理和个人心理造成的破坏性的冲击。例如，2005 年 11 月中石油吉林化工双苯厂爆炸导致松花江发生重大污染事件，形成的硝基苯污染带流经吉林、黑龙江两省，甚至影响到俄罗斯境内，使得周边地区全面停水，直接或间接影响上百万人，造成了当地严重的饮用水安全恐慌和高达数百亿元人民币索赔的国际纠纷（孙莉等，2005；Zhu et al，2007）。

3. 处置的紧急性

突发环境污染事故发生后要求人们必须马上作出正确的、有效的应急反应，并且需要训练有素的人员、物质资源和时间，以减轻污染事故给社会和环境造成的巨大经济损失和不可估量的后果。

4. 影响的滞后性

突发环境污染事故的影响有瞬时影响和滞后影响两种。瞬时影响是判断污染事故级别的重要依据，目前，人们在对突发环境污染事故的影响做评估时往往只关注污染事故的瞬时影响。但突发环境污染事故影响有一定的滞后性，进入大气、水体或土壤的污染物质，经过一段时间的累积，对人体健康和生态环境都会产生一定的影响。

1.1.2 危险源与风险源

1. 危险源

长期或临时的生产、加工、搬运、使用或储存的有毒有害或易燃易爆物质，或因人类活动造成在自然界中相对集中累积的有害物质；这些物质在特定的自然、社会环境条件下，由于人为或意外因素或不可抗力引起其物理、化学稳定性发生变化，可导致环境受到严重污染和破坏，甚至造成人员伤亡，使当地经济、社会活动受到较大的影响（郭振仁等，2006）。

《重大危险源辨识》（GB182118—2000）中，将重大危险源定义为：长期的或临时的生产、加工、搬运、使用或存储危险物质，且危险物质的数量超过临界量的单元。单元指一个（套）生产装置、设施和场所，或同属于一个工厂的且边缘距离小于 500 米的几个（套）装置、设施和场所。危险物质指一种或几种物质的混合物，由于它的化学、物理或毒性特征，使其具有导致火灾、爆炸或中毒的危险。判定所指单元是否构成重大危险源，所依据的标准是《重大危险源辨识》（GB182118—2000），但单元存在危险物质的数量等于或超过标准中规定的临界量，该单元被定义为重大危险源。

2. 风险源

风险源即导致风险发生的课题以及相关的因果条件（郭永龙等，2002）。风险源可以是人为的，也可以是自然的；可以是物质的，也可以是能量的。它的发生是随机的，具有相应的概率。

3. 环境风险源

环境风险源是环境风险的发源地，是孕育可能对环境产生污染的风险物质的具体地点。环境风险源不仅包括污染事故对周边敏感受体所产生的危害性影响，还包括环境风险释放的不确定性。安全生产中的危险源与环境风险源不能等同。安全生产中，具有火灾爆炸事故特征的危险源不属于环境风险源，因为火灾爆炸事故通常不会产生环境污染，如环氧乙烷等，发生火灾爆炸后，事故处理通常采用燃烧法转化为二氧化碳，不会产生大气污染事故和水污染事故。因此，这类危险源不能称之为环境风险源。但火灾爆炸事故通常会引起其他有毒有害物质的泄漏（如松花江污染事故），从而造成生态环境的污染。

有些学者将环境风险源按环境风险因子释放机制分为常规风险源、事故风险源（常发风险源）与潜在风险源（曹希寿，1991，1994）。毕军（1994）将环境风险源分为环境风险源（environmental risk source，ERS）与潜在环境风险源（potential environmental risk source，PERS），认为在环境风险因子释放前，环境风险源为潜在环境风险源，二者转化是由环境风险的初级控制机制控制的。

4. 环境风险源与危险源的关系

环境风险源和危险源是两个既有区别又相互交叉的概念（表 1-1）。环境风险源从生态环境保护角度考察重大工业事故演化成环境污染事故后，对周边敏感受体所产生的危害后果；危险源从职业安全角度关注重大工业事故防范对人体的伤害，不考虑污染物质释放后对周边敏感受体，特别是生态环境的影响。

表 1-1　环境风险源与危险源的区别

类别	环境风险源	危险源
关注点	从生态环境保护出发，关注环境安全管理	从职业安全角度，关注工业生产领域的安全生产
受体	生态环境及周边敏感目标	人类
主管部门	环境保护部门	安监部门

1.1.3　环境风险区划

区划既是一种划分又是一种合并。区划的概念最早是由地理学派奠基人 Hettner 在 19 世纪初提出的，他指出，区划是对整体的不断分解，这些部分是在空间上互相连接，类型上分散分布的（Cherrett，1989）。此外，还有学者指出，区划是以地域分异规律学说理论为基础，以地理空间为对象，按区划要素的空间分布特征，将研究目标划分为具有多级结构的区域单元（傅伯杰等，2001）。Varnes（1999）指出，区划的任务就是根据目的，一方面将地理空间划分为不同的区域保持各区域单元特征的相对一致性和区域间的差异；另一方面又要按区域内部的差异划分具有不同特征的次级区域，从而形成反映区划要素空间分异规律的区域等级系统。

环境风险区划是依据环境风险在时间上的演替和空间上的分布规律，对其进行区域差异性和一致性的划分，且区划单元满足单元内相似性最大，而单元间差异性最大的特点，确定各环境风险区划单元之间的等级从属关系。

1.2　区域环境风险研究进展

环境风险研究起源于 20 世纪三四十年代人类对自然灾害的认识、评估及防治。但直到 1973 年，美国核能管理委员会（NCR）才首次提出了环境风险的概念。

自 20 世纪 80 年代以后，几个重大工业污染事故（如切尔诺贝利事故、莱茵河农药泄漏事故等）不仅严重污染局部环境，危害当地人群的身体健康，造成巨大的社会经济损失，而且还引起区域甚至于国际的环境纠纷。为此，各国和有关国际组织开始逐渐重视区域环境风险，从环境系统总体风险对区域环境进行分析。

国外学者对区域环境风险的研究大都集中在分析区域公众健康风险和灾难性事故风险两方面，尤其是对大型化工区具体的环境风险源及其污染事故诱因分析。

Kuijen（1987）完成了对河口堪为岛石油化工区的危险性识别，在此基础上，对技术防范措施进行了重大的改进，使得污染事故风险下降到原来的1/20。

进入20世纪90年代，区域环境风险研究开始集中于理论和方法。James（1990）系统地阐述了区域环境风险研究的框架；Petts（1997）论述了大尺度工业区风险评价的方法；Dobbins等（2003）以密西西比河下游某河段为研究对象，通过定位、监测、模拟等技术建立了区域环境风险数据库，依此作为区域环境风险分析的基础数据，为政府环境的宏观风险管理提供科学依据；Arunraj和Maiti（2009）以印第安东部工业区为例，构建的风险模型对突发环境事件风险后果进行分析，并提出基于后果分析的区域环境风险评价概念框架。

在我国，区域环境风险研究起步于20世纪90年代，且主要以介绍和应用国外的研究成果为主。

曹希寿（1994）探讨了区域环境风险水平表征、识别方法及四个开展区域环境风险评价与管理的主要问题；姜伟立等（2006）提出区域环境风险动态监控的新思路；黄圣彪等（2007）指出，如何甄别环境中需要重点管理的风险污染物及其优先序是了解区域环境风险的基础；王静和钱瑜（2009）在分析区域环境风险评价工作现状及存在问题的基础上，提出了适用于区域环境风险评价的程序和方法。

在区域经济快速发展，危险源和危险物质不断增多的同时，区域突发性环境风险逐渐受到关注。毕军（1994）应用"风险频数"及相关指标对沈阳地区过去30年环境风险的时空格局进行了分析；也有学者通过对环境风险评价中无量纲或同一量纲的指标值进行综合，对危险分布图进行拟合和叠图，从而得到区域环境风险综合指数，以此来表征区域突发事故风险的大小（王玉秀和常艳君，1999）；胡二邦（2000）对流域污染事故风险评价理论作了梳理和归纳，提出了包含危害识别、事故频率和后果估算、风险计算、风险减缓四个阶段的风险评价体系；石剑荣（2005）推导了一套危险源鉴别、特征等浓度线确定、事故特征危害区与危险期估算等方面的区域环境风险分析模型；毕军等（2006）提出了区域环境风险系统理论，指出应根据风险系统的特征确定评价指标体系，在对各单因子分级评分的基础上，通过直接叠加或加权叠加对区域环境风险进行评价，并将结果空间表达，实现区域环境风险区划；徐琳瑜（2007）将信息扩散法用于区域环境风险评价的研究中，并对该区域的风险值进行聚类，得到区域环境风险空间区划图；曲常胜（2010）为评估省级区域范围内环境风险状况，构建了由危险性指标和脆弱性指标两大类指标组成的区域环境风险综合评价指标体系，并引入时序加权平均算子（TOWA）对区域环境风险进行评价，依据评价结果将区域划分为高、中、低风险区。

区域环境风险源复杂多样，危险化学物质污染特征繁多，且风险因子释放后，在介质传播过程中呈现多途径、多敏感目标的特点。区域环境风险的这些特点使得区域环境风险分析研究大都集中在对评价模型、指标体系、风险影响对象等方面的探讨。环境风险区划是区域环境风险研究的一种新思路，是区域环境风险分析研究的重要手段。

1.3 环境风险区划研究进展

1.3.1 环境风险区划发展历程

由于区划最早是由地理学派奠基人 Hettner 提出的，因此最早的区划工作主要集中在地理学领域。直到 20 世纪 80 年代，风险区划才在自然灾害区划的基础上发展起来，其研究成果在 90 年代达到高峰。

Graham 和 Hunsaker（1991）认为自然灾害风险区划是灾害"准周期"与"地域性分布"两个规律的定量反映；是将灾害的区域差异性进行分类、评估，并按照一定的标准进行划分的过程（张震宇和王文楷，1993）。随着自然灾害风险区划理论及实践的不断成熟，一些学者指出自然风险区划按照灾害在时间上的演替和空间上的分布规律，对其空间范围进行区域划分，结果可以反映出区域内灾害的差异性（王平和史培军，1999），它是风险区域分异规律的一种量化体现（张俊香和黄崇福，2004）。

人类经济活动强度的不断增大及污染事故风险防范意识的薄弱，突发环境污染事故不断发生，为更好地管理区域环境风险，风险区划的研究在 20 世纪 90 年代逐渐在环境领域兴起。

Kuchuk 等（1998）应用欧洲环境与健康地理信息系统显示暴露的人群健康的类型与趋势，并依此对人群健康风险进行了空间上归类和划分，用于指导与健康有关的决策；Gupta 等（2002）构建了环境风险制图法，并把环境风险区划和土地发展适宜性分析结合起来，环境风险区划图可用来指导当地产业发展规划，但该环境风险区划方法没有考虑周边居民等受体的脆弱性；Anil 等（2002）通过对自然风险和工业系统相互作用潜在不利影响的分析，提出工业区选址对于区域风险管理尤为重要，设计了一套经济不发达地区环境风险制图方法（environmental risk mapping approach），以实现区域环境风险最小化；Merad 等（2004）在考虑专家意见、定量与定性标准以及方法的不确定性的基础上，提出了基于多目标决策支持的风险分区方法 ELECTRE TRI，并将该方法应用在法国的 Lorraine 地区，按照不同风险等级将区域进行风险区的划分。

我国学者对环境风险区划的研究主要集中在环境风险区划理论和区划指标体系上。杨洁等（2006）认为环境风险区划是按照区域自然环境及社会结构、功能及特点，对环境风险相对大小进行排序划分不同等级的过程，在对区域多个风险因素评价的基础上，得到区域环境风险综合指数，编制风险分布图，依此来确定环境风险优先管理顺序；徐琳瑜（2007）运用信息扩散法对环境风险进行评价，并在一定的环境风险分级标准下对风险值进行聚类，得到广州市南沙工业园环境风险分区图，为当地政府部门优化产业布局、制定风险预防和应急管理措施提供了依据；张宏哲等（2008）在分析应急救援指南、立即致死浓度、紧急反应计划指南、关心浓度限制等方法的基础上，采用有毒化学品的各种暴露极限浓度对初始隔离区、防护区、热区、暖区、冷区进行了划分，并依此对事故范围内人员疏散的原则进行了界定。兰冬东等（2009）构建环境风险分区指标体系，提出环境风险量化模型，并以上海市闵行区为例，将该区域分为高、中、低、较低四个风险区。

现有常见的环境风险区划大多是区域环境风险评价结果的空间表达，是一种静态的、切面的环境风险评价的延伸，很难反映环境风险要素空间特征的类型组合规律，这从本质上与"区划"的内涵不符合，不是真正意义上的环境风险区划。

1.3.2 环境风险源危险性评价

近几年，对区域环境风险系统各要素的分析研究逐渐兴起，学者们开始关注区域环境风险源评估、暴露与危害及风险受体脆弱性评价等方面。

国外学者对环境风险源危险性评估的研究主要集中在风险源危险性量化模型方面。Sanderson 等（2004）用传统的概率评价方法对某地区大型石油化工联合企业的危险性进行了评价；Cooper 等（2008）通过构建风险源有毒物质在水中的泄漏扩散模型对风险源的危险性进行评价；Arunraj 和 Maiti（2009）从生产损失、财产损失、人体健康和安全损失及环境损失等方面对风险源可能引起的危险后果进行了评价。

我国环境风险源危险性评价主要是通过构建危险性评价的指标体系，从不同的方面对环境风险源的危险性进行评价。吴宗之（1998）将重大危险源评价中事故诱因的研究范畴从传统的系统失效和人为失误两大因素，扩展为系统失效、人为失误和人为破坏三个方面，对环境风险源危险性评价指标体系进行了改进；李其亮等（2005）依据化工园区环境风险的特点，利用模糊数学的方法构建评价模型对化工园危险性进行了评价；汪金福和廖洁（2007）从化工风险源危害度、危险度及安全度三个方面对化工建设项目风险源的危险性进行了评价。

此外，我国环境风险源危险量化模型评价还侧重于环境风险源分级方法及分级结果的分析。刘诗飞和詹予忠（2004）通过对环境风险源危害后果分析，构建危害量化模型，计算事故后风险物质的扩散范围，并依此评估风险源的伤害级别；胡海军等（2007）对后果分析法、爆炸伤害模型及泄漏扩散模型等方法做了分析，指出在实际应用中，单独使用某一方法会存在片面性，基于此，运用综合评价模型对环境风险源危险性进行评价，并将其危险性分为三级，并提出不同的控制措施；龚莉娟等（2007）依据泄漏进水域的最大油品量、水域环境敏感性等两个主要因素，研究确定了江苏油田水上（临水）设施环境风险源等级，并针对不同的风险源阐述了降低风险等级的技术方法和预防措施，为加强江苏油田环境风险防范、提高应急处理能力提供了依据；邵磊等（2010）运用层次分析法（AHP）、熵和模糊数学方法对跨界大气环境风险源进行风险评估，并以大连市某化学有限公司为例，将该大气环境风险源划分为四个风险等级。

1.3.3 环境风险受体脆弱性

"脆弱性"一词是美国学者 Clements 1988 年在第七届生态环境问题科学委员会上提出的，他指出生态脆弱性是指在大规模人类经济活动或严重的自然灾害干扰下，生态系统平衡状态的破坏（Alloy and Clements，1992）。

国外关于脆弱性评价工作开展得比较早，主要是通过构建脆弱度指数对生态风险中的受体进行评价。Gommes 等（1998）建立了由岛屿指数和人口密度组成的海平面上升脆弱性评价指数；Hutchinson 和 Mcintosh（2000）以物理暴露、政治稳定、人口密度和生存活动等因素为基础建立了简化的受体脆弱性指数；Kaly 等（2002）认为区域在经济、环境、社会三方面的脆弱性是区域遭受危险事件的风险、内在恢复力（生态系统退化后的自我恢复力）和外在恢复力（国家处理自然或人为灾害的能力）的函数；Pratt 等（2004）从危险度、抵抗力和损害度三个角度，以及气候状况、地质状况、地理条件、资源与服务、人口五个方面选择50 个指标对生态系统的脆弱度进行分析；Lange 等（2009）总结了不同生态风险受体脆弱性评价模型，指出专家判断（expert judgment）、定性结果（qualitative nature of the results）及定量结果的分级制图（ranking and mapping of the quantitative results）是生态系统脆弱性评价的通用方法，在此基础上，提出包含暴露、敏感及恢复的新生态脆弱性分析框架。

国内脆弱性评价研究中，研究对象为自然生态系统的脆弱度指数大都是由生态系统类型这一单因素决定的（许学工等，2001；付在毅等，2001；卢宏玮等，2003），即不同生态系统类型就决定了它的生态脆弱度大小；王让会等（2001）从景观生态学的观点出发，选择水资源系统、土地资源系统及植被资源系统对流域生态的敏感性及恢复力进行分析，构建生态胁迫度，将整个研究区域分为严重脆弱、中等脆弱、一般脆弱、轻微脆弱四个区域；赵红兵（2007）选取了气候、植被、生态迫害等方面的 10 个成因指标和经济发展、社会表现等方面的 11 个表征指标，对沂蒙山区生态脆弱度进行评价与分区；乔青等（2008）提出了用生态敏感度、生态弹性度和生态压力度三个基本指数作为基本指标，构建多目标、多层次的生态风险受体脆弱性评价指标体系和方法。

近几年，环境污染事故日益增多，对人群、社会经济及生态环境等污染事故风险受体进行分析的研究逐渐兴起，主要是从多个角度对环境风险受体进行综合评价。

Timothy 等（2009）从资源的可达性、社会地位、人口密度等方面对某区域边界的环境风险社会经济受体脆弱性进行了分析，并利用 ArcGIS 9.2 空间分析功能对该区域受体脆弱性分布特征进行了三维展示，为区域灾害管理提供了有力工具；Li 等（2010）构建了包含从环境风险源出发的物理脆弱性（V_{phy}）和从环境风险受体出发的社会脆弱性（V_{soc}）的综合脆弱性概念模型，其中社会易损性 V_{soc} 分布从人类 V_H、环境/资源 V_N 与物理设施 V_P 三方面考虑，并以南京化工园为例，评估了单种受体（人群）对单种事故效应（液氯泄漏）的脆弱性空间特征；毕军等（2006）从饮用水源地、生态功能区及人口密度三个方面构建了评价指标对长江（江苏段）沿江环境风险受体脆弱性进行了评价，为研究区环境风险分区管理措施提供了依据；兰冬东等（2009）从受体暴露和恢复力两方面构建了上海闵行区环境风险受体脆弱性指标，通过评价结果的等级划分，为区域环境风险管理及空间优化布局提供了决策依据。

1.4　区划方法研究进展

环境风险区划是为了进行更好的、有针对性的区域风险差异性管理。与研究相对成熟的自然灾害区划相比，环境风险区划的研究处于起步阶段，尤其是环境风险区划方法的应用方面更显薄弱。

自然灾害区划经过十几年的研究，理论和方法体系都已发展的比较成熟。自然灾害区划和环境风险区划都是反映研究对象的要素特征在空间的分布规律，从而反映区域内自然灾害/环境风险的一致性和差异性。虽然自然灾害区划属于区域区划，即任何一个区划单元都必须是个体的、不重复的和在空间上连续的（王平，1999）；而环境风险区划属于类型区划，不同特征的风险区可以在空间上分割，相同类型的风险区可以在空间上不连续。但自然灾害区划的方法可为环境风险区划的方法研究提供很好的借鉴。

传统自然灾害区划方法主要有"自上而下"和"自下而上"两种。

"自上而下"是区域分割的过程，适用于大尺度的区划工作。它是依据某个主导区划要素特征，考虑宏观地域分异规律进行区域的划分。"自上而下"通常与一些定量的方法结合使用，如单因子叠置法等。江命友等（1993）根据湖南省各县自然灾害地理分异格局，将湖南省自然灾害划分为东部多灾区和西部少灾区两个一级区，在对东西两个灾害大区进行进一步划分，得到灾害二级区和三级区；李炳元等（1996）根据地震、泥石流等灾害类型地域组合的相似性和差异性将全国划分为东部季风平原山地重度灾害大区、西北干旱高中山盆地中度灾害大区和青藏高寒山原轻度灾害大区。

"自上而下"宏观的区划方法在生态功能区划领域也有广泛的应用。汪宏清（2006）采用自上而下的区划方法，考虑江西省的地形地貌，将其作为研究区生态系统服务功能空间分异的主要因素；韩旭（2008）考虑青岛气候特征的相似性和地貌单元的完整性，生成青岛市生态功能的四个一级区：山区丘陵区、环胶州湾产业区、中部平原区和海岸线。

"自下而上"在区划的最低层，按照区划各要素属性特征的相似性，进行自下而上合并的过程。区划的最小单元，可以是土地利用类型图，也可以是按照研究区划分的不同精度的网格。"自下而上"区划是一种定量的区划方法，而聚类分析是实现"自下而上"最常见的方法。（史培军，1996；王学山等，2005）。

史培军认为灾害区划指标应包括三大类，即灾害强度、灾害损失和灾害影响，以其中任何一类指标或几个指标进行区划，都可以形成一种灾害区划（史培军，1991，1996）；在此基础上，王平对传统聚类分析进行了改进，提出空间邻接系数的概念，并应用于空间图斑合并的过程中，实现自然灾害风险区划（王平和史培军，1999）。

包晓斌（1997）以乡镇作为基本单元，采用 ISOTATA 模糊聚类区划方法将黄河的一级之流划分为三个类型区；Abaurra 和 Cebrian（2002）以行政区作为聚类的最小的单元，用聚类模型分析了恶劣干旱气候的空间分布；Zhang（2004）以中国松辽平原干旱灾害为例，利用模糊聚类分析结合灾害发生的频率、周期、强度、受损范围，构建干旱灾害风险度量化模型，将研究区域干旱灾害风险度划分成高、中、低和轻微风险区四种类型；吕红亮和杜鹏飞（2005）通过主成分分析法提取影响龙湾区自然灾害的主要因子，通过划分网格获得最小区划单元，结合星座图聚类方法获得温州龙湾区自然灾害区；祝志辉和黄国勤（2008）在综合分析江西省自然灾害特点的基础上，构建区划指标体系，以江西省 80 个行政单元为区划对象，建立各级灾害区单元划分的指标体系，采用聚类分析和主成分分析法对江西省进行了自然灾害的区划；谷晓研等（2009）利用两维图论聚类法对陕西渭河流域区划进行分析，确定最佳的农业生产自然灾害小区，为农业可持续发展和实现合理的农业地域分工提供科学依据。

随着社会发展和科学技术的进步，自然区划过程综合考虑了自然要素和社会经济要素，将自上而下和自下而上区划方法相结合，许多学者也在这方面进行了探索研究。

吴绍洪（1998）提出综合区划包括自然与社会经济两方面，以柴达木盆地为例，采用自上而下和自下而上结合的方法进行了综合区划。依据自然要素进行一级区的划分，而社会经济要素，如土地资源、矿产资源等是区划资源小区和亚区划分的依据。

王平（2000）以自然地理要素形成基本单元，运用基于空间邻接系数的自下而上的区域合并方法，得到了全国自然灾害风险区划小区；在此基础上结合自上而下区域划分的方法，将湖南农业自然灾害进行了综合区划。此后，我国的一些学者继续对综合区划的方法进行了应用研究，以孕灾环境、承灾体以及致灾因子共同组成的基本图斑作为区域自然灾害的区划基本单元，运用自下而上区域合并的方法得到灾害区划小区，并结合自上而下区域划分的方法得到综合的自然灾害区划方案（蒋勇军等，2005；张海峰等，2008）。

"自上而下"和"自下而上"两种区划方法各有特点。"自上而下"适合于较大尺度的区划研究，从宏观、全局着眼把握区划对象的特点；"自下而上"则适合于中小尺度的区划工作，该方法突破了行政界线的限制，能更好地反映区划对象的空间特征，定量的区划过程使得区划小区的界线清晰、准确，（王平和史培军，1999）。

由此可见，"自上而下"宏观把握区划对象的某个主导特征，进行最高级别单元的划分，然后依次将已划分出的高级单元再划分成低一级的单位，但"自上而下"划分过程中考虑的区划要素比较单一，容易造成区划结果信息的缺失；"自下而上"的区划方法则恰恰相反，它通过对最小区划单元区划信息综合集成，实现区划单元信息的最大化，在此基础上，进行最小单元区划要素特征相似性的聚类合并，逐步形成区划界线，实现区划对象空间分异规律的量化表达，但最小区划单元聚类组合图斑容易形成碎块区域，需要依据自上而下的宏观调整来进行碎块的合并。鉴于两种区划方法的适用范围和特点，"自上而下"和"自下而上"相结合的综合区划方法能结合两种方法的长处，避免其短处，提高区划的水平，特别是提高划界客观性水平。

1.5 突发环境风险管理

突发环境污染事故管理不善会成为环境灾难（彭祺等，2006）。危险物质泄漏或爆炸可能使控制下的污染物瞬时大量排放，由于事故的不可预测性，突发环境污染事故风险管理越来越受到重视。目前，突发性环境风险管理的研究主要集中在事故防范管理和应急管理两个方面。

1989年，联合国环境规划署提出了"区域紧急事故的预防和准备"，即"APELL"计划，其主要内容包括：①对区域紧急污染事故识别；②依据识别结果；③制订相应应急计划，提高当地各方的认识（Kik，1990）。

1990年，美国空气清洁法案修正案要求美国职业健康和安全管理局及环保局对处理极端有害物质的设施实施风险管理计划，对事故排放进行风险评估并建立应急措施（USEPA，1990）。此外，美国对突发性环境问题管理重点放在消减有毒污染物和风险管理上，采用全废水的毒性试验手段，以禁止致毒量的有毒污染物的排放。

Scott（1998）提出了"污染事故指数"法，该方法主要针对由突发性化学污染引起的地表水、土壤及地下水污染进行识别和半定量分级，以达到风险评估和应急管理的目的；Jenkins（2000）通过对历史污染事故数据中，一段时间内几个信息丰富的污染事故进行深度分析，从中找出潜在事故具有的相似信息，并以典型事故为标准，对其进行相对损失的评估；Emerson 和 Nadeau（2003）分析了沿海带风险源（移动源及固定源）的风险状况，分析了污染事故对海洋生态环境的影响，提出减轻、消除污染物环境危害的策略；Ghonemy 和 Watts（2005）在此基础上作了进一步研究，描述了突发风险评价中的不确定性，并在实践中尝试着解决风险评价的不确定性问题，依此确定突发污染事故的防范重点。

我国学者对环境风险研究是从 20 世纪 80 年代开始的。1986 年，在石家庄全国环境影响评价和区域环境研究学术研讨会上，明确提出环境风险及环境风险评价的概念（王华东，1986）。1990 年，国家环境保护局下发了（90）环馆字第 057 号文《关于对重大环境污染事故隐患进行环境风险评价的通知》；同年，国家环境保护局有毒化学品办公室召开了第一届有毒化学品风险管理研讨会。这标志着我国突发性环境风险研究工作已得到重视，学者对突发性污染事故风险管理也越来越关注。

汪立忠等（1998）对突发性环境污染事故的风险管理研究进展进行了论述，提出风险管理的管理计划、应急措施和减缓措施，他认为突发性环境污染事故风险管理存在许多难题，如风险评价的定量化及风险评价外推过程的不确定性，有关组织机构网络和法律法规体系尚未配套，污染连续监测预警系统十分缺乏，应急监测和应急管理措施的方法、技术体系有待建立和完善。熊飚等（2003）研究了历年来我国突发污染事故的案例，分析了化学危险品生产使用的薄弱环节，提出了突发污染事故的防范重点。李其亮等（2005）通过分析工业园区环境风险管理的各个因素，建立了工业园区的环境风险管理水平评价指标体系，分析工业园环境风险的特点，建立其模糊评价模型，并根据系统效益最大化原则，提出风险控制水平的优化理论。樊洪涛等（2007）以南京市为例，对我国城市突发环境事故风险管理与应急系统进行了探讨，指出管理措施不够完善、风险信息缺乏、防范及应急能力不足、高风险区不能被准确识别、环境风险易发企业缺乏有效的监控技术体系等，是区域层面突发性环境风险管理存在的漏洞。曲常胜等（2009）依据风险系统理论构建了环境风险区划的层次结构模型与指标体系，通过区域环境风险综合指数确定风险管理的优先地区及环节，并提出区域环境风险优先管理的措施。从某种意义上看，环境风险优化管理是风险分区管理的另外一种形式，其本质是一致的。李凤英等（2010）基于环境风险"全过程管理"与"优先管理"的理念，提出了环境风险全过程评估与管理的概念模型和理论框架，涵盖了受体易损性评估、环境风险表征、风险应急控制决策以及风险事故损失后评估等关键步骤。

从突发环境风险管理进展可知，很多学者从不同角度提出了许多污染事故预防和应急措施，但这些措施大都是针对区域层面的政府管理而提出的。区域内环境风险源、风险场和风险受体的空间分布特征存在很大的差异，对其进行宏观统一的风险管理是远远不够的。基于环境风险区划的风险分区管理，可针对不同风险小区的风险主导因子制定各有侧重的风险源监控及事故预防及应急措施，结合研究区实际社会经济特征，实现环境风险小区优先管理，并构建区域层面环境风险联动协作的风险管理网络，实现区域环境风险最小化的目标。

第2章 突发环境污染事故风险系统

2.1 突发环境风险与环境污染事故的辩证关系

风险是一种潜在的危险（danger）状态，它包括两层含义，即危险爆发的可能性（probability）与不确定性（uncertainty），以及危险的危害性后果（财产的损失、人员的伤亡与生态环境的破坏）。

风险（risk）通常可表示为危险发生的概率（probability）与危险后果（consequences）的乘积形式，即

$$risk = P \times C$$

式中，risk 为风险；P 为风险爆发的概率；C 为风险产生有害事件的危害性后果。

环境风险的概念有多种表述，如"通过环境介质传播的、由自发的自然原因或人类活动引起的一类有不良后果事件的发生概率"（陈立新，1993），或"一定区域，具有不确定性的事故或灾害对人类的行为可能产生的作用，这种作用对人类社会可造成损失"（李健和赵科，1994）。也有表述为"在一定区域或环境单元内，由人为活动和自然等原因引起的'意外'事故对人类、社会与生态等造成的影响以及所造成的损失等"（郭永龙等，2002）；"环境风险是由自发的自然原因和人类活动（对自然或社会）引起的，通过环境介质传播能对人类社会及自然环境产生破坏、损害乃至毁灭性作用等不良后果发生的概率及其后果"（赵晓莉等，2003）。也就是说，环境风险就是指环境受到危害的期望值。如果从人类的利益来看的话，环境风险就是指由于环境的破坏致使人类利益损失的期望值。其中，人类的利益包括人类的生命安全、生活环境、经济利益、社会利益等。

环境风险源是环境风险的发源地，是孕育可能对环境产生污染的风险物质的具体地点。环境风险源不仅包括污染事故对周边敏感受体所产生的危害性影响，还包括环境风险释放的不确定性。环境危险源主要考虑风险因子释放后，可能导致环境受到严重污染和破坏，甚至造成人员伤亡，使当地经济、社会活动受到较大的影响等。

显然，突发环境风险并不等于突发环境污染事故，因为环境风险的可能性往往暂时受到限制，只有当限制因素解除时，风险才有可能转化为灾害。有学者称这些限制因素为环境风险的控制机制（毕军，1994）。环境风险是危险的可能性，而环境污染事故则是环境风险爆发的结果。环境风险是一种潜在的危险状态，而环境灾害则是对造成人类生命财产严重损失的事实。灾害从某种意义上讲，既是风险的控制机制，又是风险的结果，这正是笔者在讨论环境灾害的基本特征时，所提到的环境灾害的被动诱发特性。自然灾害可以是环境灾害的控制机制。另外，环境风险随着其控制机制的失效，可爆发环境污染事故。由此可见，环境风险研究是污染事故预测的基础，是环境污染事故研究的重要组成部分。但

环境风险研究不能完全取代环境污染事故研究，环境污染事故研究还包括除环境风险研究以外的许多内容（如环境污染事故的救助与恢复等）。

环境风险是环境污染事故演变过程中所处的一种状态，是环境污染事故在孕育期与潜伏期的表征形式。环境风险是否会演变为环境污染事故取决于环境风险的控制机制（限制因素）、传递过程（通过自然环境的媒介作用传递）及环境风险受体的分布等。只有当环境风险的控制机制失效，并由自然生态环境传递到环境风险受体，与受体重叠，造成受体（环境灾害的承灾体）严重损害时，环境风险才完成向环境污染事故的转化，进而爆发环境灾害或污染事故。

当然，并不是所有环境风险都将转化为环境污染事故，除了风险的限制因素以外，环境风险的大小（可能性与危害性后果的严重程度）也是环境风险是否转化为环境灾害的决定因素，只有那些风险值大，危害性后果严重的环境风险才有可能转化为环境污染事故（表2-1）。

表 2-1 环境风险转化为环境污染事故的四种情况

可能性	危害性后果	是否爆发污染事故
小	大	可能爆发
大	小	未必爆发
小	小	不爆发
大	大	很可能爆发

2.2 区域突发环境污染事故风险系统

环境风险系统理论来源于自然灾害风险系统。一般认为，自然灾害的发生必须具备以下几个条件：①存在诱发自然灾害的因子（如暴雨、泥石流等，称之为致灾因子）以及形成自然灾害的环境（称之为孕灾环境）；②自然灾害影响区有人类居住或分布有社会财产（称之为承灾体）（史培军，1991）。因此，相应地，自然灾害风险系统是由致灾因子、孕灾环境和人类社会环境作为承灾体的三者相互联系、相互影响的灾害系统（史培军，1996；万庆，1999；Ammann et al，2006）。自然灾害风险系统如图2-1所示。

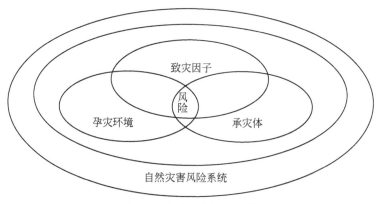

图 2-1 自然灾害风险系统

与自然灾害风险相比，突发环境污染事故风险发生具有很大的人为性和影响的多样性。顾传辉和陈桂珠（2001）认为，环境风险事件也不能被简单地看做是由事故释放的一种或多种危险性因素造成的后果，而应看做是风险产生、风险控制、风险传输及受体暴露几个因素所构成的系统。因此，环境风险系统由环境风险源、控制机制、环境风险场及风险受体共同组成。

环境风险因子孕育于环境风险源，它受风险初级控制机制控制。一旦初级控制机制由于自身故障或外部风险触发机制作用下失效，环境风险因子释放于外部空间，受次级控制机制控制，并在环境风险场（即风险因子传输场）的作用下与风险受体接触，给受体带来严重损害，造成环境污染事故。环境风险系统如图 2-2 所示。

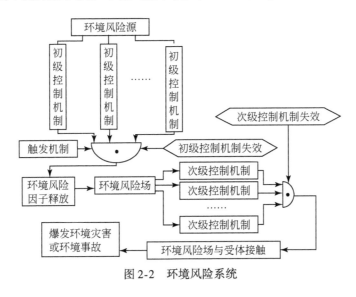

图 2-2　环境风险系统

环境风险系统结构与自然灾害风险系统类似，两者之间的子系统可建立如图 2-3 所示

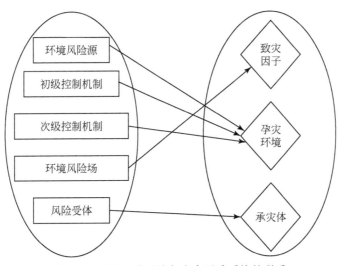

图 2-3　环境风险系统与灾害风险系统的联系

的对应关系。在环境风险系统中，环境风险源（风险因子）、环境风险初级控制机制及次级控制机制与灾害风险系统中孕灾环境内涵一致；环境风险场与致灾因子作用相同；而环境风险受体与承灾体相对应。

2.3 突发环境污染事故风险的发生过程

突发环境污染事故风险是突发环境污染事故发生及造成损失的可能性或不确定性，污染事故风险因子作用于受体，对受体造成一定程度的损害，是环境风险源数量、控制机制有效性、受体脆弱性等要素综合作用的产物。一般而言，形成突发环境风险必须具备以下条件：存在诱发环境风险因子；形成危害的条件；风险因子影响范围有人、有价值的物体、自然生态环境等重点保护目标。它们三者之间相互作用，形成了环境风险。

突发环境污染事故的发生是环境风险系统各个部分依次发生作用，最终导致环境污染事故的发生，包含三个过程：①风险因子释放过程，即环境风险源的形成及环境风险因子的释放；②风险因子转运过程，即环境风险因子在介质空间中经一系列过程形成的时空分布格局；③风险受体暴露及受损过程，即环境空间中的风险因子损害某种风险受体。

2.4 突发环境污染事故风险系统要素

突发环境风险系统中各要素具有同等的重要性，即在一个特定的环境风险系统中，环境风险源、控制机制、环境风险场及受体的相互作用集中体现在环境风险源的危险性、控制机制的有效性、环境风险场转运特征性和环境风险受体脆弱性等方面。

2.4.1 环境风险源

环境风险源主要指事故发生后对环境和人群产生影响的单元或对象。对于易燃易爆物，事故爆发后对环境影响不大，如环氧乙炔等，燃烧后不应急于灭火，而是采用燃烧法转化为二氧化碳，无大气污染问题，也无水污染问题。因此，环氧乙炔是易燃易爆物质，但不能算是环境风险物质。但由于火灾爆炸事故通常会引起有毒有害物质泄漏（如松花江污染事故），造成水污染或大气污染事故。因此本书中将环境风险源的易燃易爆危险性作为环境风险因子释放的触发因子，用环境风险源易燃易爆物质危险性能进一步加强环境风险源的自身危险性。

2.4.2 控制机制

控制机制包括初级控制机制和次级控制机制。初级控制机制是指环境风险源所固有的，控制环境风险因子释放的措施或设施，属于源控制。它可以表现为人的行为（包括机器操作行为、计划行为、决策管理行为等），也可以表现为设施运转行为。初级控制机制是指可起到控制环境风险因子释放到外空间的一切的作用和因素，初级控制机制失效导致环境风险因子的释放。例如，在松花江水污染事故中，吉林化工厂为风险源，苯、硝基苯等有毒有害物质为风险源中的风险因子，错误的操作导致初级控制机制失效，造成环境风险因子的释放。次级控制机制属于过程控制，指环境风险因子进入转运介质场后，采取的将环境风险受体与风险场隔离，减缓污染事故的措施，如主动疏散周围人群，建立隔离屏障等应急措施。

2.4.3 环境风险场

环境风险场是风险因子的传输介质，环境风险场特征反映环境风险因子在环境空间的迁移转化特征，它取决于介质密度、流速与化学性质及生态系统结构等，是自然生态环境的特征函数。环境风险场通常理解为污染物的传输场，一般包括河流、大气、土壤等。突发环境污染事故风险场通常考虑传输比较快的介质，如大气和河流。环境风险场特征与风险源位置、风险因子释放强度及传输介质的参数有关。环境风险场的非均强特征性是风险区划和风险管理的基础。

2.4.4 环境风险受体

环境风险受体是指突发环境污染事故风险的潜在承受体，它与环境灾害系统中的承灾体类似，指环境风险因子在通过环境场转运的过程中，可能受到影响的人群或生态系统，包括在区域内工作和生活的居民、敏感的物种和敏感环境要素，如自然保护区、水源地等。环境风险受体的脆弱性可反映环境风险场与受体叠加后，受体表现出的特征，是衡量环境风险受体对环境风险因子危害作用大小的指标，即指一定单位暴露水平下，环境风险受体受损程度。同样，环境风险受体规模（scale of environmental risk target）也是确定环境风险受体受损程度的指标。环境风险受体规模取决于环境风险场波及范围与该范围内环境风险受体密度。

2.5 突发环境污染事故的风险要素特征

突发环境风险系统理论是突发环境风险区划的核心理论，它是由多个子系统组成的，子系统按照各自的运行机制运转着，环境风险系统内各个要素相互作用、互相联系，形成了复杂的关联。这种关联的复杂性不仅表现在内容上，它们还可以是物质、能量或信息的关联，也就是各要素之间关联的形式是多样的。描述了环境风险系统内各要素之间的复杂关联关系。通过采集、加工各种信息（如风险源危险因子信息、受体因子信息等）才能认识环境风险系统特征，才能充分发挥人类的控制能力，避免重大、特大污染事故的发生（图2-4）。

突发环境风险系统特征具有如下特点。

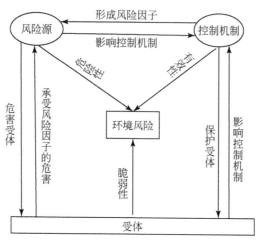

图 2-4 环境风险系统内各子系统之间的关系

2.5.1 结构的高维征

突发环境风险系统由环境风险源、控制机制、环境风险场及环境风险受体子系统组成，而每个子系统又包括其各自的子系统：环境风险源子系统包括风险源中危险物质的种类、储量等；控制机制系统又包括人为因素子系统、自然因素子系统；环境风险场子系统包含大气和水系风险场；而环境受体子系统包含社会经济系统和生态环境系统。环境风险系统的高维数决定了环境风险区划指标构建的多层性。

2.5.2 系统的不确定性

环境污染事故的发生原因、过程和结果都有很大的不确定性。环境风险系统各子系统的不确定性决定了环境风险系统的不确定性，主要指环境风险因子释放及风险源空间分布的随机性、环境风险因子转运能力的不确定性和受体损失的难预测性三个方面。环境风险系统与子系统特征的不确定性是相互关联，相互影响的，如图 2-5 所示。

（1）风险因子释放及风险源空间分布的随机性。首先，突发环境污染事故环境风险源与一般的工业或生活污染不同，没有固定的、可预测的排放方式和排放途径，难以准确预料风险因子类型、释放强度、时间及方式；其次，环境风险源空间分布也有很大的随机性，它可以是正在生产使用危险化学品的企业，也可以是储存易燃易爆物质的仓库，既可以是有毒有害物质的运输，也可以是涉及危险化学品的任何人类行为。

（2）风险场转运能力的不确定性。主要表现为环境风险场的多途径及风险因子传输条件的不确定性。环境风险因子可以通过风场进行传输，或通过水系进行传输，而转运能力很大程度上由转运的空间距离、转运介质的物理性质（如介质密度、流动速度）等决定，由于风险因子释放及环境风险源空间分布的随机性，决定了风险因子转运能力的不确定性。

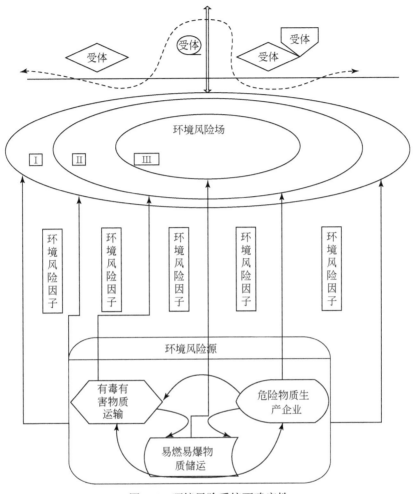

图 2-5　环境风险系统不确定性

（3）风险受体的不确定性。首先，污染事故是风险因子释放后，经风险场的传输与受体接触而产生的，风险源、风险场的不确定性很大程度上决定了风险受体分布的难预料性及其损失的不确定性；其次，社会经济的发展、人口的迁移扩散等外界因素也影响着风险受体损失。

2.5.3　系统的开放性及动态性

突发环境污染事故风险系统是"人—环境—社会"复合系统。环境风险系统从外部获得能量、物质和信息，环境风险因子的释放，造成环境污染事故。没有外部环境风险系统的作用，环境风险因子无法得到释放。因此，环境风险系统是一个开放的系统。环境风险系统的开放性决定了它的动态性。由于它周围的环境系统不断发生变化，使得环境风险系统具有较强的时间性，主要表现为系统要素的空间位置、规模、特征等都具有较强的时间特征，从而使环境风险系统呈现出显著的动态性。

第3章 突发环境污染事故风险区划理论框架

3.1 突发环境污染事故风险区划原则

环境风险区划原则是进行区划的基础，它为区划指标、区划方法等提供基本依据。在进行区域环境风险区划时，应该考虑环境风险系统各组成部分（风险源、控制机制、风险受体）的不同要素，遵循系统性原则、一致性原则、主导性原则和动态性原则。

（1）系统性原则。区域环境风险不是单一风险事件的简单加和，而是这些事件相互作用、相互联系而形成的一个整体；同时，区域环境风险的发生、分析和管理涉及自然、经济及社会多个系统。因此只有采取系统分析的手段才能真正认识区域环境风险发生、发展和演化的规律。在系统分析的基础上，研究区域内各种风险的内在联系及综合效应，真正揭示区域之间及区域内环境风险分布的差异性和相似性。

（2）一致性原则。区域之间及区域内部环境风险分布的一致性是风险区划的基础和依据。它可表现为环境风险性质和类型的一致性、环境风险源类型的一致性、环境风险转运空间的一致性、环境风险受体易损性及价值的一致性。环境风险区划根据区划指标的一致性与差异性进行分区。但必须注意这种特征的一致性是相对一致性。不同等级的区划单位各有一致性标准。为便于管理，风险区划时应尽可能保证风险区的界线与行政区界线一致，这样就可以保证风险管理计划的制订和实施的可行性。基于一致性原则而得到的风险区划结果有利于环境风险管理计划的执行，在同一风险区内，可采纳相同或相似的风险管理对策，提高管理的针对性及有效性。

（3）主导性原则。风险区划的一个重要任务就是为区域环境风险管理制定优先顺序，所以只有危害较大、发生频率较高的风险事件才是决策者及公众关注的对象，它们也是风险管理的优先内容。事实上，正是这些风险事件反映了特定区域内环境风险的基本特征。因此，在风险区划过程中，必须筛选出主导风险，并以它们为基础进行风险区划。具体地说，就是在风险区划之前，确定用于区划的单一风险事件的最低限值（包括危害大小、发生概率和风险大小等多个方面）。

（4）动态性原则。一方面，随着社会经济的发展，自然环境的变化，潜在环境风险源、风险转运空间及环境风险受体的时空特性及其他性质将发生一定的变化，即区域环境风险格局将有一定的改变。另一方面，人类的"风险观"会有所改变，对风险事件的判断标准也将发生变化，社会最大可接受风险水平和区域环境风险容量也会有所变化。因此，必须根据风险格局和风险容量的动态变化进行动态分析，实施动态风险区划，为区域环境风险动态管理提供依据。

3.2　基于综合集成理论的突发环境污染事故风险区划

环境风险区划的核心和基础理论为环境风险系统理论，环境风险区划是依据环境风险系统结构的高维性、特征的不确定性及系统的开放性和动态性，从风险源危险性、控制机制有效性、风险场传输特征性、风险受体脆弱性四个方面来表征突发环境污染事故风险在空间上的差异性和规律性（图 3-1）。

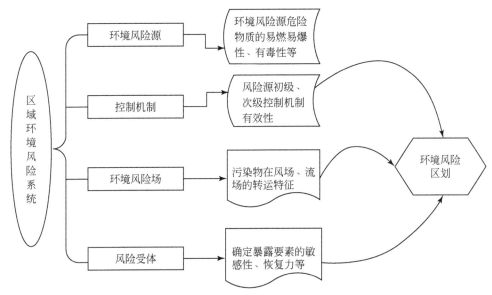

图 3-1　区域环境风险区划的原理

环境风险区划的核心理论——环境风险系统理论是由四个子系统组成的，各子系统按照各自的运行机制运转着，人类要通过采集、加工各种信息（如风险源危险因子信息、受体因子信息等）才能认识这个大系统的特征，才能充分发挥人类控制能力，避免重大、特大污染事故的发生。在对环境风险系统理论认识过程中可充分借助系统论、控制论、信息论等环境风险区划支撑理论对环境风险区划做深入的研究，如图 3-2 所示。

系统是由互相作用和相互依赖的若干组成部分结合而成具有特定功能的有机整体，并且这个系统还可以再分解，则这种组成部分称为部件，若组成部分不能在分解，则这种组成部分称为元素（钱学森等，1990）。系统论强调风险系统之间的有机联系，它提醒我们在评估分析环境风险系统各要素过程中要自始至终关注要素的整体性、系统性。

对系统的认识，不仅是为了了解它的客观规律，更重要的是要控制系统，使其按照人类的目标去运转。一个环境风险系统在经济和社会科学技术系统的影响下，按照一定的规律运动和发展，当达到一个新状态后，对环境风险系统的状态与预期目标进行比较，通过环境风险的各控制单元或控制点的调节，控制环境风险系统朝理想状态发展，达到降低事故风险概率或减少事故损失的目的。

借鉴相对成熟的自然灾害"自上而下"和"自下而上"的区划方法对突发环境风险进行区划研究。

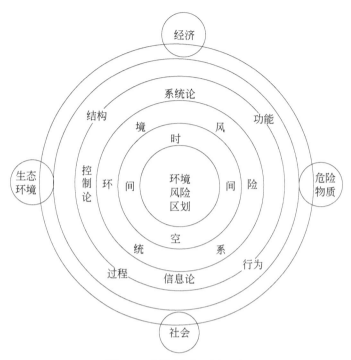

图 3-2　环境风险区划理论

　　"自上而下"从宏观、全局着眼把握区划对象的特点，进行高级单元的划分，并将划出的高级单元依次分成低级的单位，但"自上而下"划分考虑的区划要素比较单一，容易造成其他区划要素信息的缺失；"自下而上"区划突破行政界线的限制，在区划的最小单元对区划要素特征进行相似性的合并，保证了区划信息的完整，逐步形成定量的区划界线，实现要素空间分异规律的量化表达，但最小区划单元聚类组合图斑容易形成碎块区域，需要依据自上而下的宏观调整来进行碎块的合并。鉴于两种区划方法的适用范围和特点，"自上而下"和"自下而上"相结合的综合区划方法能结合两种方法的长处，避免其短处，提高区划的水平，特别是划界客观性与科学性。

　　值得注意的是，环境风险区划与自然地理区划有着本质的区别。自然地理区划要素在空间"垂直"维向上的分类、叠加；而环境风险领域，环境风险源、环境风险场及环境风险受体在空间有"横向"的耦合作用和相互联系。因此，将"自上而下"和"自下而上"相结合区划方法与突发环境污染事故风险在时间和空间上的特点相结合，实现突发环境风险综合集成区划研究。

　　突发环境污染事故风险是在时间上不断演替，在空间上有一定分布规律的个体。因此，历史突发环境污染事故时空格局能宏观分析突发环境污染事故风险的分布规律，有助于把握区划的大方向，是指导"自上而下"区划的重要依据。

　　突发环境污染事故风险综合集成区划方法技术路线，如图 3-3 所示。

　　（1）基于环境风险系统理论，将区域环境风险系统划分为环境风险源、环境风险场、风险受体进行分析。

　　（2）分别分析对环境风险源、环境风险场、风险受体有影响的重要因素，选取相应的

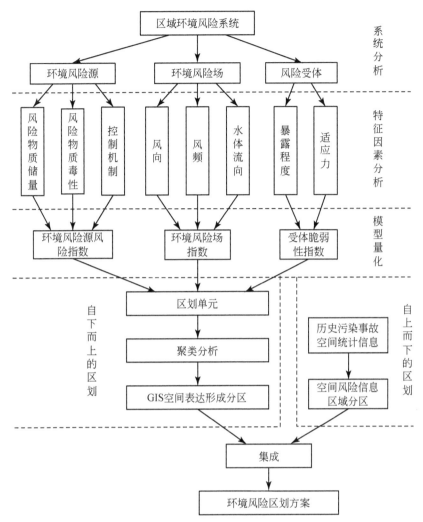

图 3-3　突发环境污染事故风险区划方法技术路线

指标对其进行量化，构建相应的量化模型得到反应风险源、风险场、风险受体的指数。

（3）计算每个区划单元在区划单元的环境风险源风险指数、环境风险场指数、受体脆弱性指数，并基于这些指数进行聚类分析，将网格单元划分为相应的类别，进行"自下而上"的分区，并利用 GIS 进行空间表达。

（4）通过对研究区域的历史污染事故的空间信息进行统计分析，将其进行分类分区，作为"自上而下"的分区。

（5）最后，将"自下而上"的分区与"自上而下"的分区进行集成，得到研究区域的环境风险区划结果。

3.3　突发环境污染事故风险区划指标框架

环境风险系统与环境风险区划是紧密结合、相得益彰的。要有效地反映复杂环境风险系统的重要性和特征性，就需要对环境风险系统各组成要素的特征及要素间相互作用等信息进行整合。

突发环境污染事故风险区划指标具有降低系统复杂性、从庞杂数据集合中提取与整合有效信息的功能（Muller and Wiggering，2000）。环境风险区划指标是研究复杂环境风险系统，刻画区域环境风险属性特征，以及实现环境风险系统理论与区划实践相结合的桥梁。

环境风险区划指标是用来刻画区域环境风险要素特征或属性的指标，由于突发环境污染事故风险因子释放后在介质中转运的复杂性和不确定性，环境风险场的特征很难定量表述，因此，现有大多环境风险区划指标体系是从环境风险源危险性和风险受体脆弱性两方面构建的。

Eduljee（2000）从环境风险源、社会经济承受力构建了反映环境风险特征的指标，并通过对指标的量化和风险评价进行了风险区划；杨洁和毕军（2006）从环境风险源、初级控制机制、次级控制机制及风险受体四方面构建指标。其中环境风险源包括主导行业类型、企业工艺水平、特征污染物排放强度；初级控制机制包括区域管理制度、应急预防措施、基础设施配套率；次级控制机制包括环境质量监控状况、环境质量状况；风险受体从自然敏感度和人口密度两方面衡量。曲常胜等（2009）从环境风险源危险性指数、控制机制有效性指数、受体易损性指数三方面构建区域环境风险综合指数。七种环境风险源指数用主导行业危险性、风险源数量两项指标衡量；控制机制有效性指数对定性的风险管理指标进行量化；而受体易损性指数从生态功能类型、人口密度、医疗卫生机构及可利用风险避难场所数量四方面构建易损性指数；兰冬东等（2009）从风险源危险性及受体易损性两方面构建环境风险量化指标。环境风险源危险性包括危险因子状态、源头控制、过程控制；风险受体易损性包含暴露控制和恢复力。Lahr 和 Kooistra（2010）通过对环境风险要素特征，如危险源危险性分布、暴露受体脆弱性分布等构建指标进行定量表征，并通过图形叠置得到风险空间分布图。

突发环境风险区划指标选取必须遵循一定的指导思想和原则。区划指标选定的指导思想是系统理论，即从构成环境风险系统的子系统出发，依据环境风险发生的过程，从风险源、诱发机制、控制机制及风险受体四个方面构建指标体系，从而全面地反映环境风险系统的本质。

（1）科学性和可靠性原则。科学性是对任何评价指标体系的基本要求，评价指标必须可靠，与实际情况相符，才能构成评价标准的基础，否则评价标准就失去了意义。例如，上海市是一个巨大的突发环境污染事故风险受体，任何错误决策的代价都将带来惨重的损失，因此，上海市突发环境污染事故风险区划指标体系的选取和构建，必须具有较高的科学性和可靠性。

（2）全面性与针对性原则。环境风险区划指标体系涉及自然、经济、社会和文化的诸多领域，应根据城市特点，全面考虑各领域指标的代表性、数量、性质及其逻辑关系，全面、系统、有针对性地构建上海市多领域紧密联系的突发环境污染事故风险区划指标体系。

（3）可行性与简明性原则。可行性要求每项指标都应该有据可查，易于量化分析，并与现行统计部门的指标相互衔接，尽可能保持一致，以便于分析、测量和计算。各项指标在合理、完整的基础上，应尽可能简单，使每一个子系统内的指标都具有代表性，易于获得，便于决策者利用这些简便易行的结果，进一步提高环境风险管理的效率。

（4）定性与定量相结合的原则。宜采用反映各领域代表性、综合性、关联性的定性指标。在此基础上，可采用定性与定量相结合的原则，将部分定性指标转化为定量指标，以全面反映客观现实，获得精度较高的数据。

由于环境风险系统具有很大的不确定性，包括风险因子释放及风险源空间分布的随机性、风险因子转运能力的不确定性以及风险受体损失不确定性。从某种意义上讲，环境风险系统的不确定性是由它的边界、研究对象的范围不确定引起的。从不同的尺度上看，环境风险系统可以分为园区风险系统、城市风险系统及流域风险系统，其中，园区风险系统属于小尺度，城市风险系统属于中尺度，而流域风险系统属于大尺度。

突发环境污染事故风险区划的原理是基于环境风险系统，反映环境风险各要素在空间上的相似性和差异性。然而在环境风险区划具体的实践中，有些风险系统要素的特征在较小的尺度上难以反映或并无太大的差别。比如，从环境风险场的风场来看，对一个化工园的风场进行差别研究，从实践上和常识上讲，都并无太大的意义，而在城市或流域尺度下，风险场的差别研究却有重要意义。不同尺度环境风险区划指标体系的差异也同时体现在其他的系统要素上。例如，从环境风险源来看，园区尺度下的环境风险源一般是生产、使用或储存危险化学品的企业，即化工企业为主；城市尺度下，一般城市化工企业或储存危险化学物质的风险源较多，应对其进行筛选，选择重大危险源作为环境风险区划的风险源；而流域大尺度环境风险源应该是以化工园为主，如长江流域突发环境污染事故的风险源应以沿江各省的化工园为主。在控制机制、风险场及受体方面，不同尺度的环境风险区划指标也有不同的内容，如图 3-4 所示。

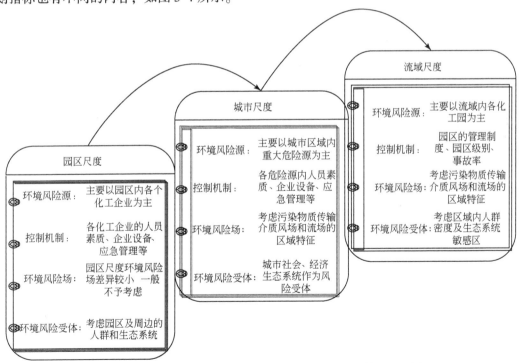

图 3-4 不同尺度下突发环境污染事故风险区划指标体系的异同

环境风险区划指标体系框架如表 3-1 所示。

表 3-1 突发环境风险区划指标框架

系统层	准则层		指标层
突发环境风险系统	风险源危险性	危险物质状态	危险物质存量
			危险物质性质
		风险控制	初级控制
			次级控制
	风险场特征性	大气风险场	风向
			风频
		水系风险场	水系流速
			流量
			河道长度
	风险受体脆弱性	社会经济脆弱性	社会经济敏感性
			社会经济适应力
		生态系统脆弱性	生态系统敏感性
			生态系统适应力

突发环境风险区划指标体系框架中，风险源危险性通常用易燃易爆危险性和有毒有害危险性来衡量，其中，危险物质的存量及物理属性反映了受体可能受到的危险大小。控制机制包括初级控制机制和次级控制机制，有的文献中也称之为源头控制和过程控制，其中，员工素质、环境管理体系、设备保养维护、工艺装备水平决定了初级控制的有效性；次级控制机制包括突发事故监控水平、消防规划、绿化防护、应急预案、事故池。控制机制反映了人为因素对事故发生的可能性和危害大小的影响。通常情况下，一方面，风险源的控制机制越好，其危险性相对较小，因为风险企业可在事故发生前对事故进行预测和预防，降低事故发生的可能性。另一方面事故发生后能及时采取应急措施，减少事故对环境和人体健康危害和损失。主导风向、风频决定了区域大气风场特征即气态污染物质扩散的特征，而水系风险场由水系流速、流量和河道长度决定。社会经济脆弱性中通常跟人口密度、经济密度等反应社会经济的敏感性，其中，人口密度反映了可能暴露在污染事故风险中的人口数量；经济密度反映了城市社会经济发展的水平和脆弱程度；事故预警处理能力和应急能力反映了城市在受到突发污染事故威胁后的恢复力。生态系统敏感性反映了生态系统在受到污染事故干扰后的暴露性，而不同类型生态系统的面积和环境治理措施反映了生态系统的恢复力。

第4章　突发环境污染事故风险源危险性评价

4.1　常见环境风险源评估模型

4.1.1　危险源分级评估法

目前，国内外有关安全生产危险源评价的方法有几十种，常用的评价方法可以分为定性评价法、指数评价法、概率风险评价法等。

1. 定性评价法

定性评价法主要是根据经验和判断能力对生产系统的工艺、设备、环境、人员、管理等方面状况进行定性的评价。属于这类评价方法的有安全检查表、预先危险性分析、故障类型和影响分析，以及危险可操作研究等方法。这类方法的特点是简单、便于操作、评价过程及结果更直观。目前，在国内外企业安全管理工作中得到广泛的应用。但是，这类方法对经验的要求很高，有一定的局限性，对系统危险性的描述缺乏深度。不同类型评价对象的评价结果没有可比性。

2. 指数评价法

危险源识别中，通常用危害指数指示危险源发生危害事故的可能性，其中提出较早，比较著名的评价方法有 Dow's 火灾爆炸指数，Dow's 化学爆炸指数，ICI Mond 指数法、死亡概率指数法等。此外，英国帝国化学公司蒙德丁厂的蒙德评价法、日本的六阶段危险性评价法和我国化工厂危险程度分级法等，均为指数评价法。

火灾爆炸指数法主要针对危险源易燃易爆危险性进行危险性评估。除指数评价模型外，常见的事故爆炸模型也可以用来评估危险源燃烧爆炸危险性，如 TNT 模型、TNO 模型和 CAM 模型。

TNT 模型将蒸气云爆炸破坏作用转化为 TNT 爆炸的破坏作用，将蒸气云的量转化为 TNT 的量，这种方法简便易行，但需要确定物质的当量系数；TNO 模型以球形气云为模型，假设中心点火，以数值方法计算不同燃烧速度下的气云爆炸强度，这种方法理论上比较合理，但难以确定爆炸影响的区域大小，计算结果常比实际偏小。CAM 通过决策树得到模型爆炸源强度，考虑障碍物对湍流火焰的影响，能对有障碍物条件下的气云爆炸进行较准确的预测，模拟结果与实际吻合，但计算过程较烦琐（魏科技等，2008）。

3. 概率风险评价法

概率风险评价法是根据元部件或子系统的事故发生概率，求取整个事故的发生概率。概率风险评价法在数据的取舍、不确定性的研究以及灾害模型的研究等方面都需要耗费大量的人力、物力。一方面这种方法系统结构清晰、相同元件的基础数据相互借鉴性强；另一方面这种方法要求数据准确、充分、分析过程完整、判读和假设合理。由于化工等行业系统不确定性因素多，人员失误概率统计困难，因此，这种方法至今未能在此类行业中取得进展。

4.1.2 环境风险源危害指数

目前，污染事故风险源评估主要是通过构建一定的指标体系或运用一定的模型模拟事故危害性。已有的环境风险源危险性量化指数是基于风险源危害后果的评估，即考虑污染事故对周边受体所产生的危害性影响，环境风险源不仅考虑对周边人群的危害，还考虑环境风险源对生态环境的综合影响，包括人口、社会、经济、生态等多个方面。

环境风险源危害指数评估的基本思路是通过爆炸、泄漏或扩散等相关模型计算环境风险源潜在污染事故对环境的危害范围，在此基础上，分析危害范围内受体的数目，依据敏感点类型及危害概化指数体系，确定模型计算参数，计算环境风险源对人口、经济、社会及生态的损失指数，进一步计算环境风险源对大气、水、土壤的环境危害指数，通过加权得到环境风险源综合评价指数。环境风险源综合评价指数的表达式为

$$I = \alpha I_{气} + \beta I_{水} + \gamma I_{土} \tag{4-1}$$

式中，$I_{气}$、$I_{水}$、$I_{土}$ 分别为环境风险源对大气环境、水环境、土壤环境的危害指数；α、β、γ 分别为使环境风险源大气、水、土壤的危害指数具有可比性的加权系数，需考虑当地环境受体状况、脆弱程度、环境管理等进行确定。

4.2 突发环境污染事故风险源危险性评估

突发环境污染事故风险源危险性评估不是基于风险危害后果的评估，而是基于风险源自身危险性的分析，从环境风险源物理危险性及控制机制有效性两方面对突发环境污染事故风险源危险性进行评估。

特别需要注意的是，环境风险源中有毒有害物质在发生事故泄漏后会对环境和人群带来影响，但有些易燃易爆物，对环境污染影响不大，如环氧乙炔等，发生燃烧爆炸事故采用燃烧法转化为二氧化碳，无大气污染问题，也无水污染问题。但燃烧爆炸事故通常会造成有毒有害物质的泄漏（如松花江污染事故），因此将环境风险源易燃易爆危险性作为环境风险因子释放的触发因子，进一步加强环境风险源的危险性。因此，从环境风险源自身危险性（易燃易爆性和有毒有害性）及控制机制有效性两个方面构建环境风险源综合危险性概念模型。

4.2.1　突发环境污染事故风险源固有危险性

（1）易燃易爆危险性。用 TNT 当量衡量环境风险源易燃易爆危险危害大小。根据最大危险性原则，把风险源易燃易爆物质的储量作为初始爆炸物的量，其计算公式为

$$W_{\text{TNT}} = \frac{aW_f Q_f}{Q_{\text{TNT}}} \tag{4-2}$$

式中，W_{TNT} 为蒸气云的 TNT 当量，单位 kg；W_f 为蒸气云中燃料的总质量，单位 kg；a 为蒸气云爆炸的效率因子，表明参与爆炸的可燃气体的百分数，一般取 3% 或 4%；Q_{TNT} 为 TNT 的爆炸热，一般取 4.52MJ/kg。

（2）有毒有害危险性。根据《建设项目环境风险评价导则》中的相关规定，用半致死浓度 LD_{50} 来评估有毒物质对人和环境的有害影响。环境风险源有毒有害物质危险性计算为

$$H_i = \frac{Q_i}{LD_{50}} \tag{4-3}$$

式中，H_i 为有毒性物质 i 的危险指数；Q_i 为第 i 种物质储存量；LD_{50} 为第 i 种物质的半致死浓度。

4.2.2　突发环境污染事故风险源控制机制有效性

环境风险源控制机制都是定性的描述指标。因此，在对控制机制有效性进行评价时，不仅要考虑影响控制机制各要素属性，还要尽量减少个人主观臆断带来的弊端。定性指标量化的方法有层次分析法、熵值法、专家打分法及模糊评价法等。

AHP-模糊评价法将层次分析法和模糊综合评价法相结合，综合了多个评价主体的意见，能有效解决评价过程中出现的模糊问题，将模糊问题科学量化，定性与定量相结合，充分体现了评价对象模糊性和评价过程的科学性，提高了评价的可靠性和有效性，其评价结果比其他评分方法更符合客观实际。

4.2.3　突发环境污染事故风险源综合危险性

环境风险源危险性是由环境风险源自身危险性和控制机制有效性共同决定的。如果某环境风险源中包含一种或多种的危险化学物质，这些危险化学物质同时具有易燃易爆性和毒性，那么这类环境风险源危险性要综合考虑两种危险性指数；若该风险源危险化学物质不具有易燃易爆性，只具有毒性，那么该风险源危险性指数便由有毒物质危险性指数及控制机制水平决定。

由于爆炸危险性 W_{TNT} 和有毒物质危险性 H_i 代表的物理意义不同。因此，在对某环境风险源综合危险性进行计算时，要首先将 W_{TNT} 和 H_i 进行归一化处理（本书中采用峰归一化方法）。

环境风险源综合危险性可由式（4-4）计算得到。

$$TS = \frac{(1 + \sum \bar{W}_{TNT}) \times \sum \bar{H}_i}{\bar{G}_i}$$ (4-4)

式中，TS 为环境风险源综合危险性；$\bar{W}_{TNT}$ 为标准化后的 W_{TNT} 值；$\bar{H}_i$ 为标准化后的 H_i 值；$\bar{G}_i$ 为标准化后控制机制有效性 G_i 值。

第5章 突发环境污染事故风险场特征分析

5.1 大气环境风险场

5.1.1 大气环境风险物质扩散模型

有毒有害物质在大气中的扩散，采用多烟团模式或分段烟羽模式、重气体扩散模式等计算。

1. 多烟团模式

在事故后果评价中采用下列烟团公式

$$C(x, y, 0) = \frac{2Q}{(2\pi)^{3/2}\sigma_x\sigma_y\sigma_z}\exp\left[-\frac{(x-x_0)^2}{2\sigma_x^2}\right]\exp\left[-\frac{(y-y_0)^2}{2\sigma_y^2}\right]\exp\left[-\frac{z_0^2}{2\sigma_z^2}\right] \quad (5\text{-}1)$$

式中，$C(x, y, 0)$ 为下风向地面 (x, y) 坐标处的空气中污染物浓度，单位 mg/m^3；x_0，y_0，z_0 为烟团中心坐标；Q 为事故期间烟团的排放量；σ_x，σ_y，σ_z 分别为 X，Y，Z 方向的扩散参数，单位 m，常取 $\sigma_x = \sigma_y$。

2. 分段烟羽模式

当事故持续时间较长时（几小时至几天），可采用高斯烟羽公式计算，即

$$C = \frac{Q}{2\pi u\sigma_y\sigma_z}\exp\left[-\frac{y_r^2}{2\sigma_y^2}\right]\left\{\exp\left[-\frac{(z_s+\Delta h-z_r)^2}{2\sigma_z^2}\right]+\exp\left[-\frac{(z_s+\Delta h-z_r)^2}{2\sigma_z^2}\right]\right\} \quad (5\text{-}2)$$

式中，C 为位于 $S(0, 0, z_s)$ 的点源在接受点 $r(x_r, y_r, z_r)$ 产生的浓度。

短期扩散因子 (C/Q) 可表示为

$$(C/Q) = \frac{1}{2\pi u\sigma_y\sigma_z}\exp\left(-\frac{y_r^2}{2\sigma_y^2}\right)\left\{\exp\left[-\frac{(z_s+\Delta h-z_r)^2}{2\sigma_z^2}\right]+\exp\left[-\frac{(z_s+\Delta h-z_r)^2}{2\sigma_z^2}\right]\right\}$$

$$(5\text{-}3)$$

式中，Q 为污染物释放率，单位 mg/s；Δh 为烟羽抬升高度，单位 m；σ_y，σ_z 分别为下风向距离 x_r（m）处的横向扩散参数和垂向扩散参数。

3. 重气扩散模式

重气体扩散采用 Cox 和 Carpenter 稠密气体扩散模式，计算稳定连续释放和瞬时释放后不同时间的气团扩散。气团扩散按下述公式计算，即

重力作用下的扩散

$$\frac{\mathrm{d}_R}{\mathrm{d}_t} = \left[Kgh(\rho_2 - 1) \right]^{\frac{1}{2}} \tag{5-4}$$

在空气的夹卷作用下扩散

$$Q_e = \gamma \frac{\mathrm{d}_R}{\mathrm{d}_t} (\text{从烟雾的四周夹卷}) \tag{5-5}$$

$$U_e = \frac{au_1}{R_i} (\text{从烟雾的顶部夹卷}) \tag{5-6}$$

式中，R 为瞬间泄漏的烟云形成的半径；h 为圆柱体的高；γ 为边缘夹卷系数，取 0.6；a 为顶部夹卷系数，取 0.1；u_1 为风速，m/s；K 为试验值，一般取 1；R_i 为 Richardon 数，由式 (5-7) 得出，即

$$R_i = \frac{g_l(\rho_{c,\alpha}^{-1})}{(U_1)^2} \tag{5-7}$$

式中，α 为经验常数，取 0.1；U_1 为轴向紊流速度；l 为紊流长度。

基于后果计算的多烟团模式或分段烟羽模式计算大气中有毒有害气体的浓度，首先需要确定有毒有害气体的泄漏量，将气体特性假定为理想气体，气体泄漏速率 Q_g 按式 (5-8) 计算，即

$$Q_g = YC_dAp\sqrt{\frac{Mk}{RT_g}\left(\frac{2}{k+1}\right)^{\frac{k+1}{k-1}}} \tag{5-8}$$

式中，Q_g 为气体泄漏速率，单位 kg/s；C_d 为泄漏系数，当裂口形状为圆形时取 1.00，三角形时取 0.95，长方形时取 0.90；M 为相对分子质量；k 为气体的绝热指数（热容比）；R 为摩尔气体常数，单位 J/(mol·K)；T_g 为气体温度，单位 K；Y 为流出系数。

对于临界流 $Y = 1.0$，对于次临界流按式 (5-9) 计算，即

$$Y = \left(\frac{p_0}{p}\right)^{\frac{1}{k}} \times \left[1 - \left(\frac{p_0}{p}\right)^{\frac{k-1}{k}}\right]^{\frac{1}{2}} \times \left[\left(\frac{2}{k-1}\right) \times \left(\frac{k+1}{2}\right)^{\frac{k+1}{k-1}}\right]^{\frac{1}{2}} \tag{5-9}$$

临界流与非临界流的判别方式如下：当下式成立时，气体流动属于临界流（音速流动）。

$$\frac{p}{p_0} \leqslant \left(\frac{2}{k+1}\right)^{\frac{k}{k+1}} \tag{5-10}$$

当式 (5-11) 成立时，气体流动属次临界流（亚音速流动）。

$$\frac{p}{p_0} > \left(\frac{2}{k+1}\right)^{\frac{k}{k+1}} \tag{5-11}$$

对于两相泄漏，假定液相和气相是均匀的，且互相平衡，其泄漏计算公式为

$$Q_{LG} = C_dA\sqrt{2\rho_m(P - P_C)} \tag{5-12}$$

式中，Q_{LG} 为两相流泄漏速度，单位 kg/s；C_d 为两相流泄漏系数，可取 0.8；A 为裂口面积，单位 m^2；P 为操作压力或容器压力，单位 Pa；P_C 为临界压力，单位 Pa，可取 $P_C = 0.55P$；ρ_m 为两相混合物的平均密度，单位 kg/m³，由式 (5-13) 计算，即

$$\rho_m = \cfrac{1}{\cfrac{F_V}{\rho_1} + \cfrac{1-F_V}{\rho_2}} \tag{5-13}$$

式中，ρ_1 为液体蒸发的蒸气密度，单位 kg/m^3；ρ_2 为液体密度，单位 kg/m^3；F_V 为蒸发的液体占液体总量的比例，由式（5-14）计算，即

$$F_V = \frac{C_P(T_{LG} - T_C)}{H} \tag{5-14}$$

式中，C_P 为两相混合物的定压比热，单位 $J/(kg \cdot K)$；T_{LG} 为两相混合物的温度，单位 K；T_C 为液体在临界压力下的沸点，单位 K；H 为液体的汽化热，单位 J/kg。

当 $F_V > 1$，表明液体将全部蒸发成气体，这时应按气体泄漏计算，如果 F_V 很小，则可近似地按液体泄漏公式计算。

5.1.2 大气风险场指数构建

基于后果评价的大气有毒有害物质在大气中的浓度的预测模拟通常需要的参数较多，仅事故源强泄漏量的计算就是一个较为复杂的过程，对于区域中存在的多个风险源，由于不同的风险源所处工况各不相同，很难对整个区域采用基于多烟团或多烟雨模式的大气扩散模式对风险物质在大气中的浓度分布进行模拟。由于环境风险分区重点在于揭示区域内环境风险系统的特征的空间分异规律。因此，对相关参数予以简化，以明显反映区域环境风险的空间特征。

参考高斯烟羽模型，构建的大气环境风险场指数，从风险源空间位置分布、污染气象条件等因素反映环境风险因子在大气中的传播特征，以反映区域突发环境风险的空间分异。

对于单风险源单风向影响下的大气风险场指数，在对区域划分网格的基础上，主要考虑风向和每个网格与区域内风险源的距离构造大气风险场指数。参考气体扩散高斯模型，下风向任一点 (x, y, z) 的污染物浓度为

$$C(x, y, z) = \frac{Q}{2\pi \bar{u} \sigma_y \sigma_z} \exp\left[-\left(\frac{y^2}{2\sigma_y^2} + \frac{z^2}{2\sigma_z^2} \right) \right] \tag{5-15}$$

令 $z = 0$，可得

$$C(x, y, 0) = \frac{Q}{2\pi \bar{u} \sigma_y \sigma_z} \exp\left(-\frac{y^2}{2\sigma_y^2} \right) \tag{5-16}$$

又

$$\sigma_y^2 = 2E_y t, \qquad \sigma_z^2 = 2E_z t$$

则式（5-16）变为

$$C(x, y, 0) = \frac{Q}{2\pi \sqrt{E_y E_z}} \frac{1}{x} \exp\left(-\frac{\bar{u} y^2}{4 E_y x} \right) \tag{5-17}$$

进一步变换可得

$$C(x, y, 0) = \frac{1}{2\pi \sqrt{E_y E_z}} \frac{Q}{x} \left[\exp\left(-\frac{y^2}{40x} \right) \right]^{\frac{10\bar{u}}{E_y}} \tag{5-18}$$

式（5-18）中，湍流扩散参数 E_y，E_z 为常数，平均风速 $\bar{u}$ 一般为 $1\sim5\text{m/s}$，二氧化硫、硫化氢等大部分气体为 $E_y\ 20\sim50\text{m/s}$，则 $\dfrac{10\bar{u}}{E_y}$ 近似为 1，如式（5-19）所示：

$$C(x,\ y,\ 0) \propto \frac{1}{x}\left[\exp\left(-\frac{y^2}{40x}\right)\right] \tag{5-19}$$

由于气体沿 x 轴方向的扩散速度远大于沿 y 轴的扩散速度，对于与下风向夹角 θ 大于 $45°$ 的区域，风险源对其没有影响（图 5-1）。

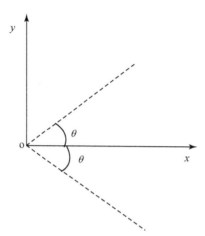

图 5-1　环境风险源影响范围

则对区域内的单个风险源，构造其大气风险场指数为

$$r = \begin{cases} 10^6\dfrac{q}{x}\left[\exp\left(-\dfrac{y^2}{40x}\right)\right], & x>0\ \text{且}\ x\geqslant|\,y\,|, \\ 0, & x<0\ \text{或}\ x<|\,y\,|. \end{cases} \tag{5-20}$$

式（5-20）采用高斯扩散模式的坐标系，即以风险源为坐标原点，x 轴正向为风向，y 轴在水平面上垂直于 x 轴，正向在 x 轴左侧。

当区域内受多个风向影响时，需在一固定坐标系（通常 x 轴正向水平指向东，y 轴正向垂直指向北）的基础上，按风向和风险源对计算点进行坐标变换（图 5-2）。设区域内的初始固定坐标系为 XOY，在 XOY 坐标系中，某一风险源坐标为 $M(X_0,\ Y_0)$，计算点坐标为 $k(X,\ Y)$。高斯扩散模式的坐标系 XOY 由风向和风险源共同确定，设风向与 X 轴正向逆时针方向的夹角为 α，则坐标变换公式为

$$\begin{cases} x=(X-X_0)\cos\alpha+(Y-Y_0)\sin\alpha \\ y=(Y-Y_0)\cos\alpha-(X-X_0)\sin\alpha \end{cases} \tag{5-21}$$

对于区域内多个风险源下 k 点风险场指数的计算，首先，通过坐标变换式（5-7）求出计算点对于相应风险源和风向下的变换坐标；其次，代入式（5-6）求出计算点对应于该风险源的风险场指数；再依次算出计算点对应于其他风险源的风险场指数；最后进行叠加得出计算点在多源模式下的风险场指数，多源模式下的大气风险场指数计算公式为

$$r_k = \sum_{i=1}^{n} r_{ki}(x_{ki},\ y_{ki}) \tag{5-22}$$

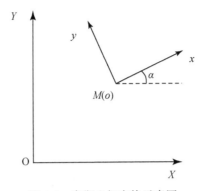

图5-2　高斯坐标变换示意图

式中，r_k 为区域内某计算点的风险场指数；n 为风险源个数；$r_{ki}(x_{ki}, y_{ki})$ 为计算点 k 对应于第 i 个风险源的风险场指数；x_{ki}，y_{ki} 为计算点对应于风险源 i 的变换坐标。

若考虑受多个风向影响时，多源模式下的风险场指数计算公式为

$$r_k = \sum_j \sum_{i=1}^n p_j r_{kij}(x_{kij}, y_{kij}) \tag{5-23}$$

式中，r_k 为区域内某计算点的风险场指数；n 为风险源个数；p_j 为 j 风向的频率；$r_{kij}(x_{kij}, y_{kij})$ 为计算点 k 在 j 风向下对应于第 i 个风险源的风险场指数；x_{kij}，y_{kij} 为计算点在 j 风向下对应于风险源 i 的变换坐标。

5.2　水系环境风险场

5.2.1　水环境风险物质扩散模型

有毒有害物质在水中的扩散，一般须考虑它在水中和水中颗粒的分配过程，吸附、解吸、输移的对流扩散及生物化学转移（光解、水解、生物降解）等过程。有毒物质在河流中的扩散模型可采用非稳态一维水质模型。

$$C(x, t) = \frac{Wx}{2Qt\sqrt{\pi E_x t}} \exp(-kt) \exp\left[-\frac{(x - u_x t)^2}{4E_x t}\right] \tag{5-24}$$

式中，Wx 为投入河流的有毒有害物质的质量；Q 为河流的流量；E_x 为纵向扩散系数；u_x 为河流断面平均流速；k 为有毒有害物质衰减系数。

对于突发性污染事件，往往最为关注的是污染物通过某一位置的时间、最大浓度值等。对于瞬时排放的污染物，其污染物浓度分布–时间过程线具有一定的正态分布特征，在扩散作用很小的河流中，在 x 断面处出现最大浓度值的时间可近似取

$$t_{\max} = \frac{x}{u_x} \tag{5-25}$$

当没有衰减作用时，相应的最大浓度为

$$C_{\max} \frac{Wu_x}{2Q\sqrt{\pi E_x}}\sqrt{\frac{u_x}{x}} \tag{5-26}$$

有毒有害物质在湖泊、水库的扩散模型为

$$C = \frac{QC_p}{Q + kV} + \frac{kVC_p}{Q + kV}\exp\left[-\left(k + \frac{Q}{V}\right)t\right] \tag{5-27}$$

式中，V 为湖泊、水库容积；Q 为有毒有害物质的输入流量；C_p 为有毒有害物质的输入浓度；C 为湖泊、水库输出的有毒有害物质浓度；k 为有毒有害物质衰减系数；t 为预测时间。

对于有毒有害液体在水中的扩散，同样需要计算其泄漏量，其泄漏速率与危险品的理化特性、罐槽内外压力差及裂口大小等因素有关。当液体在喷口内没有急剧蒸发时，泄漏速率 Q_1 可用伯努利方程计算，即

$$Q_1 = C_d A\rho\sqrt{\frac{2(p - p_0)}{p} + 2gh} \tag{5-28}$$

式中，Q_1 为液体泄漏速率，单位 kg/s；C_d 为泄漏系数，常取 $0.6 \sim 0.64$；A 为裂口面积，单位 m²；ρ 为泄漏液体密度，单位 kg/m³；p 为容器内介质压力，单位 Pa；p_0 为环境压力，单位 Pa；g 为重力加速度，单位 9.8m/s²；h 为裂口上液位高度，单位 m。

5.2.2　水系风险场指数构建

水环境作为环境风险因子的主要传播介质之一，其作用机理如图 5-3 所示。风险源风险物质泄漏后经水冲洗最终将汇入水系河流，风险物质在河流中将经历一定的衰减，然后通过取水口（供饮用或灌溉）将风险带到区域。通过计算突发环境污染事故对饮用水源（取水口）的影响来表征水系风险场指数，进一步根据取水口的服务范围将水系风险场指数分配到区域。水系风险场的作用机理如图 5-3 所示。

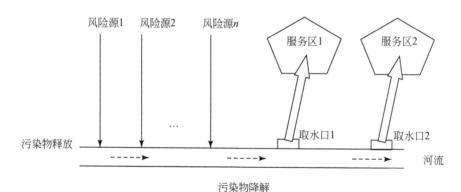

图 5-3　水系风险场影响机理图

对于存在多个风险源的区域，考虑多个风险源累加的最大可信风险时，由于风险源之间的泄漏时间并不处在同一时刻，因此可采用稳态模型进行计算。就河流而言，其深度和宽度相对于它的长度非常小，排入河流的污染物，经过一段离排污口很短的距离，就可以

在断面上混合均匀。因此，绝大多数河流水质的计算常常可以简化成一维水质问题，即假设污染浓度在断面上均匀一致，只随着流程的方向变化。此时，对于河流的空间特征来讲，就是将河流抽象为一条线（车越，2006）。在计算某个取水口的风险场指数时，可参考一维稳态河流混合衰减模型。

由于难降解物质（如有毒有害、有机化学品等）进入水系后稀释作用远大于降解作用。此外，由于本文考虑的是突发环境污染事故的水系风险场特征，危险化学品进入水系后短时间内降解很小，因此本文构建的水系风险场指数中主要考虑危险物质进入水系后受到的稀释作用。

当某取水口上游存在一个风险源，该风险源风险值为 q_0，参考河流一维稳态混合衰减模型，构造该取水口所对应的服务区域的水系风险场指数为

$$W_k = \frac{q_0}{Q} \exp\left(-\frac{kx}{86\,400u_x}\right) \tag{5-29}$$

式中，W_k 为水系风险场指数；x 为风险源到取水口的距离（m）；Q 为河流流量；k 为风险物质衰减系数（d^{-1}）；u_x 为河流平均流速，单位 m/s。

当风险物质流经多条河流到达取水口取水时，该取水口的水系风险场指数为

$$W_k = \left[\frac{\dfrac{q_0}{Q_1}\exp\left(-\dfrac{kx_1}{86400u_1}\right)Q_1}{Q_1 + Q_2}\right] \exp\left(-\frac{kx_2}{86400u_2}\right) \tag{5-30}$$

对于取水口上游存在多个风险源时，可将各风险源产生的影响进行累加，即其风险场指数为

$$W = \sum_{k=1}^{n} W_k \tag{5-31}$$

式中，W_k 为水系风险场指数；x_1 为风险物质流经 Q_1 河流的距离；x_2 为风险物质流经 Q_2 河流到取水的距离；k 为风险物质在河流的衰减系数；u_1 为 Q_1 河流的平均流速，单位 m/s；u_2 为 Q_2 河流的平均流速，单位 m/s。

第6章　突发环境污染事故风险受体脆弱性评价

6.1　环境风险受体脆弱性概念模型

通常在环境风险研究中，较少全面考虑和定量受体脆弱性。然而，在受体空间脆弱性往往有巨大的差异，这对风险研究及区划结果形成巨大的影响。同样的污染事故发生在居住区或人烟稀少的荒漠，或发生在饮用水源附近，产生的后果显然有巨大差别，采取的风险预防及管理措施也有很大的不同。因此，受体脆弱性研究有重大的意义。

"脆弱性"一词是美国学者 Clements 1988 年在第七届生态环境问题科学委员会上提出的，他指出生态脆弱性是指在大规模人类经济活动或严重的自然灾害干扰下，生态系统平衡状态的破坏（Alloy and Clements，1992）。

不同的专家学者对"脆弱性"有不同的理解。薛纪渝和赵桂久（1995）用来描述相关系统及其组成要素易于受到的影响和破坏，并缺乏抗拒干扰、恢复初始状态的能力；蒲淳（1998）从风险或灾害的角度，将其定义为特定条件下事物对自然灾害的承受能力；蒋勇军（2005）则从事物自身特征的角度，将其定义为事物容易受到伤害或损伤的程度。在此基础上，李辉霞和陈国阶（2003）定义了区域脆弱性的概念为区域容易受到伤害或损伤的程度大小，也就是区域对灾害的承受能力，反映特定条件下区域的脆弱性。

此外，2006 年 *Global Environmental Change* 指出暴露、敏感性、弹性/适应能力是脆弱性的构成要素，探讨了社会–生态框架下，脆弱性、适应能力、弹性的概念及研究现状（Adger，2006；Vogel，2006；Smit and Wandel，2006）。Adger 在其专刊的脆弱性综述中指出，此构架表明了地区尺度上社会与生态系统脆弱性分析的复杂性与交互作用，认为：①脆弱性分析是必须以地区为基础的；②脆弱性分析包含暴露分析、敏感性分析及适应能力分析；③脆弱性评估必须从社会、生态双维出发。Lange 等（2009）总结了不同生态系统脆弱性评价模型，指出专家判断（expert judgment）、定性结果（qualitative nature of the results）及定量结果的分级制图（ranking and mapping of the quantitative results）是生态系统脆弱性评价的通用方法，在此基础上，提出包含暴露、敏感及恢复的新生态脆弱性分析框架。

由上述分析可知，常见的脆弱性分析构成要素为暴露、敏感和适应力。因此，选择暴露受体的敏感性和适应力构建环境风险受体脆弱度指数模型。由于暴露受体的敏感性越强，脆弱性就越大；而适应力越强，则脆弱性越低，其概念模型可用式（6-1）表示，即

$$VI = SI/ACI \qquad (6\text{-}1)$$

式中，VI 为风险受体面对暴露时的脆弱度指数，SI、ACI 分别为敏感度指数及适应力指数。

城市尺度下突发环境污染事故风险受体通常是一个包含社会、经济、自然等因素的复合系统，因此其环境风险受体综合脆弱度模型为

$$\text{SV} = \alpha \text{VI}_s + \beta \text{VI}_e \tag{6-2}$$

式中，SV 为突发环境污染事故环境风险受体综合脆弱度；VI_s 为社会经济脆弱度指数；VI_e 为生态系统脆弱度指数；α，β 分别代表社会经济和生态系统不同受体的权重值。

6.2　环境风险受体脆弱性综合分析

在环境风险受体脆弱性概念模型分析的基础上，从社会经济和生态系统双维角度构建环境污染事故风险受体脆弱性指标框架，如图 6-1 所示。

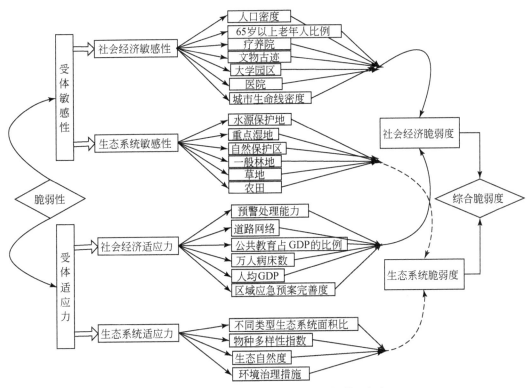

图 6-1　环境风险受体综合脆弱性指标体系框架

在分析特定区域环境风险受体脆弱性时，要结合区域社会经济及生态环境特点，选择社会经济和生态系统的敏感性及适应力指标，在构建区域社会经济及生态系统敏感度和适应度脆弱性子模型的基础上，计算每个网格风险受体综合脆弱度。

社会经济脆弱度指数 VI_s 是关于社会经济发展对突发环境污染事故的敏感性以及适应力的函数，即

$$\text{VI}_s = f(\text{SI}_s)/f(\text{ACI}_s) \tag{6-3}$$

式中，$f(\text{SI}_s)$ 为人类活动或人类对突发环境污染事故的敏感性；$f(\text{ACI}_s)$ 为人类抵消或减轻突发环境污染事故适应力指数。

社会经济敏感度 $f(\mathrm{SI}_s)$ 子模型为

$$f(\mathrm{SI}_s) = \alpha P' + \beta H' + \gamma L' + \delta S' \tag{6-4}$$

式中，P' 为人群敏感性；H' 为医院敏感性；L' 为城市生命线的敏感性，本研究中选用给水厂作为城市生命线敏感度研究的对象；S' 表示学校敏感性。α、β、γ、δ 分别为指标权重值。

社会经济对突发环境污染事故的响应指数，即适应力指数，$f(\mathrm{RCI}_s)$ 包含事故预防能力和应急能力两方面，社会经济适应力指数的计算公式为

$$f(\mathrm{RCI}_s) = \chi \mathrm{PDI} + \delta \mathrm{SAI} \tag{6-5}$$

式中，PDI 为区域预防突发环境污染事故的能力；SAI 表示突发事故后区域应急能力；χ、δ 代表各指标权重，$\chi + \delta = 1$，采用专家判断法获得其权重。其中，

$$\mathrm{PDI} = \sum_{i=1}^{n} W_{\mathrm{PDI}_i} \times \mathrm{PDI}_i \tag{6-6}$$

区域突发环境污染事故预防能力 PDI 的计算选取了公共教育支出比例和区域预警处理能力两项指标作为 PDI 的计量值。W_{PDI_i} 表示各个参数的权重。

$$\mathrm{SAI} = \sum_{i=1}^{n} W_{\mathrm{SAI}_i} \times \mathrm{SAI}_i \tag{6-7}$$

区域突发环境污染应急能力指数 SAI 的计算选取了万人病床数、人均 GDP、区域应急疏散能力三项指标作为突发环境污染事故后区域应急能力 SAI 的计量值，W_{SAI_i} 表示参数的权重。

生态系统脆弱性指数 VI_e 是生态系统对突发环境污染事故的敏感性及事故后生态系统的恢复力的函数，即

$$\mathrm{VI}_e = f(\mathrm{SI}_e) / f(\mathrm{ACI}_e) \tag{6-8}$$

式中，$f(\mathrm{SI}_e)$ 为生态系统对突发环境污染事故敏感度；$f(\mathrm{ACI}_e)$ 为生态系统抵消或减轻突发环境污染事故的恢复力，生态系统恢复力考虑生态系统自身的调节力和环境保护治理对生态系统的恢复力。

生态系统敏感度指数 $f(\mathrm{SI}_e)$ 函数为

$$f(\mathrm{SI}_e) = \alpha_1 D + \beta_1 W + \gamma_1 C \tag{6-9}$$

式中，D、W、C 分别为水源保护地、重点湿地及自然保护生态系统在各个区域的敏感指数，α_1、β_1、γ_1 为各指标权重，且 $\alpha_1 + \beta_1 + \gamma_1 = 1$，依据专家打分法计算相关权重。

生态系统受到干扰后，其本身具有一定的调节和修复能力。因此，生态系统适应力指数 ACI_e 考虑生态系统自身的调节能力和环境保护措施（即环境污染治理指数）对生态系统适应力的影响。

生态系统适应力指数 $f(\mathrm{ACI}_e)$ 函数为

$$f(\mathrm{ACI}_e) = \kappa \sum \mathrm{Rb}_i + \mu \sum \mathrm{EAI} \tag{6-10}$$

Rb_i 为生态系统自身的调节能力指数，用区域内不同生态系统面积与该区域面积比来度量（水面面积与区域面积比、区域湿地面积与区域面积比、区域内绿地面积与区域面积比）；EAI 区域环境治理指数，选择河道治理投资比，工业废水达标排放率及生活垃圾分类收集处理率三项指标来衡量；k、μ 为权重。

第7章 基于区划单元聚类的突发环境污染事故风险区划方法

7.1 分区单元与指标体系

7.1.1 分区单元

环境风险分区的基本单元有多种，可利用下层行政区作为分区单元，可划分区域网格作为分区单元，还可以采用最小图斑的自然单元作为分区单元。为获得较高的精度，基于区划单元聚类的突发环境污染事故风险区划，通常以区域地理自然网格进行环境风险分区。

7.1.2 指标体系

环境风险是环境风险事件发生及造成损失的可能性或不确定性，是技术系统中的风险因子作用于受体，对受体造成一定程度的损害，是风险源（可能的风险因子）数量、诱发因素的存在、控制机制的状态、受体价值和脆弱性，以及人类社会的防范能力、人类的管理和政策水平等主要因素综合作用的产物，因此，环境风险事件不能被简单的看成是有事故释放的一种或一套多种危险性因素造成的后果，而应看成是由风险产生、风险控制及受体暴露等所有因素所构成的系统，故环境风险区划指标体系应从环境风险系统构成的子系统（环境风险源、环境风险场及环境风险受体）、影响环境风险系统的因素及环境风险发生过程方面进行构建。

环境危险源是发生环境风险事件的首要条件，其中影响环境危险源对周围环境产生影响的因素主要有以下几个方面：①生产或储存化学物质的性质，不同的物质发生环境污染事故时对周围环境产生的影响大小是不一样的；②生产或储存化学物质的规模，规模的大小是发生环境污染事故时对周围环境影响大小的主要因素之一；③行业风险水平，不同的风险源所对应的各种行业其事故发生的概率及损害程度不尽相同。

控制机制是指环境风险源所固有的，控制环境风险因子释放的措施或设施，可以从两个方面进行考虑：①设施运转行为，主要从设备保养维护状态方面进行指标考虑；②人的行为，可以从机器操作行为、计划行为、决策管理行为等方面进行指标体系的考虑，即从企业的安全措施、企业的安全管理制度等方面进行指标体系的考虑；③企业监控情况，若企业内有监控装备，当风险事件发生时可以快速的启动风险预警系统，从而能减少风险事件的不利影响；④ 企业常规应急预案情况，是衡量初级控制机制有效性的重要指标之一，当风险事件发生后可以按照应急预案的要求内容迅速采取相关措施来控制风险因子的扩散等。

当环境风险源释放环境风险因子后，通过环境介质（大气、水等）在局域或区域范围内环境风险因子释放所形成的一种潜在危险场，即环境风险因子释放后对环境风险受体构成的潜在威胁作用的空间格局。环境风险场场强与环境风险因子的释放强度、环境空间所处状态（水文与气象等条件）以及环境介质参数等有关，是环境风险因子迁移扩散到环境空间某一位置的暴露水平的具体体现。

广义的环境风险受体为人群和自然生态系统，一般情况下环境风险更主要的是考虑对人群的损伤。环境风险受体是否受到危害及受到危害的大小主要取决于以下几个方面：①重叠概率，只有当环境风险受体与环境风险场发生重叠后，风险事件才会对风险受体产生影响。②风险受体规模，在这里主要是指对人的影响，主要用人口居住密度进行表示，当风险事件发生后，人口密度大的地方受到的环境风险会比人口密度小的地方受到的风险要大得多。③应急响应能力，主要反映区域对风险事故的快速反应和处理、救援能力，高水平的应急响应能力可将风险事故造成的可能伤害降到最小。

从环境风险系统构成的子系统（环境风险源、环境风险场及环境风险受体）、影响环境风险系统的因素及环境风险发生过程，构建环境风险区划指标体系，如表7-1所示。

表7-1　环境风险区划指标体系

目标层	系统层	准则层	指标层
环境风险系统	环境风险源风险性	源物质风险	规模（实际物质储存量）
			行业水平
			LC_{50}
		控制机制	设备保养维护状态
			安全措施
			企业监控情况
			企业常规应急预案
			企业防护措施
	环境风险场强度	大气风险场	风向
			风频
		水系风险场	水系覆盖范围
			水体流向
	风险受体脆弱性	暴露程度	人口居住密度
			生态系统类型
			区域敏感指数
		应急响应能力	人均 GDP 水平
			医疗卫生条件

7.2　环境风险量化模型

7.2.1　环境风险源指标量化

环境风险源危险性主要考虑环境风险源所拥有的危险物品的自身物理化学特性和相应的控制机制所决定，具体量化公式见式（4-4）。

7.2.2　环境风险场量化

环境风险场量化分别以第 5 章构建的大气风险场指数和水系风险场指数进行表征，其中大气风险场指数采用式（5-23）进行计算，水系风险场指数采用式（5-31）进行计算。

7.2.3　受体脆弱性量化

区域受体脆弱性的量化过程见第 6 章第 6.3 节，最终由式（6-10）来计算区域内环境风险受体的脆弱性。

7.3　风　险　区　划

借鉴自然区划中"自上而下"与"自下而上"的区划方法，并结合突发环境污染事故风险的特点，进行环境风险区划。"自上而下"是环境风险空间差异性的划分，而"自下而上"是相似性的合并，"自上而下"和"自下而上"相结合的方法体系能充分体现突发环境污染事故风险的空间分异规律。

7.3.1　自下而上的聚类分析

"自下而上"区划过程中，一般采用聚类分析的方法实现最小区划单元相似性合并。

聚类分析是一种无监督归纳过程，把一组个体按照相似性归成若干类别，使得属于同一类别的个体之间的差异性尽可能的小，而不同类别上的个体间的差异性尽可能的大（朱明，2008）。该模型的应用很好地体现了地域分异规律这一区划的理论基础，同时也兼顾了区划过程的区域分异原则、相对一致性原则、区域共轭性原则等区划所要遵循的原则（王苏斌等，2003）。

文献中常见的聚类方法有传统聚类、模糊聚类及基于遗传算法的聚类模型等，这些聚类方法各有优点。

传统的聚类分析是一种硬划分，未考虑各待分样品在空间上的相互关系，把每个待识别的对象严格地划分到某类中，也就是说对于数据空间中的认为元素，或者属于某一类，或者不属于该类，两者必居且仅居其一，因此这种类别划分的界线是分明的。

模糊聚类通过把数据对类的隶属程度进行模糊化解决聚类问题，弥补了传统聚类把每个待识别的对象严格地划分到某类中的缺点。由于模糊聚类得到了样本属于各个类别的不确定性程度，表达了样本类属的中介性，即建立了样本对于类别的不确定性描述，更能客观地反映现实世界。

基于图论的聚类过程中没有权重和隶属度的确定，在一定程度可避免主观性影响，方法在应用过程中存在一些问题，需要不断的合理修正加以完善。

k 均值聚类是聚类分析中一种基本的划分方法，因其理论可靠、算法简单、收敛速度快、能有效处理大数据集而被广泛使用。k 均值聚类算法的核心思想如下：首先从所给 n 个数据对象中随机选取 k 个对象作为初始聚类中心点，其次对于所剩下的其他对象，则根据它们与所选 k 个中心点的相似度（距离）分别分配给与其最相似的聚类，再次重新计算所获聚类的聚类中心（该聚类中所有对象的均值），最后不断重复这一过程直到标准测度函数开始收敛为止，其基本算法流程如下：

（1）从 n 个数据对象中任意选择 k 个对象作为初始聚类中心。

（2）根据每个聚类对象的均值（中心对象），计算每个对象与这些中心对象的距离，并根据最小距离对相应对象进行划分。

（3）重新计算每个（有变化）聚类的均值（中心对象）。

循环上述流程（2）～（3），直到每个聚类不再发生变化或者标准测度函数开始收敛为止。

在 k 均值聚类中，距离是衡量聚类对象的相似性的一个重要指标，距离越小，相似性越高，常用的距离定义为

（1）欧式距离

$$d_{ij} = \sqrt{\sum_{i=1}^{p} (x_{it} - x_{jt})^2} \quad (i, j = 1, 2, \cdots, n)$$

（2）马氏距离

$$d_{rs}^2 = (x_r - x_s), \ V^{-1} (x_r - x_s)$$

（3）布洛克距离

$$d_{rs} = \sum_{j=1}^{n} |x_{rj} - x_{sj}|$$

（4）切比雪夫距离

$$d_{ij}(\infty) = \max |x_{ik} - x_{jk}| (i, j = 1, 2, \cdots, n)$$

（5）明可斯基距离

$$d_{rs} = \left\{ \sum_{j=1}^{n} |x_{rj} - x_{sj}|^p \right\}^{1/p}$$

传统的 K 均值算法的一个明显缺陷是对初始聚类中心敏感，其受初始选定的聚类中心的影响而过早地收敛于局部最优解，所以，急需一种能克服上述缺点的全局优化算法。

遗传算法是模拟生物在自然环境中的遗传和进化过程而形成的一种自适应全局优化搜索算法。生物的进化过程主要是通过染色体之间的交叉和变异来完成的，与此相对应，遗

传算法中最优解的搜索过程也模仿了生物的进化过程，使用遗传操作数作用于群体进行遗传操作，从而得到新一代群体，其本质是一种求解问题的高效并行全局搜索算法。它能在搜索过程中自动获取和积累有关搜索空间的知识，并自适应地控制搜索过程，从而得到最优解或准最优解。算法以适应度函数为依据，通过对群体个体施加遗传操作实现群体内个体结构重组的迭代处理。在这一过程中，群体个体一代代地优化并逐渐逼近最优解。

在遗传算法中，首先将空间问题中的决策变量通过一定的编码表示遗传空间的一个个体，它是一个基因型串结构数据；然后将目标函数转换成适应度值，用来评价每个个体的优劣，并将其作为遗传操作的依据。遗传操作包括三个算子，即选择、重组和变异。选择是从当前群体中选择适应值高的个体以生成交配池的过程，交配池是当前代与下一代之间的中间群体。选择算子的作用是用来提高群体的平均适应度值。重组算子的作用是将原有的优良基因遗传给下一代个体，并生成包含更复杂基因的新个体，它先从交配池中的个体随机配对，然后将两两配对的个体按一定方式相互交换部分基因。变异算子是对个体的某一个或几位按某一较小的概率进行反转其二进制字符，模拟自然界的基因突变现象。其基本程序实现流程如下：

（1）先确定待优化的参数大致范围，然后对搜索空间进行编码。

（2）随机产生包含各个个体的初始种群。

（3）将种群中各个个体解码成对应的参数值，用解码后的参数求代价函数和适应度函数，运用适应度函数评估检测各个个体适应度。

（4）对收敛条件进行判断，如果已经找到最佳个体，则停止，否则继续进行遗传操作。

（5）进行选择操作，让适应度大的个体在种群中占有较大的比例，一些适应度较小的个体将会被淘汰。

（6）随机交叉，两个个体按一定的交叉概率进行交叉操作，并产生两个新的子个体。

（7）按照一定的变异概率变异，使个体的某个或某些位的性质发生改变。

（8）重复步骤（3）～（7），直至参数收敛达到预定的指标。

鉴于遗传算法的全局优化性，可将遗传算法引入 k 均值聚类中，构造适应度函数，利用其全局寻优能力找出聚类数据集中的全局最优聚类中心（近似解），再以遗传算法求得的全局聚类中心作为 k 均值聚类的初始聚类中心，进行最优聚类中心的精确寻找和类别划分。

基于遗传算法的 k 均值聚类融合了 k 均值算法的局部最优能力与遗传算法的全局寻优能力，在自适应交叉和变异概率的遗传算法引入 k 均值操作，克服传统 k 均值算法的局部性和对初始中心的敏感性，从而保证聚类分析具有较好的全局收敛性。

7.3.2 基于区域空间风险信息统计的区划

"自上而下"是将高级区划单元分解为较低级的单元，是区域环境风险差异性定性划分的过程，其界线划分的原则为：遵循区划要素的空间分异规律；或尽量靠近已有界线。在环境风险领域，一级区划界线很难有可参考的已有界线。

突发环境污染事故风险是在时间上不断演替，在空间上有一定分布规律的个体。因此，基于区域空间风险信息统计的历史突发环境污染事故时空格局能宏观分析突发环境污染事故风险的分布规律，有助于把握区划的大方向，是指导"自上而下"区划的重要依据。此外，研究区宏观规划如产业布局规划、土地利用规划及城市总体规划能从整体反映环境风险的空间分异规律，也是区域突发环境风险宏观区划的重要依据。

第8章 基于行政单元环境风险评价的突发环境事故风险分区方法一

8.1 分区单元与指标体系

8.1.1 分区单元

环境风险分区的基本单元有多种，可利用下层行政区作为分区单元，也可划分区域网格作为分区单元，采用工业园区或者开发区等作为分区单元，还可以采用最小图斑的自然区域单元作为分区单元。在实际研究中，考虑到一些具体的操作问题，大多数分区采用的是行政区、工业园区等作为区域划分和合并界线的基本单元。

8.1.2 指标体系

环境风险指标选取原则遵循指标确定的通用原则，即科学性原则、可操作性原则、相对完备性原则、相对独立性原则及针对性原则。基于典型环境污染事件案例分析、环境风险系统已有研究并借鉴自然灾害系统研究，建立了区域环境风险系统，明确了决定环境风险的重要组成，进一步剖析环境风险系统组成的影响因素，根据以上的理论与系统研究，同时考虑数据的可获得性及可操作性，经过多次优选，建立危险性和脆弱性的表征指标体系。区域环境风险大小是由风险源的危险性和风险受体的脆弱性共同决定的，风险源的危险性主要取决于危险因子的状态，源头控制和过程控制的状态；风险受体的脆弱性取决于风险受体的暴露程度和恢复力的大小。

危险物质的性质、危险物质的量、生产工艺设备水平和使用年限很大程度上决定了危险因子的状态，危险物质性质越复杂，储存量越大，危险因子的危险性就越高，储存设备的年久陈旧和工艺水平的落后都会增大危险因子的危险性。自然灾害的爆发会引发环境污染事件的发生，高度密集的风险源容易引发一系列的群发或是链发效应。源头控制主要指危险因子进入环境介质前所采取的控制措施。设备的定期保养维护、控制体系和在线监控系统的良好运行，能降低风险的大小。而良好的环境管理制度、安全措施、应急技能，完善的应急投入、应急预案和队伍，先进的应急救援水平，也能减少风险。

同时考虑到数据的可获得性和可操作性，经过反复优选，确立风险因子危险性和风险受体脆弱性的表征指标。具体的区域风险分区指标见表8-1。

表 8-1 环境风险分区指标体系

目标层	准则层 1	准则层 2	指标层
区域环境风险度 R	风险源的危险性 H	危险因子状态 H_1	危险物质的性质 H_{11}
			危险物质储存量与临界量之比 H_{12}
			生产工艺设备水平 H_{13}
			生产、储存设备使用年限 H_{14}
			危险源的密集程度 H_{15}
			自然灾害的暴露程度 H_{16}
		源头控制 H_2	在线视频监控 H_{21}
			设备保养维护状态 H_{22}
			控制体系运行状态 H_{23}
			环境管理制度 H_{24}
			安全措施 H_{25}
			职工环境风险应急技能 H_{26}
		过程控制 H_3	区域应急预案 H_{31}
			区域应急投入 H_{32}
	风险受体的易损性 V	暴露控制 V_1	居民密度 V_{11}
			居住区与工业的混杂程度 V_{12}
			饮用水源地等级 V_{13}
		恢复力 V_2	人均 GDP 水平 V_{21}
			区域医疗卫生机构的应急救援能力 V_{22}

8.2　环境风险量化模型

环境风险分区的客体是一个复杂的环境风险系统，不确定的因素很多，很难定量表征，因此，环境风险分区的指标大多以定性和半定量的指标为主。在典型污染事件案例分析，总结环境风险系统已有研究并借鉴自然灾害风险系统研究，从而建立区域环境风险系统的基础上，明确环境风险系统各组成之间及各组成与系统之间的关系，根据危险性及其表征指标之间，脆弱性及其表征指标之间的相互作用，提出危险性量化模型和脆弱性量化模型，构建相应的环境风险量化模型。

8.2.1　指标层指标量化

1. 危险因子状态对应的指标层指标量化

（1）危险物质的性质。根据相关标准，把区域危险物质的性质按毒性、爆炸性、可燃性和腐蚀性进行分级，进行从定性到定量的分级描述，完全没有该类性质的物质为理想记为 0，到全部具有记为 4，范围为 0~1，1~2，2~3，3~4（数值代表危险性质的种类）。

（2）危险物质储存量与临界量之比。根据相关标准和安监管协调字［2004］56 号文件所列危险物质的临界量，计算危险物质实际的储存量与临界量之比。

$$\frac{q_1}{Q_1} + \frac{q_2}{Q_2} + \cdots + \frac{q_n}{Q_n} \tag{8-1}$$

式中，q_1，q_2，…，q_n 为危险物质的实际储存量，Q_1，Q_2，…，Q_n 为危险物质的临界量。关于危险物质的临界量参见标准《重大危险源辨识》（GB18218—2000）。当实际的储存量与临界量之比大于 1 时为不安全，储存场所均没有达到重大危险源的为理想状态，记为 0，而具体的划分等级可根据实际情况而定。

（3）生产工艺设备水平。落后的工艺设备水平诱发环境风险事件的可能性就大。生产工艺设备水平主要是评估公司的技术、工艺、设备在同行业的水平，从设备的购进时间、生产厂家、型号以及工艺的整个流程等方面进行横向比较，评估生产工艺设备的水平，分为国内落后、国内平均、国内先进和国际水平四个等级，分别赋值 4、3、2、1。

（4）生产和储存设备的使用年限。设备使用有一定的磨损，使用的年限越长，磨损的程度就越严重，诱发环境风险事件的可能性就越大，根据具体情况以 5 年或 10 年计，分为>20 年、10~20 年、5~10 年、<5 年四个等级，分别赋值 4、3、2、1。

（5）危险源的密集程度。风险源群聚时，会引发一系列的链发效应和群发效应，增加风险的大小，根据实际情况对各单元的危险源密集程度做出评估，以单位面积内危险源的个数计，并定量转化为数值。指标分为高度密集、密集、较分散和分散四个等级，指标分别赋值 4、3、2、1。

（6）自然灾害的暴露程度。自然灾害的发生可能诱发环境风险事故的发生，是"链发效应"和"群发效应"出现的重要原因之一。利用 GIS 缓冲区分析功能，对区域主要水系建立缓冲区，由于不同级别的河流其影响力是不同的，级别越高，其影响范围越大，所以缓冲区的宽度根据河流的级别进行确定。一级缓冲区诱发环境风险事故发生的可能性高于二级缓冲区，二级缓冲区高于三级缓冲区，三级缓冲区高于缓冲区外，给不同级别的缓冲区附上不同的分值，一级缓冲区赋值 4、二级缓冲区赋值 3、三级缓冲区赋值 2、缓冲区外赋值 1。

2. 控制状态对应的指标层指标量化

企业内部齐备、良好的环境管理制度和满足管理体系运作的设备、技术和人才对于有效控制环境风险起着非常重要的作用，此外，企业还需要在自身控制能力上进一步提高。管理故障是技术系统失控的根本原因，因为由于管理上的失误，就导致人为故障、机械故障的出现，从而带来较大的风险。区域层面应急系统的完善对于风险的控制有着十分重大的意义，应急投入和应急预案直接反映区域应急能力的大小。

（1）环境管理制度。根据是否通过 ISO 14000 环境管理体系认证，是否建立安全责任制、各岗位人员的岗位职责，分为通过 ISO 14000 环境管理体系认证、完善的环境管理制度、初步的环境管理制度和无环境管理制度四个等级，分别赋值 4、3、2、1。

（2）安全措施。考虑是否有安全评价和应急措施两个方面。应急措施包括是否有应急指挥组织结构、应急队伍、应急预案等，介于相应的应急预案和队伍对于控制风险大小的作用稍大于是否做过安全评价，所以从定性到定量分为做过安全评价，有应急预案及队伍；无安全评价，有应急预案及队伍；做过安全评价，无应急预案及队伍；无安全评价，无应急预案及队伍四个等级，分别赋值4、3、2、1。

（3）在线视频监控。根据生产场所，储存场所和污染源是否有在线视频监控来定性评价，该指标分为生产、储存及污染源均有在线视频监控；仅生产、储存场所有在线视频监控；无在线视频监控三个等级，分别赋值4、3、2。

（4）控制体系运行状态。根据是否有抑爆装置、紧急冷却、应急电源、电气防爆、阻火装置、泄漏检测装置与响应、故障报警及控制装置，分为好、中等、较差、差四个等级，分别赋值4、3、2、1。分级需要从定性到定量描述，完全没有以上设备的记为0，到全部具有记为4，范围分别为6~7、4~5、2~3、0~1（数值代表具有几种控制设备）。

（5）设备保养维护状态。包括定期检查设备状态和定期保养维护，分为定期保养、不定期保养和无保养三个等级，分别赋值4、3、2。

（6）职工环境风险应急技能。根据人员资格的合格性即是否考核和持证上岗；安全教育培训和演练即是否进行新工人岗前三级安全教育，全员安全培训，各岗位安全操作技能培训和演练情况等，分为定期安全技术培训与演练，不定期安全技术培训与演练，无安全技术培训与演练三个等级，分别赋值4、3、2。

（7）区域应急投入和应急预案。根据研究区域整体的应急情况进行分等定级，包括应急资金投入，基础设备购买，预案的完善程度等。

3. 风险受体对应的指标层指标量化

（1）居民密度。目前尚没有明确统一的标准，不同的区域可以选择不同的标准，根据研究区域的特点进行分级赋值。

（2）居民区与工业的混杂程度。居民与工业区之间应有一定的安全距离，企业附近的受体是最直接的受影响者，居民区与工业的混杂程度反映了风险受体与危险源的空间分布状况，根据实际情况混杂程度可以分为高、中、低三个等级，分别赋值4、3、2。

（3）饮用水源地等级。不同级别的饮用水源地其敏感性不同，分级指标为取水口、一级保护区、二级保护区和非水源保护区，分别赋值4、3、2、1。

（4）人均GDP水平。人均GDP越高，说明工业技术水平越高，当人均GDP超过1000美元时，标志城市化进程进入起飞阶段；人均GDP超过3000美元时，标志城市化进程进入高峰阶段。国外发达国家人均GDP约1万美元，参照这个标准对研究区域的人均GDP分等定级，分为7000~10 000美元、3000~7000美元、1000~3000美元、0~1000美元四个等级，分别赋值4、3、2、1。

（5）区域医疗卫生机构的应急救援能力。根据《医疗机构设置标准》中的相关规定，用病床数来衡量区域的医疗卫生机构的应急救援能力，病床数500张以上为理想安全、301~500张为较安全、80~300张为临界安全、80张以下为不安全，分别赋值4、3、2、1。

8.2.2　环境风险量化模型

1. 区域环境风险度的量化

环境风险是指由自然原因或人类活动（对自然或社会）引起的，给人类及环境带来有害影响的事故的潜在性，用风险度 R 表征，$R = H \times V$，式中 R 表示区域风险的风险度，H 表示风险源的危险性，V 表示风险受体的脆弱性。风险源的危险性和风险受体的脆弱性对风险都有放大作用，即任何一个出现问题都会发生重大风险，但不是简单地加和，因为若风险源的危险性很大，但没有受体暴露在影响范围内即脆弱性是 0，则风险是 0；若受体的脆弱性很大，但风险源的危险性是 0，风险亦是 0。所以风险性采用危险性和脆弱性的乘积表达更符合真实关系。

2. 风险源的危险性和风险受体的脆弱性量化模型

风险源的危险性是由危险因子状态、源头控制状态和过程控制状态共同决定的，风险源的危险性与危险因子状态成正比，与源头控制状态和过程控制状态成反比，所以风险源的危险性采用危险因子状态、源头控制状态和过程控制状态的乘积表达更符合真实关系，即

$$H = \frac{H_1}{H_2 \times H_3} \tag{8-2}$$

式中，H_1 为危险因子状态；H_2 为源头控制状态；H_3 为过程控制状态。

风险受体的脆弱性主要取决于暴露程度和恢复力，风险受体的脆弱性与暴露程度成正比，与恢复力成反比。若风险源影响范围内受体的暴露为 0，则风险为 0；若暴露程度一定，受体在短时间内恢复力很强，则脆弱性近于 0，则风险为 0，所以风险受体脆弱性采用暴露程度和恢复力的商来表达更符合真实关系，即

$$V = \frac{V_1}{V_2} \tag{8-3}$$

式中，V_1 为暴露程度；V_2 为恢复力。

3. 准则层 2 量化模型

准则层 2 的指标主要有危险因子状态 H_1、源头控制 H_2、过程控制 H_3、暴露控制 V_1 和恢复力 V_2。

危险因子的状态取决于危险物质自身的性质，包括物质有毒有害程度及其量的大小；危险物质存在的安全状态，包括危险物质的生产装置、储存设备等的安全状态；诱发因素的影响，包括自然灾害的诱发以及群聚诱发。危险物质的性质与工艺、设备状态水平比外界诱发因素稍微重要一些，所以系数分别为 0.6、0.4，而物质性质和量的大小、工艺设备水平和设备状态，以及自然灾害诱发和群聚诱发都同等重要，所以系数均为 0.5，危险因子状态采用式（8-4）表达更符合真实关系，即

$$H_1 = 0.6\sqrt{0.5(H_{11} + H_{12}) \times 0.5(H_{13} + H_{14})} + 0.4 \times 0.5(H_{15} + H_{16}) \quad (8\text{-}4)$$

式中，H_{11} 为危险物质的性质；H_{12} 为危险物质储存量与临界量之比；H_{13} 为生产工艺设备水平；H_{14} 为生产、储存设备使用年限；H_{15} 为危险源的密集程度；H_{16} 为自然灾害的暴露程度。

源头控制状态取决于设备安全状态，包括在线监控状况、设备的维护与保养状况和控制体系的安全状态；管理方面的安全状态，包括制度、安全评价、应急预案、应急技能。源头控制状态采用式（8-5）表达更符合真实关系，即

$$H_2 = \sqrt{(0.4H_{21} + 0.2H_{22} + 0.4H_{23}) \times \frac{1}{3}(H_{24} + H_{25} + H_{26})} \quad (8\text{-}5)$$

式中，H_{21} 为在线视频监控状况；H_{22} 为设备保养维护状态；H_{23} 为控制体系运行状态；H_{24} 为环境管理制度状态；H_{25} 为安全措施状态；H_{26} 为职工环境风险应急技能状态。

过程控制状态主要取决于区域应急投入和区域应急预案两个方面，应急投入反映区域应急基础设施建设情况，完善的应急预案可以大大减小风险。过程控制状态采用式（8-6）表达更符合真实关系，即

$$H_3 = 0.5(H_{31} + H_{32}) \quad (8\text{-}6)$$

式中，H_{31} 为区域应急投入大小；H_{32} 为区域应急预案完善程度。

暴露控制主要反映暴露在风险中的人群规模、饮用水源地等级以及居民区与工业区的混杂程度，采用式（8-7）表达更符合真实关系，即

$$V_1 = \sqrt{0.5(V_{11} + V_{12}) \times V_{13}} \quad (8\text{-}7)$$

式中，V_{11} 为居民密度；V_{12} 为居民区与工业的混杂程度；V_{13} 为饮用水源地等级。

恢复力取决于区域的经济能力和应急救援能力，这里分别用人均 GDP 水平和区域医疗卫生机构的应急救援能力表征，所以恢复力采用式（8-8）表达更符合真实关系，即

$$V_2 = \sqrt{V_{21} \times V_{22}} \quad (8\text{-}8)$$

式中，V_{21} 为人均 GDP 水平；V_{22} 为区域医疗卫生机构的应急救援能力。

8.3　风险分区与分区调整

在指标体系和量化模型的基础上，建立基于 GIS 的区域环境风险分区单元划分、指标属性数据和空间数据的提取、指标图层的函数运算、目标图层的叠加运算，进行各分区单元的风险源危险性量化和风险受体脆弱性量化，并判断影响二者的主导因子，最后完成所有分区基本单元的风险度量化，以风险度的大小进行分区，得到该区域的环境风险分区图。可以将过于分散的小区域合并到相邻区域中，充分考虑各分区单元的风险源危险性和风险受体脆弱性的具体特点，以及风险源危险性和风险受体脆弱性的主导影响因子，为了管理方便，可以将由相同主导因子诱发风险的区域放在一起，对分布图作出适当的合并与调整后，得到完整、分明的环境风险分区图。

第9章 基于行政单元环境风险评价的突发环境事故风险分区方法二

9.1 分区单元与指标体系

9.1.1 分区单元

本章的述分区方法沿用第8章中提及的下层行政区（如各区县）、工业园区等作为基本分区单元。

9.1.2 指标体系

基于环境风险系统已有研究，并根据环境风险分区的系统性、一致性、主导性、动态性和数据可得性原则，本章中区域的环境风险从风险源危险性、控制机制有效性和受体脆弱性三方面来确定指标体系。该指标体系由目标层、系统层、准则层和指标层构成，如表9-1所示。

表9-1 特大城市环境风险分区指标体系

目标层	系统层	准则层	指标层
环境风险	风险源	固定源	主导行业类型
			重大风险源的规模
			风险源的密集度
		移动源	有害废物特性
			排放量
			交通危险性
	控制机制	控制机制	人为风险发生频率
			环境质量现状水平
	风险受体	暴露程度	保护区数量及级别（学校、名胜古迹、医院等）
			人口居住密度
			饮用水源级别
		适应力	人均 GDP 水平
			万人病床数
			预警处理能力
			人均公共绿地面积

　　根据风险源危险性越大、控制机制效果越差、暴露程度越高以及适应力越差造成的环境风险越大的思路，对城市的环境风险进行排序，进而对其进行环境风险分区。

　　准则层中把风险源危险性分为固定源危险性和移动源危险性。固定源是指区域中的工厂、企业等位置不变的风险源，移动源是指有害废物在运输过程中所造成的新的风险源。把风险受体脆弱性分为受体暴露程度和受体适应力大小。受体暴露程度是指在风险发生范围内的敏感目标的数量及面积，反映受体遭到危害的程度。受体的适应力是指受体遭受到外界干扰如突发的污染事故后，系统恢复到原状的能力，也是适应环境的能力。

　　指标层中的主导行业类型反映区域的支柱产业状况，重大危险源规模反映区域重大危险源的数量，危险源密集度（重大危险源的数量与人口密度之比）反映危险源的链发和群发状况。有害废物特性反映运输过程中危险物的危险性，排放量反映有害废物的数量，交通危险性代表有害废物运输交通的状况。

　　控制机制反映人为因素对事故发生可能性和危害大小的影响。环境质量现状反映区域初级控制机制水平，从一定程度上代表了控制和阻碍环境风险源与环境风险受体接触的效果。人为风险发生频率可以反映区域次级控制机制水平，包括应急投入、环境管理制度水平等，同时可以包含以风险研究风险的方法理论。风险源的控制机制越好，其危险性相对较小，一方面，因为风险企业可在事故发生前对事故进行预测和预防，降低事故发生的可能性；另一方面，事故发生后能及时采取应急措施，减少事故对环境和人体健康危害和损失。

　　保护区数量、人口密度越多和饮用水源级别越高，在污染事故风险中暴露程度越大，其区域风险就越大。人均 GDP 水平越高的地方，往往是经济越发达的地方，这些地方发生事故时的经济损失往往会更大，这些考虑在暴露程度中的保护区数量及级别中。适应力中的人均 GDP 水平反映减少风险源危险性的经济实力；万人病床数和人均公共绿地面积分别反映城市医疗救助水平和应急避难的城市开放空间水平。

　　环境风险分区指标体系的权重设置如表 9-2 所示。因为本书讨论的重大环境风险源是人为风险源，不论是事故发生前的预防机制还是到事故发生后的应急管理，控制机制在环境风险中都占有重要的位置，因此，对控制机制设置的权重比较大。有毒废物特性和其排放量按其之积来计算得到危险性，因此统一赋权重。

表 9-2　环境风险分区指标体系的权重

准则层	准则层权重	指标层	指标层权重	最终权重
固定源	0.2317	行业类型	0.3187	0.0738
		重大危险源的规模	0.6153	0.1426
		危险源的密集度	0.0660	0.0153
移动源	0.0914	有害废物特性	0.8	0.0731
		排放量		
		交通危险性	0.2	0.0183

准则层	准则层权重	指标层	指标层权重	最终权重
控制机制	0.4634	人为风险发生频率	0.8750	0.4055
		环境质量现状水平	0.1250	0.0579
暴露程度	0.1068	保护区数量及级别（学校、绿地、医院）	0.0823	0.0088
		人口居住密度	0.6026	0.0644
		引用水源级别	0.3150	0.0336
适应力	0.1068	人均 GDP 水平	0.4820	0.0515
		万人病床数	0.1788	0.0191
		预警处理能力	0.2187	0.0234
		人均公共绿地面积	0.1205	0.0129

9.2　环境风险量化模型

环境风险系统非常复杂，不确定的因素很多，很难定量表征，因此，环境风险分区的指标大多以定性和半定量的指标为主。参照文献，本书根据指标体系，对分区基本单元的各个指标进行量化。量化方案见表 9-3。

表 9-3　特大城市环境风险分区指标量化方案

系统层		分数	100	80	60	40
		指标	Ⅰ 级	Ⅱ 级	Ⅲ 级	Ⅳ 级
风险源危险性	固定风险源	主导行业类别	化工、石化	电镀、医药工业、有色金属冶炼	机械制造、危险品储存、建筑施工、交通运输	其他
		重大危险源的规模	高	中	低	—
		危险源的密集度	高度密集	密集	较分散	分散
	移动源	有害废物特性	有毒性、爆炸性、可燃性、腐蚀性四类性质的危险物质中的 3~4 种	有毒性、爆炸性、可燃性、腐蚀性四类性质的危险物质中的 2~3 种	有毒性、爆炸性、可燃性、腐蚀性四类性质的危险物质中的 1~2 种	有毒性、爆炸性、可燃性、腐蚀性四类性质的危险物质中的 0~1 种
		排放量	高	中	低	—
		交通危险性	高	中	低	—
	控制机制	人为风险发生频率	高	中	低	—
		环境质量现状水平	不达标	达标	良好	优秀

系统层		分数	100	80	60	40
		指标	Ⅰ级	Ⅱ级	Ⅲ级	Ⅳ级
受体易损性	暴露程度	保护区数量及级别	数量多 特级保护区	数量中 重要保护区	数量少 一般保护区	稀有 潜在保护区
		人口居住密度	高	中	低	—
		饮用水源级别	市级取水口	区级取水口	镇级取水口	非取水口
	适应力	人均GDP水平	低	中	高	—
		万人病床数	少	中	多	—
		预警处理能力	低	中	高	—
		人均公共绿地面积	少	中	多	—

（1）通过调研等方法获得区域相关指标的数据，按照量化方案进行量化处理。值得注意的是，指标中有定性指标和定量指标。对于定性指标进行打分量化，而定量指标直接获得数据即可。同时采用 AHP 和德尔菲法给各个指标赋权重值 w_{ij}。

如其中主导行业类型为定性指标，各区县的饮用水源级别得分采用式（9-1）进行计算，即

$$G = \sum_{i=1}^{4} n_i t_i \qquad (9\text{-}1)$$

式中，G 为每个区县的饮用水源级别得分；i 为饮用水源级别的那 4 种类型中的一类；n_i 为每个区县第 i 种类型的饮用水源的数量；t_i 为每个区县第 i 种类型的饮用水源的分值。

（2）指标的标准化处理。在获得每个指标的原始数据后，须对具有不同量纲的原始数据进行标准化处理。这里选用极值标准化方法对指标体系中的原始数据进行标准化处理。因为指标体系中存在指标值越高风险越大和指标值越高风险越小的情况，参考文献，将所有指标按照正向指标（即指标值越高风险越大）与逆向指标（即指标值越高风险越小）进行量化，分别采用式（9-2）和式（9-3）进行处理。

对于正向指标：

$$M_{ij} = x_{ij} / \max(x_{ij}) \qquad (9\text{-}2)$$

对于逆向指标：

$$M_{ij} = \min(x_{ij}) / x_{ij} \qquad (9\text{-}3)$$

式中，M_{ij}、x_{ij} 分别为指标的标准化后的数据和原始数据。$\max(x_{ij})$ 指该指标中的最大值，$\min(x_{ij})$ 指该指标中的最小值。

（3）综合风险指数的计算。本书采用综合评价法计算综合风险指数，如式（9-4）所示。

$$M = \sum_{i=1}^{n} W_i F_i \qquad (9\text{-}4)$$

式中，M 为综合风险指数；W_i 为第 i 种指标所占权重；F_i 为第 i 种指标标准化后的数据；n 为指标层数目。

9.3　风　险　分　区

在构建指标体系及量化模型的基础上，计算综合风险指数，利用 SPSS 系统聚类进行分类，可以指定分为几类，得到区域环境风险的相对风险级别，分别为重大风险区、较大风险区、一般风险区和低风险区四类，并利用 GIS 进行可视化，得到风险分区直观图（参见案例篇，图 15-10）。

第10章　流域尺度环境风险分区方法

10.1　分区单元与指标体系

10.1.1　分区单元

流域环境分区的基本思路与方法如下：

（1）首先要进行对沿江（河）化工园区的环境风险进行评价，主要考虑源强与事故概率。源强采用火用（exergy）计算主要化工原料的化学势，作为强度指标直接反映。事故概率主要考虑园区装备水平、人员素质与管理制度等多项指标来间接反映。

（2）建立 GIS 空间累积模型，并耦合流域水质扩散的一维水质模型，建立基于流域水体的环境风险累积场。

（3）流域风险累积场通过取水口作用于流经区域。同时，对沿江（河）区域环境受体的敏感性进行评价，考虑人口密度、备用水源地、风险防范体系等多项目指标。

（4）通过风险强度与受体的脆弱性评价等级进行相乘，确立区域风险等级差异。

基于以上思路和数据的可获得性，流域环境风险分区的基本分区单元为区县行政单元（图 10-1）。

10.1.2　指标体系

流域环境事故风险不能被简单的看成是有事故释放的一种或一套多种危险性因素造成的后果，而应看成是由风险产生、风险传输及受体暴露等所有因素所构成的系统，故环境风险区划指标体系的构建，应从环境风险系统构成的子系统（环境风险源、环境风险累积场及环境风险受体）、影响环境风险系统的因素及环境风险发生过程方面入手。

环境风险区划工作面对的客体是一个复杂系统，要素复杂多样、区域风险大小不一、不确定性因素多，难以定量表述。因此，环境风险区划的指标体系以定性指标为主，避免环境风险区划的复杂性和难以量化，全面地揭示区域风险的相对大小特征，在进行具体环境风险区划时，由于区划等级单位的不同，在指标选取上也有差异。进行风险区划的区域范围越大，定性指标越多，进行风险区划的区域范围越小，定量指标越多。按照上述原则，鉴于流域尺度较大，数据资料收集困难，环境风险区划指标体系根据流域环境风险系统各要素，大致可归纳为三大类，如图 10-2 所示。

危险物质危险性是风险源的最基本表征，而区域化工园区的企业技术装备水平、管理

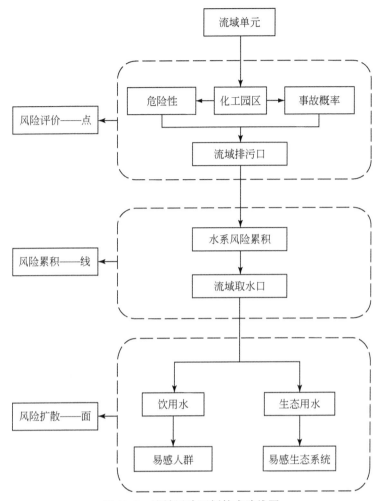

图 10-1　流域风险区划技术路线图

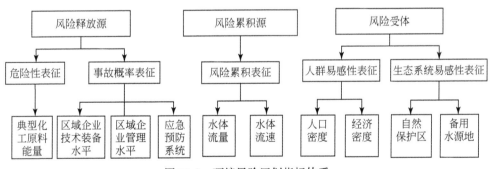

图 10-2　环境风险区划指标体系

水平、应急预防系统等是事故发生可能性的重要表征要素。其中，危险物质危险性主要是所属物质化学能量与储量的乘积。风险累积场主要考虑水体的流量和流速，可以基本上反映出事故污染物迁移转化累积的过程。风险受体主要考虑人群与典型生态系统。因此，选取了人口密度、经济密度、自然保护区与备用水源等指标。

10.2 环境风险量化模型

模型量化法主要针对环境风险区划指标体系，环境风险区划指标需要构造一定的量化模型对系统内各要素特征进行特征分析。

10.2.1 环境风险源危险性量化模型

目前，对环境风险源危险性的量化一般是通过危险物的等标当量（危险物质储存量与临界量之比）、TNT 当量模型计算、半致死浓度 LD_{50} 等。这些方法主要是基于存放量、泄漏量与特定标准的比值来量化风险源的危险性。但由于环境风险源可能包括气态、液态的，事故类型也可能包括爆炸、泄漏，涉及化学物质也复杂多样等。用这些方面可能会忽略了危险物质品质之间的差异。由于化学物质引起自然环境变化的动力是其可用能（available energy），因此本书基于危险物质的化学来统一量化物质的危险性，其本质是从能量的角度来考虑事故发生后，危险物质对环境改变的潜在破坏能力。

本书采用 Szargut 提出的 50 种元素作为基准物，其中以饱和湿空气的浓度为基准物浓度的有 10 种（包括氙等）；地壳中的固态物质 13 种，包含风化的常见产物（氧化物、碳酸盐和硫酸盐）；海水中离子态基准物 24 种，主要是海水中的一价和二价离子；海水中分子态基准物 3 种。在计算过程中，一种化学物质的标准化学公式为

$$ex_{ch}^0 = \Delta_f G^0 + \sum_{el} n_{el} b_{ch,\,el}^0 \tag{10-1}$$

式中，ex_{ch}^0 为物质的标准化学；$\Delta_f G^0$ 为化学反应的标准生成吉布斯自由能；n_{el} 为生成 1 摩尔物质反应物的摩尔数；$b_{ch,\,el}^0$ 为理想状态下反应物的标准化学。相关参数可以通过查询化学手册和其他资料获得，从而可以计算一些物质的标准化学。

10.2.2 风险累积模型

流域由于水体传输的单向性，使环境风险沿水体形成一个风险累积场，每一个风险源都会对这个风险场产生相应风险。一旦事故发生，污染物排入水体中会产生物理、化学、生物等过程的稀释降解过程。由于泄漏物质主要是难降解有机物，在天然河道中难以在有限的时间内降解，所以污染物浓度的变化主要是物理扩散引起的。污染物进入水体后主要是由于推流和扩散这两种同时存在而又相互影响的运动形式的作用下，才使得其浓度从排放口开始往下游逐渐降低，得以不断净化稀释。

对于流域尺度的河流而言，其深度和宽度相对于它的长度非常小，排入河流的污染物，经过一段离排污口很短的距离，就可以在断面上混合均匀。因此，绝大多数河流水质的计算常常可以简化成一维水质问题，即假设污染浓度在断面上均匀一致，只随着流程的方向变化。此时，对于河流的空间特征来讲，就是将河流抽象为一条线。在计算某个取水

口的风险场指数时，可参考一维稳态河流混合衰减模型，即

$$C = C_0 \exp\left(-\frac{kx}{u}\right) \tag{10-2}$$

式中，x 为上下断面间距离，单位 km；u 为设计流量下河段平均流速，单位 km/d；k 为污染物衰减系数，单位 1/d。

为了简化计算过程，我们将计算点状风险源的累积，然后再取风险区段的平均值来代表这段的风险值。计算点主要包括沿江化工园区点、河流交汇点，以及为减少误差在较长河段增加的切割点。如图 10-3 所示，B1 点的风险值分别是化工厂 A1 和 A2 风险值的累加，因此，风险区段 A1～B1 区段的平均风险值就是 A1 与 B1 之间风险值的平均值。我们也可以在化工厂 A1 与交汇点 B1 之间增加新的切割计算点，从而降低计算误差，当计算点足够多的时候，可最大程度上接近真实值。同样，计算时下游的点风险值为上游风险值的累加，即其风险场指数为

$$W_j = \sum_{1}^{j-1} q_i \exp(-k_i x_i / u_i) \quad (i = 0, 1, 2, \cdots, n; \ j = 0, 1, 2, \cdots, n) \tag{10-3}$$

式中，W_j 为计算点的累积风险指数；q_i 为风险源 i 的风险值；n 为流域总共的风险源个数；x_i 为取水口与风险源 i 风险物质入河口沿河道的距离（m）；k_i 为风险源 i 风险物质衰减系数（d^{-1}）。

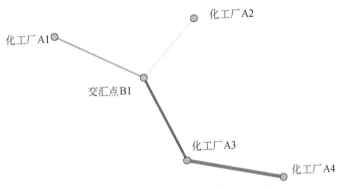

图 10-3　流域环境风险累积计算过程示意图

10.3　风 险 分 区

10.3.1　数据处理方法

由于研究中所需要的数据来源及格式不尽相同，必须进行处理包括坐标转换、投影变换、格式转换等。所涉及的数据处理主要有格式转换、空间数据的编辑、投影定义或转换以及空间数据的裁剪等。其中空间数据的处理及编辑主要在 ArcMap 中完成，数据的裁剪或合并由 ArcMap 中的 Geoprocessing Wizard 完成，数据格式转换有 Shape 转为 Coverage、Coverage 转为 Grid 或 Coverage 转为 Shape、Grid 转为 Coverage，用 ArcMap 中 ArcToolBox 模

块中的数据转换向导来完成。投影转换和投影定义分别由 ArcMap 中 ArcToolBox 模块中的投影转换向导和投影定义向导来完成。

10.3.2 空间分析方法

空间分析是基于地理对象位置和形态空间数据的分析技术。空间分析赖以进行的基础是地理空间数据库,其分析方法包括各种几何或逻辑运算、数理统计分析、代数运算等数学手段。研究中涉及的空间分析方法有空间数据的内插、缓冲区分析、叠加分析、重分类等。

(1)空间数据内插。空间数据内插是在已存在观测点的区域范围之内估计未观测点的特征值的过程。内插的方法有权重距离递减(inverse distance weighted)、样条函数内插(spline)、克里金(Kriging)内插、趋势面内插(trend)等。本书采用权重距离递减内插法,该方法假设每个采样点有一个局部影响,此影响随着采样点到要素距离的增大而减小,距要素相对较近的点具有相对较大的权重。数据内插用 ArcMap 中的 Interpolate to Raster 完成。

(2)缓冲区分析。缓冲区分析是研究根据数据库的点、线、面实体,自动建立其周围一定宽度范围内的缓冲区多边形实体,从而实现空间数据在水平方向得以扩展的信息分析方法。本书在分析水系对诱发机制影响程度时,用于形成河流、湖泊和水库的缓冲区,用 ArcMap 的 Buffer Wizard 完成。

(3)叠加分析。叠加分析又分视觉信息的叠加、矢量图层叠加和栅格图层叠加。本书中的所有叠加分析,以矢量图层叠加为主。矢量图层叠加主要通过图层合并实现。图层合并是指通过把两个图层的区域范围联合起来而保持来自输入地图和叠加地图的所有地图要素。在布尔运算上用的是"or",因此输出图层应该对应于输入图层或叠加图层或两者的叠加范围。同时在图层合并时要求两个图层的几何特性必须全部是多边形。多边形图层合并的结果通常是按照一个多边形的空间格局分布,对另一个多边形进行几何求交而划分成多个多边形,同时进行属性分配过程,将输入图层对象的属性拷贝到新对象的属性表中,或把输入图层对象的标识作为外键,直接关联到输入图层属性表中。用 ArcMap 中的 Union 模块实现矢量数据的复合运算。

(4)重分类。主要方法有两种:一种是基于地理信息的非空间属性如高程、产值等进行再分类,它并不改变地物已有的属性值,而只是根据地物的属性,将它们划分到相应的类别中,此种分类可以通过简单的改变图例或是使用数理统计方法如主成分分析法等来完成;另一种方法是通过对地物属性信息经过分类组织产生新的地物特征。对于栅格数据,可通过赋值或简单的计算获取新的地物属性来达到重新分类的目的。

第 11 章　突发环境污染事故风险分区管理

随着世界各国对环境风险问题认识的提高，发展建立和完善环境风险区划制度，实施环境风险分区管理已成为区域环境保护的有效手段和主要途径。突发环境污染事故风险分区管理是基于突发环境污染事故风险区划进行，两者的相互关系如图 11-1 所示。综合来说，环境风险分区管理是以突发环境污染事故风险最小化为总目标，集成环境风险的空间区划结果，把握区划单元环境风险主控因子，分类指导各区划小区的风险管理，提出更有针对性的管理措施，为社会经济活动、生产布局等提供科学依据，从根本上降低污染事件的发生概率和经济损失。

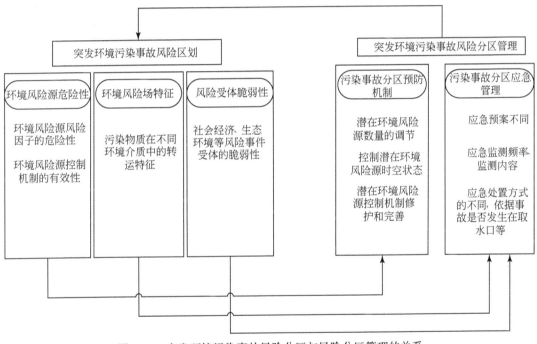

图 11-1　突发环境污染事故风险分区与风险分区管理的关系

11.1　突发环境污染事故分区预防机制

环境污染事故的预防管理是指在风险因子释放之前采取的措施，其主要目的是尽量减少风险事件发生的机会和规模，从而达到"区域环境风险最小化"的目标。由于突发环境污染事故预防机制的建立可以合理地规避突发事件，更易被社会群体所接受，但在实践过程中，预防机制的建立受到社会、经济、技术等多方面因素的制约。

由于环境风险分区管理是基于环境风险区划的结论进行的，本质上讲，不同的风险区预防机制应有不同的特点。突发环境污染事故预防机制的建立应主要针对风险源和受体进行管理，预防措施可从以下几个方面考虑。

（1）环境风险源危险化学品的安全管理。突发污染事故的风险源大都涉及危险化学品物质，对于一些重大的危险源，应严格按照危险化学品的理化特征对其在生产过程和储运过程进行安全管理。

（2）环境风险源的监控预警。对于处于社会经济和生态环境敏感区的环境风险源，如初在居民区、水源保护地，商业区的危险化学品仓库、液化站、煤气厂等，不但要增加风险源监控的强度，而且要将监控预警贯彻到企业储运、生产或运输危险品的过程中。全面监控环境风险源动态变化的因素，及时发现危险信号，及时发出预警。

（3）风险源初级控制机制的维护和完善。初级控制机制是阻止环境风险发生的重要环节，环境风险转变为风险事件往往是由于初级控制机制的失效。初级控制机制失效往往表现为设备年久失修、员工的错误操作或仪器设备设计缺陷等。

（4）受体脆弱性的调节。对于受体敏感性较高的地区，通过建立预防机制，可减少污染事故对它的损害，减少其敏感性。例如，在重要的水源地可设置隔离墙或建设绿化带来减少外界对它的干扰，避免造成重大的水污染事故；对于人群密集的商业区，通过环境污染事故应急的宣传和教育增加人们的风险意识，并在有条件的基础上，对突发污染事故进行应急演练。

11.2　突发环境污染事故分区应急管理

要完全依靠预防机制杜绝突发环境污染事故是不可能的，在风险因子释放后，应采取应急手段控制危险物质释放的规模和对社会经济与生态环境的损失。针对不同的风险区，比如，风场指数较高特征区的应急预案应注重人群的疏散工作和逃生路线的设计；对于受体脆弱度较高风险区不但要注重污染事故的预防，还应重视污染事故发生后应急监测、应急处置技术。突发环境污染事故应急分区管理主要针对风险场和风险受体。

（1）风险场污染物质应急监测。突发环境污染事故风险场主要包括风场和流场。事故发生后，对进入不同风险场的污染物质应急监测也存在差异。如对于进入流场的有毒物质，应急监测点的布置应选择靠近取水口或下游人类活动频繁的区域，还应包括出厂水、分散水及末梢水，依此推断污染物的波及范围和影响人群，为后续的应急管理做好准备。对于进入风场的危险物质，监测点一般布置在下风向，并依据气象条件，调整监测的频次等。

（2）不同受体类型的应急处置。突发环境污染事故受体有生态敏感区、人群、社会经济等。对于不同的风险受体污染事故的应急处置方式也不一样。如发生在重要饮用水源地的环境事故和发生在商业集中人口稠密地区的污染事故应急处置有很大的不同。

第二篇

案 例 篇

第12章　基于区划单元聚类分析的南京化学工业园突发环境风险区划

12.1　南京化学工业园概况

南京化学工业园位于江苏省南京市北部，长江北岸六合区境内的长芦镇附近。距南京市35km，紧邻扬子石化公司和扬子石化巴斯夫有限公司，毗邻长江、滁河。规划区范围西起马汊河，东至滁河和划子口河；北起宁六公路和四柳河，南至长江，规划区西为长芦片，东为玉带片（图12-1）。重点发展石油与天然气化工、基本有机化工原料、精细化工、高分子材料、生命医药和新型化工材料六大领域的系列产品。目前，BASF、中国石化集团、中国化工集团、塞拉尼斯等国内外知名化工企业都在园区建有工厂。

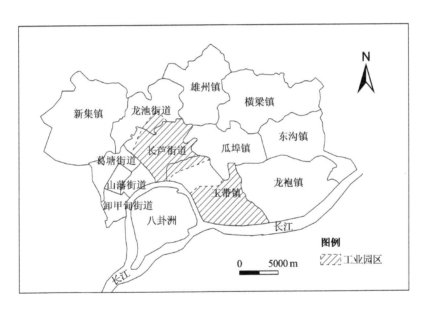

图12-1　南京化学工业园区地理位置图

化工园区地形基本平坦，仅在长芦镇的西北部有少量丘陵，高程为12～30m，起伏平缓。扬子石化建设用地现状略有起伏，地面高程亦达到10.5m以上，高于长江的最高洪水位。

长芦镇东北地区和玉带镇为近代长江冲淤作用堆积形成的河漫滩平原，地势低平，大部分为农田，区内河渠及沟塘密布，地表水系发达，村民居住点多沿河分布，便于浇种农田和管理鱼塘。长芦镇东部地区地面高程在5.4～6.2m，均低于长江最高洪水位。

该地区位于扬子准地台南京凹陷中部，河谷走向基本上与长江下游挤压破碎带一致，两岸具有不对称的地貌特征，河漫滩在龙潭以西，江南狭窄，江北宽广，石矶多分布于江南，龙潭以东。根据南京地区地质发展史研究成果，南京地区在大地构造单元上位于扬子断块区的下扬子断块，基底由中上元古界浅变质岩系组成，盖层由华南型古生界及中、新生界地层组成。

南京地区属北亚热带季风气候，气候温和，四季分明，雨量适中。降雨量四季分配不均。冬半年（10~3月）受寒冷的极地大陆气团影响，盛行偏北风，降雨较少；夏半年（4~9月）受热带或副热带海洋性气团影响，盛行偏南风，降水丰富。尤其在春夏之交的5月底至6月，由于"极锋"移至长江流域一线而多"梅雨"。夏末秋初，受沿西北向移动的台风影响而多台风雨，全年无霜期222~224天，年日照时数1987~2170小时。该地区主要的气象气候特征如表12-1所示。

表12-1 气象气候特征表

编号	项目		数量及单位
（1）	气温	年平均气温	15.4℃
		历年平均最低气温	11.4℃
		历年平均最高气温	20.3℃
		极地最高气温	43.0℃
		极低最低气温	−14.0℃
（2）	湿度	年平均相对湿度	77%
		年平均绝对湿度	15.6Hpa
（3）	降水	年平均降水量	1041.7mm
		年最小降水量	684.2mm
		年最大降水量	1561.0mm
		一日最大降水量	198.5mm
（4）	积雪	最大积雪深度	51.0cm
（5）	气压	年最高绝对气压	1046.9mb
		年最低绝对气压	989.1mb
		年平均气压	1015.5mb
（6）	风速	年平均风速	2.5m/s
		30年一遇10分钟最大平均风速	25.2m/s
（7）	风向	主导风向：冬季，东北风；夏季，东南风	
		静风频率	22%

南京化学工业园规划区四周面临长江、滁河分洪道马汊河、岳子河、划子口河、滁河支流四柳河。规划区内为水网地区，长芦片内河流主要有长丰河、赵桥河、中心河及小营河，呈"丰"字形分布；玉带片内河主要有红庙河、小摆渡河、三教河及通江集河等，分布杂乱。值得注意的是，长芦、玉带片内的内河除四柳河支流–槽坊河和撒洪河，可直接经四柳河汇入滁河，而后进入长江外，其他均处于地势低平的地区，故雨季要依靠排涝泵站将内河中积水排入园区外围河流，再汇入长江。

　　南京化学工业园周边的主要城镇有葛塘街道、长芦街道、瓜埠镇、玉带镇和龙袍镇等。各镇或街道的平均人口为 3 万人左右。平均人口密度约为 700 人/km²。选取化工业园区及周围与其密切相关的街道、镇作为环境风险分区的研究区域（图 12-2），面积约 624km²。

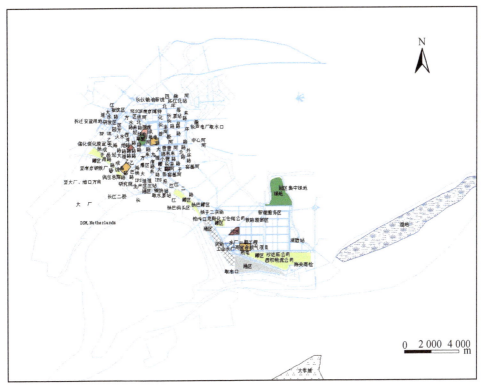

图 12-2　研究区域范围示意图

12.2　南京化学工业园环境风险系统分析

　　南京化学工业园区内主要以石油化工、制药、材料等化工工业为主，大量分布在长芦片区，另有部分企业分布在玉带片区，风险因子的释放一方面取决于泄露物质本身的毒性，另一方面，也与所处行业的风险水平和企业的生产操作管理水平和事故的防范控制能力有关。

　　研究区域冬半年（10~3 月）盛行偏北风；夏半年（4~9 月）盛行偏南风。当园区内污染物出现泄漏时，有毒有害气体将通过大气迅速传播到下风向区域，从而对下风向区域的人群受体造成损伤。

　　区域内的主要河流为滁河，有毒有害物质直接泄露或经水冲洗后，最终汇入滁河。研究区内可能受工业园影响的河流均没有饮用水取水口，滁河等河流的水主要作为灌溉用水，风险物质通过灌溉取水进入农田和鱼塘，从而对生态系统及其服务功能带来损失。

12.3　南京化学工业园环境风险分区单元及区划指标体系

环境风险分区的基本单元有多种,可利用下层行政区作为分区单元,可划分区域网格作为分区单元,还可以采用最小图斑的自然单元作为分区单元。

南京化学工业园区域相对不大,对工业园区进行环境风险分区的基本单元是区域地理自然网格,研究以 100m×100m 的网格作为基本单元对南京化工业园进行环境风险分区(图12-3)。其区划指标体系见前述表7-1。

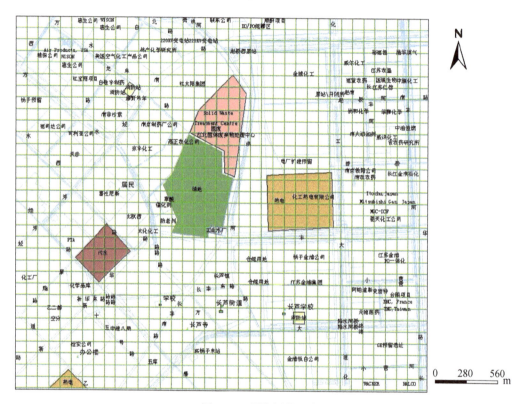

图12-3　网格划分示意图

12.4　南京化学工业园环境风险要素分布特征

12.4.1　风险源风险值空间分布

1. 源物质风险量化

南京化学工业园中主要风险物质的相关特性见表12-2~表12-5。

表 12-2　易燃易爆类物质

危险性分类	甲 A	甲 B	≤乙
罐组物料	氢、加氢汽油、苯、甲苯、丙烯、LPG	石脑油、乙烯、丙烯腈、乙醇、燃料油、液氨、二氯乙烷、醋酸乙酯、醋酸丁酯、PX、环氧氯丙烷	醋酸、苯乙烯

表 12-3　有毒有害类物质

毒物分类	极度危害类（Ⅰ）	高度危害类（Ⅱ）	恶臭类
储罐物料	苯、氰化物、氯乙烯	丙烯腈、氯、苯胺、酯	液氨、苯乙烯

表 12-4　兼具易燃易爆和有毒有害类物质

有毒有害分类 ＼ 易燃易爆危害	甲 A	B 甲	≤乙
Ⅰ	苯		
Ⅱ		丙烯腈	
恶臭		液氨	苯乙烯

表 12-5　南京化学工业园企业重大危险源情况表

项目名称	环境潜在危险物	环境风险事故
南京强盛工业气体有限公司新建年产 120 万 m³ 溶解乙炔生产线、空气制氧、制氨生产线、二氧化碳充装线项目	乙炔、氧气	乙炔生产过程中泄漏事故、物料储运中的泄漏事故及火灾爆炸事故
南京华狮化工有限公司精细化工产品生产基地一期工程	苯、甲苯、丙酮、氯丙烯	设备故障、操作不当、生产过程中温度等参数控制不当而外泄与空气混合引起爆炸
江苏新仁精细化工有限公司年产 300t 丙环唑项目	苯、甲苯、甲醇	设备故障、操作不当、生产过程中温度等参数控制不当而外泄与空气混合引起爆炸
南京长江江宇石化有限公司年产 6 000t 加氢凡士林	氢气、基础油、蜡膏、液氨、催化剂	设备故障、操作不当、生产过程中温度等参数控制不当而外泄与空气混合引起爆炸
惠生（南京）化学有限公司年产 20 万 t 甲醇和 30 万 t CO 项目	CO、H_2S、丙烯、甲醇	火灾爆炸、毒物泄漏
中国林业科学院（南京）科技园年产 500t 聚酰胺、2 000t 丙烯酸、500t 环氧树脂项目	柴油、苯乙烯、甲醇	火灾爆炸、毒物泄漏
南京化工园辅助港区码头一期工程	甲醇、甲苯、二甲苯、正丁醇、醋酸	火灾爆炸
南京高正农用化学有限公司年产 1 万 t 农用化学品制剂加工生产线项目	甲醇、甲苯、二甲苯、DMF	火灾爆炸、毒物泄漏
可利亚多元醇有限公司新建年产 30 000t/a 聚醚多元醇项目	环氧乙烷、环氧丙烷	火灾爆炸、污水处理厂故障
江苏长江涂料有限公司年产 2 万 t 涂料项目	甲苯、二甲苯、汽油	甲苯、二甲苯等储罐呼吸阀泄漏
南京红宝丽股份有限公司 2 万 t/a 异丙醇胺项目	环氧丙烷、液氨	气体的泄漏扩散、火灾爆炸

项目名称	环境潜在危险物	环境风险事故
南京裕德精细化工有限公司硅烷偶联剂项目	乙醇、甲醇、氯丙烯	物料泄漏、恶臭刺激化学事故
南京白敬宇制药有限公司原料药搬迁改造项目	乙醇、甲醇、乙酸乙酯、丙酮、氢氧化钾	储运和生产过程发生泄漏、溶剂回收装置出现异常
江苏新仁精细化工有限公司年产200t 三氟乙酰乙酸乙酯	乙酸乙酯、环己烷、盐酸、乙醇	设备故障、操作不当、生产过程中温度等参数控制不当而外泄、污水处理异常、活性炭吸附装置出现故障
高档石油树脂原料装置、医药中间体原料装置和型配套公用工程	双环戊二烯、液化石油气、二甲基甲酰胺、异戊二烯等	火炬非正常工况
南京天音化工有限公司年产6 000t 间苯化二甲胺项目	氢气、氨、柴油、甲苯、甲醇	火灾爆炸、毒物泄漏、污染物大量排放
南京福昌化工残渣处理有限公司3 000t/a 丙烯酸废油回收处理装置	丙烯酸废油、丁醇	火灾、电力跳闸、异常停车、工艺设备故障
南京太化化工有限公司年产5 000t 表面活性剂项目	环氧丙烷、环氧乙烷、甲醇、二甲苯、苯乙烯、苯酚	火灾爆炸、毒物泄漏、中毒、腐蚀、灼伤
红太阳集团有限公司8 000t/a 吡啶技术改造项目	甲醛、苯、液氨、乙醛	火灾爆炸、毒物泄漏
南京国锐生物科学有限公司200t/a 氯氟吡氧乙酸原药及1 000t/a20% 氯氟吡氧乙酸乳油、50 t/a 七氟菊酯原药、100t/a 唑嘧草胺原药项目	甲酸甲酯、丙酮、三乙胺、甲苯、氯、溴、氟化钾、亚硝酸钠、氢氧化钾、氨气	设备故障、操作不当、生产过程中温度等参数控制不当而外泄、污水处理异常、水洗装置出现故障
南京夜丽精细化工有限公司年产2 000t 反光树脂项目	甲基异丙酮、甲基丙烯酸甲酯、丙烯酸、丙烯酸乙酯、偶氮二异丁腈	火灾爆炸、毒物泄漏、中毒、腐蚀、灼伤

　　根据南京化学工业园风险物质的特性，考虑南京化学工业园企业所属行业存在差异，在式（4-4）的基础上，引入行业风险水平对风险源物质风险值计算，具体公式为

$$S = \sum_c \frac{E_c}{\mathrm{LC}_{50}} P \tag{12-1}$$

式中，S 为持有危险化学物质的空间单元风险值之和；c 为某种危险化学物质；E_c 为突发性事故时 c 的排放量因子；LC_{50} 为 c 物质吸入的半致死浓度；P 为行业的事故概率或风险水平；

　　实际计算中，危险化学物质的排放量因子取值为根据危险化学品登记中实际物质的储存量，行业风险因子方面，因各种行业其事故发生的概率及损害程度不尽相同。表 12-6 列出了部分行业的风险水平。表 12-7 列出化学工业园园区内所涉及主要物质的理化性质、毒理毒性和燃爆性等。

表 12-6　国内企业风险水平

产业类别	行业风险水平（事故死亡数/年）
工矿企业	1.4×10^{-4}
石油化工	0.4×10^{-4}
化工	1.12×10^{-4}
运输及公用事业	0.52×10^{-4}

表 12-7　危险物质特性表

序号	物质名称	相态	相对密度（空气：1）（水：1）	闪点/℃	沸点/℃	易燃、易爆性		危险特性	危险分类	毒性		
						爆炸极限/%（Vol）	危险度			急性/（mg/kg）	慢性	毒物分级
1	乙烯	气	0.98	−136	−103.9	2.7~36	12.3	极度易燃易爆	甲	LC_{50}：75 000	有影响	IV
2	丙烯	气	1.46	−108	−47.7	2~11.1	4.6	极度易燃易爆	甲	LC_{50}：65 000	有影响	IV
3	氢气	气	0.07		−252.8	4.1~74.2	17.1	极度易燃易爆	甲	生理学上是惰性气体		IV
4	丁二烯	气	1.9	−78	−4.5	1.4~16.9	11.1	极度易燃易爆	甲	LC_{50}：285 000	有影响	IV
5	氨	气	0.59		−33.4	15.7~27.4	0.75	可燃	乙	LC_{50}：1 390	有影响	恶臭 II
6	HCN	气	1.12	−17.78	25.7	5.6~40	6.1	可燃	甲	LC_{50}：357	有影响	I
7	氯乙烯	气	2.15	−78	13.4	3.8~29	6.6	易燃	甲	LD_{50}：500		I
8	苯	液	0.9	−11	80.1	1.2~8	5.7	易燃易爆	甲 B	LD_{50}：48	致癌	I
9	乙苯	液	0.867	15	136.2	1~6.7	5.7	易燃易爆	甲 B	LD_{50}：3 500	有影响	IV
10	乙醇	液	0.79	12.78	78.32	3.3~19	4.8	易燃易爆	甲 B	LD_{50}：37 620	有影响	IV
11	苯乙烯	液	3.6	31.1	146	1.1~6.1	4.5	一般易燃	乙 A	LD_{50}：5 000	有影响	恶臭 IV
12	丙烯腈	液	0.80	−1.11	77.3	3~17.5	4.7	易燃易爆	甲 B	LD_{50}：78	有影响	II
13	苯酚	液	1.132	79	181.9	1.7~8.6	4.1	可燃	丙 A	317		II
14	丙酮	液	0.799	−20	56.5	3.0~11	2.7	易燃易爆	甲 B	8453		III
15	加氢汽油	液	0.65	−58~−10	50~150	1.3~6	3.6	易燃易爆	甲 B	LD_{50}：67 000	有影响	IV
16	石脑油	液	0.713	<−18	20~160	1.2~6	4	易燃易爆	甲 B	LD_{50}：16 000		IV
17	LPG	液				2~15	7.5	极度易燃易爆	甲 A			
18	丙烷	液	0.585	−104		2.2~9.5	3.3		甲			IV

续表

序号	物质名称	相态	相对密度（空气：1）（水：1）	易燃、易爆性						毒性		毒物分级
				闪点/℃	沸点/℃	爆炸极限/%（Vol）	危险度	危险特性	危险分类	急性/(mg/kg)	慢性	
19	异丙苯	液	0.861	31		0.8~6.0	6.5		乙	LD₅₀：1400		Ⅲ
20	过氧化氢异丙苯	液	1.050	56					甲B	LD_{50}：380		Ⅲ
21	氯气	气	2.49			9.2~11.5	0.25		乙	LD_{50}：850		Ⅱ
22	二氯乙烷	气	3.49	13.3		6.2~16	1.58		甲B			Ⅱ
23	氯化氢	气	1.63						乙		有影响	Ⅱ
24	烧碱	液	2.13							腐蚀		
25	盐酸	液	1.18							刺激腐蚀		Ⅲ
26	硝基苯	液	1.2	88		1.8~40	21.2	易爆	甲B	LD_{50}：640（鼠）	致癌	Ⅱ
27	甲醛	液	1.0	61.0		7.0~72	9.3	易爆	丙A	LD_{50}：800（鼠）	致癌	Ⅱ
28	一氧化碳	气	1.25			11.3~75.6	5.7	易燃	乙	11 500mg/m³（5分钟）死亡	有影响	Ⅱ
29	二苯甲基烷二异氰酸酯	液	1.2	>200				可燃	丙	中等刺激	致突	Ⅱ
30	甲苯	液	0.87	6		1.2~7.0	5	易燃	甲B	LD_{50}：<2000（鼠）	损肝肾	Ⅳ
31	二硝基甲苯	固	1.5	160				易燃	甲	LD_{50}：<250（鼠）	致癌	Ⅱ
32	甲苯二胺	液	1.0	140				可燃	丙	LD_{50}：<150（鼠）	致突	Ⅱ
33	甲苯二异氰酸酯	液	1.22	135				可燃	丙	LD_{50}：<5000（鼠）	损肺	Ⅱ
34	氯苯	液	1.1	28		1.3~7.1	4.5	易燃	乙	损肝肾		Ⅲ

2. 初级控制机制

通过对南京化学工业园区内的企业进行填写调研表格的方式进行调研，并对调研结果进行分析。在初级控制机制方面包括设备保养维护状态、企业安全措施、企业防护措施、企业监控情况及企业应急预案等方面，目前园区内大多数企业特别是大型企业设备保养维护状态良好，具有良好的企业安全及防护措施及企业监控情况，并具有企业应急预案，从而保证了在发生突发性环境污染事故时能够及时有效的起到切断风险因子与环境风险受体的接触，然而园区内的少数部分企业特别是小型企业，因为资金、管理等方面的原因，缺少必要的设备维护企业监控、企业安全措施及企业应急预案，从而使企业面临初级控制机制失效的缺陷。因此，当发生突发性环境污染事故时，风险因子更容易与环境风险受体接触从而导致环境风险受体的损害。

通过专家打分的方式对企业的设备保养维护状态、安全措施、企业监控情况、企业应急预案等几个方面进行打分，在打分的基础上将分值进行归一化后所得的数据作为影响环境风险源的影响因子。

最后，将源物质风险值 S 与初级控制机制影响因子相乘得到环境风险源的风险值 TS。得到风险源的风险值的空间分布如图 12-4 所示，其中绝大多数的风险源主要分布在工业园的长芦片区，且风险值较大的风险源都分布在该区域。

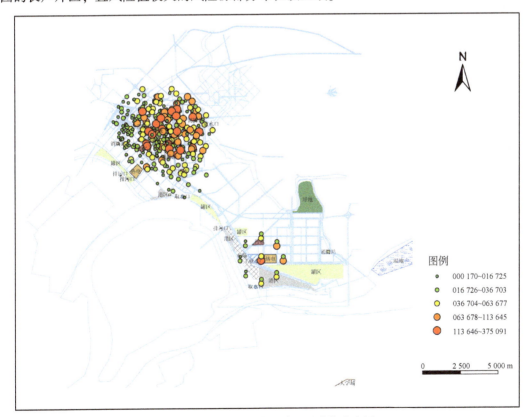

图 12-4　研究区域内风险源风险值分布图

12.4.2　大气风险场空间分布特征

根据风险源风险值计算结果和研究区域内的年平均风向风频数据，代入第 4 章的大气风险场指数计算公式计算研究区域每个分区单元（100m × 100m 的网格）的大气风险场指数。风向风频数据取 1999 年南京市全年风向出现频率，如表 12-8 所示。计算得到大气风险指数分布如图 12-5 所示。

表 12-8　1999 年南京市各风向出现频率　　　　单位：%

风向	1.0 ~ 1.9m/s	2.0 ~ 2.9m/s	3.0 ~ 3.9m/s	4.0 ~ 5.9m/s	>6.0m/s	合计
N	0.21	1.10	1.37	2.19	1.16	6.03
NNE	0.27	0.62	0.75	1.78	0.41	3.84
NE	1.23	2.60	2.60	2.60	0.48	9.52
ENE	1.16	1.44	1.30	1.71	0.34	5.96
E	1.51	3.01	2.26	1.92	0.41	9.11
ESE	0.89	0.89	0.75	1.16	0.27	3.97
SE	1.03	1.85	2.33	1.78	0.21	7.19
SSE	0.82	0.75	1.30	0.75	0.00	3.63
S	0.75	2.19	1.85	0.62	0.07	5.48
SSW	0.55	1.03	0.21	0.21	0.00	1.99
SW	0.68	1.10	0.55	0.75	0.82	3.56
WSW	0.48	0.55	0.75	0.82	0.27	2.88
W	0.27	0.96	0.96	0.75	0.27	3.22
WNW	0.34	0.27	0.34	0.48	0.21	1.64
NW	0.34	0.55	0.55	0.75	0.14	2.33
NNW	0.27	0.68	1.44	1.10	0.48	3.97
静风			25.68			25.68

大气风险场指数以工业园的长芦片区为中心向外衰减，研究区域内全年的主导风向为东北风向，在所有风向中该风向的风频最高，因而其下风向（西南方向）大气风险场指数相对其他方向衰减较慢，整个大气风险场向该方向延伸，研究区域东南方向由于受到工业园玉带片区的风险源的影响，而出现局部大气风险场指数增加并在该方向出现较大延伸的情况。总的来说，研究区域大气风险场指数的分布受风险源的位置和风向风频影响较为显著，由于风险源分布相对较为集中，风险源风险值的大小对大气风险场空间分布的差异性影响不大。

12.4.3　水系风险场空间分布特征

研究区域内的大部分农田和鱼塘均采用研究区域内的滁河和马汊河和作为农用灌溉用水。事故发生后，危险物质排入区域水系中，通过灌溉用水取水口将危险物质带入农田和池塘，从遥感图像上获取研究区域内的农田、池塘等用地类型和取水口分布情况（图12-6）。根据灌溉取水口的位置，沿河风险源的积累，以及危险物质的衰减情况，根据第 4 章的水系风险场计算公式计算研究区域的水系风险场指数，得到研究区域内的水系风险场如图 12-7 所示。

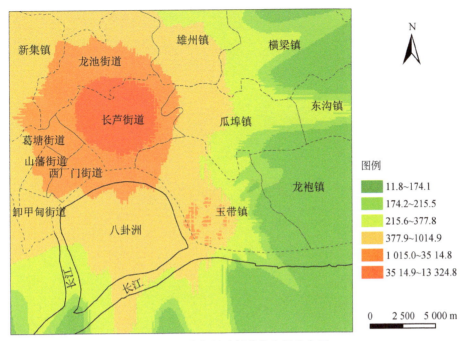

图 12-5　大气风险场指数空间分布图

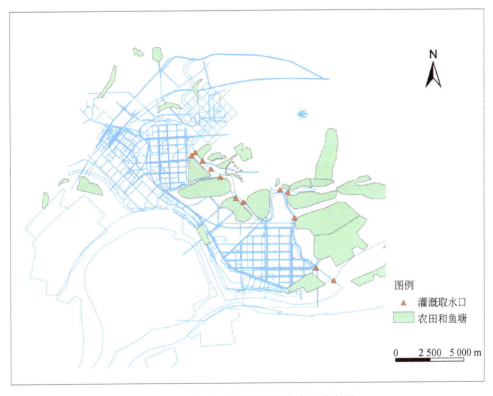

图 12-6　农田、鱼塘及灌溉取水口分布图

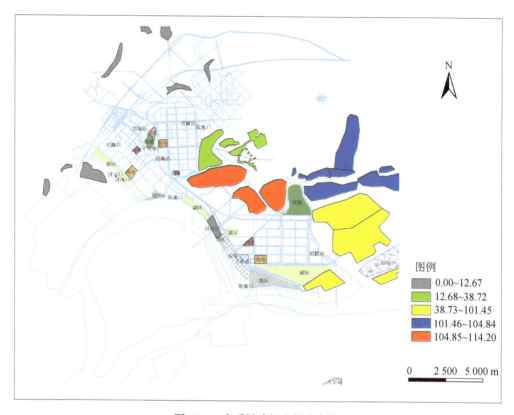

图 12-7　水系风险场空间分布图

12.4.4　受体脆弱性空间分布特征

根据第 5 章脆弱性的相关分析，结合南京化学工业园区域的特点，风险受体的受体脆弱性分别考虑人群的脆弱性和生态系统的脆弱性，人群的脆弱性主要考虑暴露程度和应急响应能力两个因素，暴露程度越大，受体脆弱性越大，而应急响应能力越强，则脆弱性越低，具体量化公式为

$$脆弱性 = \frac{暴露程度}{应急响应能力}$$

暴露程度主要考虑评价区域内的人口密度分布、生态系统类型、区域敏感指数等，人口密度越大，暴露程度也就越大，发生风险时带来的损伤也就越大，区域敏感性则主要考虑学校、保护区等特殊区域。研究区域内各居住区的人口见表 12-9，空间分布如图 12-8 所示，主要敏感目标见图 12-9。生态系统类型见图 12-10，其中，农田和鱼塘、绿地等受到风险事故影响后会造成生态服务功能价值的损失，而城市建设用地对暴露程度基本没有影响，其指标值取 1，具体取值见表 12-10。暴露程度具体量化公式为

暴露程度=人口密度×区域敏感指数×生态系统修正系数

应急响应能力主要考虑 GDP 水平和医疗卫生条件，一般情况下，GDP 水平越高，城

市基础设施越好，有助于对风险事故的快速反应和处理，医疗卫生条件则直接影响救援能力，区域人均 GDP 分布见表 12-11，医疗卫生水平主要考虑区域内医院的数量和分布。具体量化公式为

$$应急响应能力 = 人均 GDP × 医疗卫生指数$$

最后得到风险受体脆弱性的空间分布，如图 12-11 所示。

表 12-9　主要人口居住区人数

城镇、街道名称	长芦片		玉带片		辖区面积/km²	人口总数/人
	方位	距离/km	方位	距离/km		
雄州镇	NNE	8.2	NNW	14.7	96.35	140 015
龙袍镇	EES	16	W	4.4	56.68	30 640
玉带镇	EES	11	N	2.4	49.48	28 267
瓜埠镇	EES	8	NNW	5.8	45.31	29 880
新集镇	WWN	10.4	WN	22.7	83.14	39 824
西厂门街道	WS	7.5	WWN	14	8.7	29 579
山畔街道	WS	8.0	WWN	15	8.2	67 281
卸甲甸街道	WS	10	W	16	10.2	47 878
葛唐街道	WWS	7.6	WWN	16.7	17.6	17 174
长芦街道	S	0.5	WN	5.5	27.61	23 929

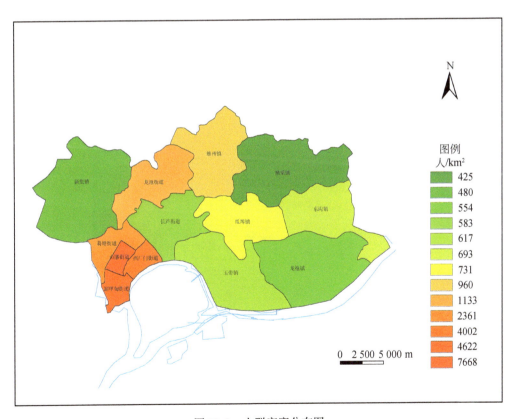

图 12-8　人群密度分布图

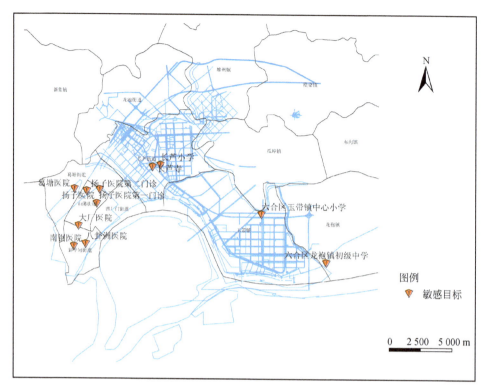

图 12-9　主要敏感目标分布图

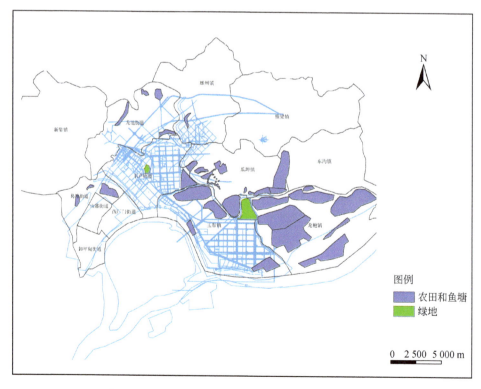

图 12-10　生态系统类型图

表 12-10　生态系统类型指标量化

生态系统类型	农田和鱼塘	绿地	建设用地
生态系统修正系数	1.2	1.1	1

表 12-11　区域人均 GDP 分布

城镇、街道名称	人均 GDP/元
雄州镇	1 976.6
葛塘街道	3 472.7
山潘街道	2 128.1
卸甲甸街道	1 270.6
西厂门街道	2 125.2
长芦街道	1 670.5
龙池街道	11 934.6
龙袍镇	1 279.2
程桥镇	566.1
瓜埠镇	1 415.8
竹镇镇	340.8
东沟镇	767.0
马集镇	554.7
治山镇	519.5
新集镇	879.5
玉带镇	1 002.4
八百桥镇	620.6
马鞍镇	615.6
横梁镇	1 047.4
新篁镇	770.1

12.5　南京化学工业园环境风险区划结果分析

通过研究区域的网格进行指标量化后，最终研究区域内的每一个网格都具有风险源风险指数、大气风险场指数、水系风险场指数、受体脆弱性的指标值，然后对数据进行标准化处理，采用 k-均值聚类方法对标准化后的数据进行聚类分析。根据聚类结果对研究区域进行环境风险分区，得出分区结果如图 12-12 所示。

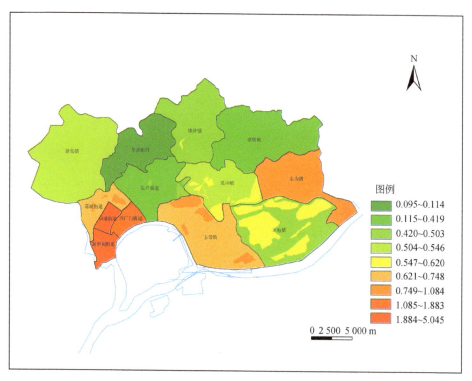

图 12-11 受体脆弱性空间分布图

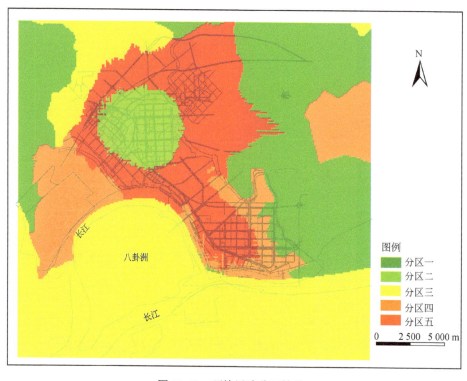

图 12-12 环境风险分区结果

采用聚类分析的特点属于同一类型的样本共同特征比较明显，而属于不同类型的样本特征差异性较为显著。结合前面的研究结果，从环境风险系统的组成要素出发分析各分区的内在特征及分区间的相互差异，如表 12-12 所示。

表 12-12　各分区环境风险系统要素特征

分区	风险源	风险场	风险受体	分区主导因子
分区一	没有风险源；距离较远	比较弱	人口密度很低；受体脆弱性很低	风险受体
分区二	高度聚集	作用极强	人口密度低，受体脆弱性低	风险源、风险场
分区三	没有风险源；距离较远	比较弱	人口密度较低；受体脆弱性较低	风险受体、风险场
分区四	没有风险源；距离较近	作用比较强	人口密度高；受体脆弱性高	风险受体
分区五	稀疏分布	作用很强	人口密度不高；受体脆弱性不高	风险场

分区一离主要风险源比较远，且该分区内没有风险源，环境风险事故发生后，需要经过一定的空间距离才能到达分区一，环境风险因子释放后对环境风险受体构成的潜在威胁作用在经过一定的空间距离后已经衰减到比较低的水平，因而在与受体作用的过程中其危害程度已经减小到比较低的水平，并且该分区人口密度不高，且没有敏感目标。

分区二为主要风险源聚集区，在长芦区中心地带内，行业类型主要为有机化工原料、精细化工、高分子材料、生命医药等，这些项目中所涉及的原料、辅料、中间产品等许多物质均属于危险性物质，易发生火灾爆炸和毒物泄漏且风险性比较大的风险源均处在该分区，该分区是风险事故发生的源头，是风险因子释放的区域，是引发风险事故的关键区域。

分区三，一方面离风险源比较远，环境风险场已经衰减到比较低的水平，即使与受体接触，危害也较小；另一方面该区域居民分布极少，主要敏感目标也不分布在该分区。

分区四零星分布着一部分风险源，且离分区二距离比较近，为风险源作用比较明显的区域，由图 12-12 可知，该分区由三部分组成，其中最左边的部分敏感点分布较多，中间部分人口密度分布适中，同时该部分分布有一定量的农田和鱼塘等，右边部分虽然离风险源有一定的距离，但由风险场结果可以看出风险因子的释放在该区域仍有较大的影响，且由易损性分析结果可知，该部分易损性指标较高。

分区五为风险场过渡区域，是与分区二相邻的区域，与风险源距离极近，该区域风险源作用极为强烈，但由于该区域分布有大量居民，且有相当的农田和鱼塘处在该区域，因而仍然是风险极高的区域，形成的风险场与人和生态系统的作用比较明显，造成的可能损失极大。

12.6　南京化学工业园环境风险分区管理对策

对于南京化学工业园，分区二是主要风险源的聚集区，其风险物质多为气态或液态，易于流动和挥发，因此，应在厂区内各生产单元设置隔离墙和防火墙，以便发生石化物质泄漏、爆炸、燃烧时阻断物流流动路径，把事故和危险控制在尽可能小的范围内；在厂区附近的沟渠内设置一定数量的闸门，当事故发生时，立即组织人员放下闸门，以阻挡液态石化产品进入河流水道的通道。在水道与陆地接触的地方，如果有石化企业或使用对水体有严重危害的物质，均应设置一定长度和高度的防堤，对有毒有害物质形成阻挡作用，防止进入水体。环境管理部门和相关企业单位应该从源头上把环境风险防治措施做好，对企业生产过程中每一个可能发生事故的环节进行严格检查和监控，力争在事故发生前发现并解除安全隐患，降低其发生风险的概率。

分区四分布有大量的居民，人口密度较大，且分布有学校、医院等敏感目标，在该分区内一定要做好安全防护工作和应急救援工作，加强卫生防护地带，在防护带内种植树木和花卉，并且尽量种植一些能够吸收有毒有害气体的植物，同时要求在卫生防护地带内，禁止居民居住，对于该分区应制订详细的人员疏散方案（包括具体路线）和救援方案，以保证一旦事故发生时，救援工作能够有序地进行。

分区三相对来说居民分布较少，且离风险源较远，但也应做好积极的防护和预防工作，保证有人员损伤时能够得到及时的救助，同时由于该分区人口密度较小，可利用较为丰富的土地资源加强绿化隔离带建设，并保证隔离带足够的宽度。

分区一在整个分区中风险相对较小，但风险事故发生后，分区三、分区五的人员将大量往该分区移动，因此，应着重做好人群疏散的准备工作，保证人群疏散工作的畅通。

分区五为风险场强作用区域，该分区和分区二应尽量避免有居民居住，逐渐将该分区和分区二的居民转移到其他分区，同时应设计好多条逃生路线，安装齐备的报警装置系统，以使风险释放因子尚未与人群接触时将人群转移完毕，以降低其对人群的可能损害。

同时，应针对各敏感点制定积极有效地预防措施，则即使发生突发的环境污染事故时也能做到有效地降低损失。

对于分区一和分区五，应着重做好人群疏散的准备工作，设计好多条逃生路线，同时分区五应同时做好防护工作，积极设法阻断风险源释放的危险物质与受体发生接触，即阻断风险场作用于风险受体，如设置隔离墙，建设绿化带，设置沟渠闸门等。

根据各分区的特征，对分区进行命名，并提出相应的管理与应急对策，如表 12-13 所示。

表 12-13　环境风险分区命名及主要管理与应急对策

分区	分区命名	管理与应急对策
分区一	受体保护区	建立避难防护所，保护区域人群，接收其他分区的转移人群
分区二	风险源聚集区	加强风险源的管理与控制、建立自动监测、报警、紧急切断、紧急停车系统以及防火、防暴、防中毒等事故处理系统；出现事故时迅速进行救援
分区三	风险场衰减区	采用阻断、中和等手段减弱风险场的影响，转移可能受损人群
分区四	受体脆弱区	制订详细的撤离计划，出现事故时有组织的撤离、疏散、转移
分区五	风险场强作用区	保证救援通道的畅通，对受损人群进行救护、转移

第13章 基于区划单元聚类的上海市突发环境污染事故风险区划

13.1 上海市概况

上海市地处长江三角洲冲积平原前缘,是长江出海的门户,中国南北海岸线的中心地点。东濒东海,南临杭州湾,北、西与江苏和浙江省接壤。全市面积6340.5km²,南北最长处约120km,东西最宽处约100km。上海市全境为冲积滨海平原,海拔平均高度在4m左右,地势平坦,水网密布。西南部有佘山、天马山等部分火山岩丘,高度都在100m以下。位于杭州湾内的大金山和小金山两个岛屿为上海市最高点,上海市市北部长江出口处有崇明岛三岛(包含长兴岛和横岛),其中河道、湖泊面积532km²(按上海市水务局提供的数据),陆海岸线长约172km。

上海市属北亚热带季风气候,四季分明,日照充足,雨量充沛。春秋较短,冬夏较长,年平均气温16℃左右,7、8月份气温最高,月平均气温约28℃;1月份最低,月平均气温为4℃。全年无霜期约230天,年平均降雨量在1200mm左右,全年60%的雨量都集中在5~9月的汛期。

上海市是中国最重要的进出口门户,是西太平洋地区重要的国际港口城市。早在17世纪,它已经成为一个繁盛的港口。新中国成立以来,上海市在进一步发展轻纺工业的同时,迅速发展了重工业、冶金、石油化工、机械、电子等工业。近十几年来,上海的航空、汽车工业也在崛起,已成为生产高精尖产品的综合性工业基地。上海还是全国最大的经济中心城市,工业产值占全国的十分之一,利税约占全国的五分之一,对促进全国经济和社会发展具有举足轻重的作用。

上海市面积为全国面积的0.06%,但承载着的人口数量却占全国总人口的1.27%。人口密度是全国平均人口密度的21倍。随着经济的迅速发展,上海市大量人口迁入,外来流动人口增长迅速,人口总量规模不断扩大。据2005年1%人口抽样调查,全市常住人口1778万人,与2000年第五次人口普查相比,增加了137万人,其中常住人口增加了438万人。

上海是我国长三角城市群的核心城市,与江苏、浙江接壤,区位优势明显,化学工业聚集,黄浦江与苏州河两岸集中分布有大量传统重化工企业。近几年,随着区域经济的高速推进,吴淞、高桥、金山、宝山等区县的新型化工石化业繁荣发展,而中心城范围的不断扩张,使得上海市布局型突发环境风险日益凸显,环境风险源周边的取水口,人群等敏感受体不断增加,一旦发生污染事故,必将造成严重的社会影响和巨大的经济损失。此外,从2000~2008年宏观统计数据看,上海市突发环境污染事故呈现明显的上升趋势,如图 13-1 所示。突发环境污染事故风险困扰着上海市人群健康和生态环境安全。

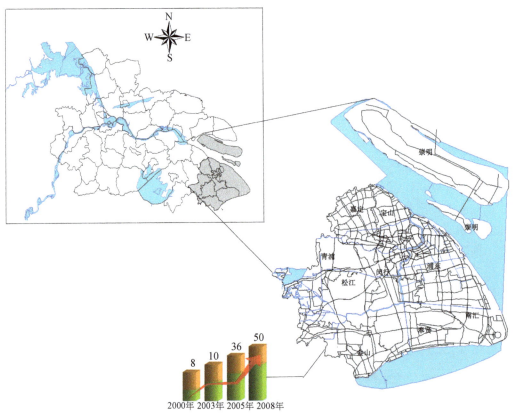

图 13-1　上海市突发环境污染事故趋势及区位图

　　截至 2008 年年底，上海市辖有浦东新区、徐汇、长宁、普陀、闸北、虹口、杨浦、黄浦、卢湾、静安、宝山、闵行、嘉定、金山、松江、青浦、南汇及奉贤等 18 个区和崇明县。其中，环线以内是上海市的主要建成区，包括徐汇、长宁、普陀、闸北、虹口、杨浦、黄浦、卢湾、静安、浦东新区及宝钢和闵行的部分地区。2009 年 5 月，国务院批复了上海市《关于撤销南汇区建制将原南汇区行政区域划入浦东新区的请示》，同意撤销上海市南汇区，将其行政区域并入上海市浦东新区。由于本书收集的资料和相关数据大部分是以 2007 年或 2008 年为基准的，所以在研究中，浦东新区和南汇区仍然以两个区考虑。

13.2　上海市突发环境污染风险系统分析

13.2.1　上海市突发环境风险源

　　突发环境污染事故中的环境风险源与安全生产中定义的危险源关系密切，本研究通过对 2007 年上海登记的 1000 余家生产、使用、储存危险品和化学品的单位进行危险性评价，其评价模型如式 (13-1) 和式 (13-2) 所示

当单元内存在的危险物质为单一品种时，危险源系数 I 的计算公式为

$$I = \frac{q}{Q} \tag{13-1}$$

当单元内存在多种危险物质时

$$I = \frac{q_1}{Q_1} + \frac{q_2}{Q_2} + \cdots + \frac{q_n}{Q_n} \tag{13-2}$$

式中，q_1，q_2，$\cdots$，q_n 为每种危险物质的实际存在量，单位 t；Q_1，Q_2，$\cdots$，Q_n 为与各危险物质相对应的生产场所或储存区的临界量，单位 t。

若计算结果 $I \geqslant 1$，则该危险源为重大环境危险源，也为本研究关注的突发环境风险源。筛选的危险物质包括易燃易爆物质及有毒有害物质等，识别结果表明上海市重大危险源共有 400 余家，其中，危险系数大于 10 000 的有 7 家；危险系数在 1000 ~ 10 000 的有 13 家；危险系数在 100 ~ 1000 的有 45 家；危险系数在 10 ~ 100 的有 78 家，还有 300 余家的危险源系数介于 1 ~ 10。由于资料收集及调研的限制，本研究选用前 100 家重大危险源企业作为上海市突发环境污染事故风险源研究的对象，上海市 100 家突发环境风险源中有 24 家储存单位，6 家使用单位，76 家生产单位。

由上海市突发环境风险物质特征可知：上海市 100 家风险源中发生泄漏事故对环境和人群健康造成严重影响的危险物质为苯、各类异氰酸酯、氯化氢、硫化氢、甲醛、氨、乙烯、二甲苯等；而易燃易爆物质主要为苯、汽油、石油气、甲醇及烷烃类等。

环境风险源控制机制的好坏直接影响风险源的危险性。通过对识别出的上海市 100 家风险源企业进行控制机制分析，从企业级别、建设年代、企业性质（国有、私有或外企等）方面了解企业初次级控制机制，包括设备保养维护状态、企业安全措施、企业防护措施、企业监控情况及应急预案等方面。客观上讲，企业级别越高、建设年代越晚，控制机制的效果就比较好，能有效的预防人为的污染事故，并且在事故发生后相应的应急措施也相对完善。

目前，上海市 100 家风险源中，有大型国企 10 家，外企 28 家，合资企业 22，上海市市级企业 32 家，其他类型企业 8 家。上海市大型企业设备保养维护状态良好，具有良好的企业安全和防护措施及企业监控情况，并具有企业应急预案，从而保证了在发生突发性环境污染事故时能够及时有效的起到切断风险因子与环境风险受体的接触。少部分企业特别是小型企业，因为资金、管理等方面的原因事故防范能力弱，企业的安全措施及应急预案比较空泛。

13.2.2　上海市突发环境风险传输场

上海市环境风险场特征分析主要从气象条件（风向）及地表水（水体连通性）两个方面进行考虑。不考虑土壤、地下水等其他风险场。

大气环境风险场特征用改进的高斯模型来反映风险因子在大气中的传输特征，在划分网格的基础上，考虑上海市的气象条件和风险的位置，反映风险物质进入大气候的传输特征；而水系风险场主要考虑危险物质释放进入水系后，通过对地表水取水口的影响和取水口的服务范围，将水系风险场特征分配到区域空间。

13.2.3　上海市突发环境风险受体

上海市是一个包括社会经济、自然生态等因素的复合系统，因此，突发环境污染事故风险受体对象包括社会经济和生态系统，风险受体综合脆弱性包括社会经济脆弱性和生态系统脆弱性。

社会经济系统主要考虑区域人口和经济的规模、区域事故预防应急措施及其他基础设施规模等；自然生态系统主要考虑上海市敏感生态系统包括黄浦江上游饮用水源区、重点湿地主要自然保护区，这三类敏感点包含了水生生态系统、森林生态系统（林地、园地、草地）及湿地生态系。

13.3　上海市突发环境污染事故风险区划指标体系

基于环境风险系统和环境风险区划指标已有的研究，本论文在识别上海市突发环境污染事故风险系统特征的基础上，结合上海市突发环境污染事故特点，同时考虑数据的可获得性和可操作性，构建上海市突发环境污染事故风险区划指标（表13-1）。

表 13-1　上海市突发环境污染事故风险区划指标体系

目标层	系统层	准则层	指标层
环境风险系统	风险源危险性	易燃爆炸危险性	爆炸物质储量
			爆炸效率因子
		有毒物质危险性	有毒物质存量
			半致死浓度
		初级（源）控制机制有效性	员工素质
			园区环境管理体系
			设备保养修护
			工艺装备水平
		次级（过程）控制机制有效性	突发事故监控水平
			消防规划
			绿化防护
			应急预案
			事故池

续表

目标层	系统层	准则层	指标层
环境风险系统	风险场空间特征	大气环境风险场	风向
			风频
		水系风险场	水系流速
			流量
			河道长度
			取水口服务范围
	风险受体脆弱性	社会经济脆弱性	人口密度
			经济密度
			事故预警
			应急能力
		生态系统脆弱性	生态系统敏感性
			生态系统面积比
			环境治理措施

综合考虑上海市环境风险系统要素特征，本书选取 26 个指标进行上海市突发环境风险区划进行分析。其中，易燃易爆物质的储量、有毒有害物质储量及其相应的物理属性反映了城市可能受到的危险大小。初级控制机制包括员工素质、园区环境管理体系、设备保养修护、工艺装备水平。次级控制机制包括突发事故监控水平、消防规划、绿化防护、应急预案、事故池，控制机制反映了人为因素对事故发生可能性和危害大小的影响。通常情况下，一方面，风险源的控制机制越好，其危险性相对较小，因为风险企业可在事故发生前对事故进行预测和预防，降低事故发生的可能性；另一方面，事故发生后能及时作出应急措施，减少事故对环境和人体健康危害和损失。主导风向、风频决定了上海市风场特征即气态污染物质扩散的特征，而水系风险场由河流的流速、流量和取水口的服务范围决定。社会经济脆弱性中的人口密度反映了可能暴露在污染事故风险中的人口数量；经济密度反映了城市社会经济发展的水平和脆弱程度；事故预警处理能力和应急能力反映了城市在受到突发污染事故威胁后的恢复力。生态系统敏感性反映了生态系统在受到污染事故干扰后的暴露性，而不同类型生态系统的面积和环境治理措施反映了生态系统的恢复力。

在上海市环境风险系统指标层的 26 个指标中，即包含定性指标又包含定量指标。定性指标主要指风险源的控制机制及社会经济脆弱性中事故预防及应急能力。在本书中，通过对各个风险源发放问卷调查，对其初级、次级控制机制各指标打分，作为其量化的原始数据，选用模糊评价法对各个风险源的控制机制进行量化。而社会经济脆弱性中事故预防和应急能力通过网络、文献、各区县环保局网站相关描述对其信息水平、通信设施等进行横向比较，量化指标；事故应急能力则从事故疏散能力、万人病床数等方面考虑。

从指标性质来看，危险源中易燃易爆物质的储量、有毒物质的储量可通过调研获取，而危险物质燃烧热和半致死浓度可查阅相关的文献。上海市主导风向、风频、水系流速、流量、取水口服务范围等通过收集上海市水文气象资料获取。生态系统敏感性用上海市重要生态系统的敏感级别来衡量，生态系统面积比＝区域内不同类型生态系统面积/区域面积，环境治理措施考虑河道治理、生活垃圾分类处理和工业废水达标排放率。

13.4　上海市环境风险要素分布特征

13.4.1　上海市环境风险源危险性评价

1. 易燃易爆危险性

爆炸事故环境危险源是指潜在环境污染事故，主要是由爆炸引起的危险源。参照《常用化学品分类及标志》（GB13690—92）和《重大环境风险源辨识》（GB18218—2000）中易燃、易爆化学品临界量，上海市含易燃易爆物质的风险源共82家。

根据最大危险性原则，把风险源易燃易爆物质储量作为初始爆炸物的量。上海市100家环境风险源常见化学物质蒸气云爆炸效率因子取值见表13-2。

表13-2　常见物质爆炸效率因子

效率因子3%的物质			
乙醛	乙烷	甲烷	乙酸丙酯
丙酮	乙醇	甲醇	丙烯
乙酸戊酯	甲硫醇	二氯丙烷	丙烯腈
乙酸乙酯	乙酸甲酯	苯乙烯	戊醇
乙胺	甲胺	四氟乙烯	苯
乙苯	甲苯	丁二烯	氯乙烷
氯甲烷	乙酸乙烯酯	丁烷	甲酸乙酯
氯乙烯	丁烯	甲酸甲酯	煤气
二甲苯	氢	戊烷	硫化氢
二氯苯	丙烷	丙醇	一氧化碳
石脑油	异丁烯	石油气	石油
效率因子6%的物质			
乙烯	环氧丙烷	环氧乙烷	亚硝酸乙酯
环己烷	二硫化碳	丙烯醛	
效率因子19%的物质			
乙炔	硝酸乙酯	硝基甲烷	丙炔
硝酸异丙酯	氨	硝化纤维素	

依据式（4-2），上海市爆炸性环境危险源的危险性（TNT当量）计算结果如表13-3所示。

表 13-3　上海市风险源易燃易爆危险性计算结果

源编号	物质名称	物质存量/10^3 kg	燃烧热 Q_f/(MJ/kg)	效率因子 a/%	W_{TNT}/10^6 kg
1	苯	76 520	37.5	3	1 904.535
	氢气	54 000	24.8	3	888.849
	甲烷	60 000	13.5	3	537.611
	乙烷	35 000	21.6	3	501.769
2	汽油	80 000	42.5	3	2 256.637
	氢气	45 000	24.8	3	740.708
	石油气	25 300	15.3	3	256.918
	甲醇	62 000	22.7	3	934.115
3	甲醇	38 582	22.7	3	581.291
4	石脑油	32 400	36.8	3	791.363
6	汽油	22 350	42.5	3	630.448
	甲醇	5 800	22.7	3	87.385
	二甲苯	30 000	43	3	856.195
7	甲醇	54 000	22.7	3	813.584
	氨	3000	25.6	3	50.973
8	汽油	12 862	42.5	3	362.811
10	苯	16 000	37.5	3	398.230
	二甲苯	64 200	43	3	1 832.257
11	石油气	3300	15.3	3	33.511
12	正戊烷	4946	24	3	78.786
13	石油气	30 000	15.3	3	304 646.016
	苯	75 000	37.5	3	1 866.704
	丙烯	84 000	33.3	3	1 856.549
	325 溶剂油	10 000	29.5	6	391.593
14	汽油	13 000	42.5	3	366.704
	甲醇	200 000	22.7	3	3 013.274
15	甲醇	40 000	22.7	3	602.655
	氨	160 000	25.6	19	17 217.699
16	丙烯	130 000	33.3	3	2 873.230
	环氧乙烷	56 000	28.7	6	2 133.451
	氨	38 000	25.6	19	4 089.204
17	甲醇	2930	22.7	3	44.145
18	苯	13 700	37.5	3	340.985
18	氨	10 000	25.6	19	1 076.106
18	甲苯	37 300	42.4	3	1 049.681

源编号	物质名称	物质存量/10^3kg	燃烧热 Q_f/(MJ/kg)	效率因子 a/%	W_{TNT}/10^6kg
19	乙烯	600	30.6	6	24.372
	氢	30 000	24.8	3	493.805
	汽油	80	42.5	3	0.226
20	石油气	4 500	15.3	3	45.697
	丙烯	2 000	33.3	3	44.204
21	石脑油	1730	36.8	3	42.255
22	甲醇	900	22.7	3	13.559
	丙烯	75 000	33.3	3	1 657.633
23	石脑油	1284	36.8	3	31.361
24	石油脑	20 000	36.8	3	488.496
	甲醇	80 000	22.7	3	1 205.309
	氢	60 000	24.8	3	987.611
25	石油气	605	15.3	3	6.144
26	石油气	550	15.3	3	5.585
27	汽油	10 920	42.5	3	308.031
29	环氧乙烷	100	28.7	6	3.809
30	石油气	3 800	15.3	3	38.588
31	甲醇	2 400	22.7	3	36.159
32	环氧乙烷	300	28.7	6	11.429
33	甲醇	3 000	22.7	3	451.991
36	丙烯	176	33.3	3	38.899
38	甲醇	498	22.7	3	7.503
39	甲醇	23 000	22.7	3	346.527
40	环氧乙烷	300	33.3	6	13.261
41	甲苯	1 439	42.4	3	40.496
	二甲苯	1 007	43	3	28.739
	硝化纤维素	3 325	28	19	391.349
	乙酸丁酯	972	20.3	3	13.096
42	环氧乙烷	80 000	28.7	6	3 047.788
43	汽油	450	42.5	3	12.694
44	乙烯	325 000	30.6	6	13 201.327
45	石油气	220	15.3	3	2.234
46	环氧乙烷	150	28.7	6	5.714
	氢气	200	24.8	3	3.292
	甲醇	5	22.7	3	0.75

续表

源编号	物质名称	物质存量/10^3kg	燃烧热 Q_f/(MJ/kg)	效率因子 a/%	W_{TNT}/10^6kg
47	石脑油	412	36.8	3	10.063
48	汽油	400	42.5	3	11.283
49	汽油	3 500	42.5	3	98.728
50	甲醇	130	22.7	3	1.959
52	苯	31 000	37.5	3	771.571
	石脑油	1 200	36.8	3	29.309
	甲苯	140	42.4	3	3.939
	二甲苯	210	43	3	5.993
	甲醇	1 800	22.7	3	27.119
53	苯	23 000	37.5	3	572.456
	甲苯	25 000	42.4	3	703.539
	二甲苯	1 100	43	3	31.394
54	石油气	148	15.3	3	1.503
55	汽油	600	42.5	3	16.925
	石油气	1 500	15.3	3	15.232
56	煤气	220 000	12.6	3	1 839.823
	苯	2 000	37.5	3	49.779
57	石油气	1 400	15.3	3	14.217
58	二甲苯	5 400	43	3	154.115
59	氨	13 047.5	25.6	19	1 404.049
	甲醇	485	22.7	3	7.307
60	甲苯	785	42.4	3	2.2091
61	甲苯	124	42.4	3	3.489
	氢气	85.4	24.8	3	1.406
62	石油气	1 100	15.3	3	11.170
63	甲苯	700	42.4	3	19.699
	硝化纤维素	1 200	28	19	141.239
64	汽油	2 060	42.5	3	58.108
68	汽油	1 800	42.5	3	50.774
70	石油气	470	15.3	3	4.773
71	甲醇	132	22.7	3	1.989
73	甲醇	114	22.7	3	1.718
74	二甲苯	2 240	43	3	63.929
76	石油脑	4 000	36.8	3	97.699
78	环氧乙烷	500	28.7	6	19.049

源编号	物质名称	物质存量/10^3kg	燃烧热 Q_f/(MJ/kg)	效率因子 a/%	W_{TNT}/10^6kg
81	汽油	900	42.5	3	25.387
83	氢气	400	24.8	3	6.584
84	甲醇	10	22.7	3	0.151
85	石油气	370	15.3	3	3.757
86	甲醇	1 805	22.7	3	27.195
87	石脑油	280	36.8	3	68 381.938
88	石脑油	70	36.8	3	1.709
89	汽油	680	42.5	3	19.181
90	石脑油	2 281	42.5	3	64.342
	甲醇	430	32.7	3	9.333
	二甲苯	35 000	43	3	998.894
91	甲醇	20 000	32.7	3	434.071
92	石油气	320	15.3	3	3.249
93	环氧乙烷	32	28.7	6	1.219
94	石油气	300	15.3	3	3.046
95	石油气	300	15.3	3	4.062
97	甲苯	4 000	42.4	3	112.566
98	硝化纤维素	210	28	19	24.717
99	石脑油	210	42.5	3	5.924
100	石脑油	2 600	42.5	3	73.341
	甲醇	2 500	22.7	3	37.666

2. 有毒有害物质危险性

上海市 100 家环境风险源中均含有威胁生态环境和人体健康的有毒有害物质。根据式 (4-3) 计算上海市 100 家风险源有毒有害物质危险性，计算结果如附录Ⅰ所示。

3. 控制机制有效性

上海市环境风险系统控制机制有效性由初级控制机制和次级控制机制共同决定，控制机制的指标都为定性的描述指标。通过 AHP 的模糊综合评价法对上海市控制机制的有效性进行评价。

本研究邀请上海市安全部门、环境保护部门及 100 家风险源企业员工等 30 位专家分别对初级控制机制和次级控制机制中的各指标相对于其他指标的重要程度给予评价，构造评价矩阵，对每一级指标权重进行计算。AHP 层次分析法计算权重的原理及过程在此不再赘述。上海市环境风险系统中控制机制指标权重计算结果如表 13-4 所示。

表 13-4　上海市风险源控制机制指标权重

系统层 A	准则层 B	指标层 C	C 层对 A 层权重	C 层对 B 层权重	检验
控制机制有效性 A	初级控制机制 B_1 0.5	工艺设备水平 C_1	0.124	0.245	$\lambda_{max} = 3.01$ CI = 0.009 CR = 0.028
		设备维护检修 C_2	0.234	0.209	
		安全管理 C_3	0.131	0.357	
		大专以上学历 C_4	0.098	0.189	
	次级控制机制 B_2 0.5	绿化规划 C_5	0.135	0.346	$\lambda_{max} = 3.0159$ CI = 0.0795 CR = 0.0153
		事故应急 C_6	0.047	0.141	
		监控状况 C_7	0.052	0.018	
		消防设施 C_8	0.112	0.427	
		事故池 C_9	0.067	0.068	

　　定性描述指标通常是被判断事物很难用定量的方法表征时，用有模糊意义的表达，如优、良、中、差等来进行描述。上海市环境风险系统控制机制指标量化标准如表 13-5 所示。

表 13-5　上海市控制机制指标量化标准

系统层	指标层	变量层		
		差	良	优
初级控制机制	工艺设备水平	无基本的防护设施	有防腐和防雷电设施	有防腐和防雷电设施及在线报警系统
	设备维修检查	尚未制订有效的设备检查、维修、保养计划	企业内部定期对设备进行防爆检查	委托有资质单位对企业内防爆区域进行检查，并获得防爆检查合格报告
	安全管理制度	未通过 OSH 18000 体系	通过 OSH 18000 体系	通过 OSH 18000 体系，并对员工进行相关安全知识的培训
	员工大学及以上学历	30% 以下	30% ~50%	50% 以上学历
次级控制机制	绿化防护	无防护隔离绿化带	有简单的绿化隔离	有绿化隔离带及其他的隔离措施
	应急措施	无具体的应急预案	有较完善的应急措施	有完善的应急措施并定期进行演习
	监控情况	人工例行监测	在线自动监测	在线自动检测与特征污染因子监控
	消防规划	无消防规划	有自己的消防规划	有自己的消防系统，并与其他消防站互相支援
	事故池	无事故调节池	有简单的事故调节池	有规模大小合适的事故池调节池

本文采用百分比法获得模糊评价中的隶属度。百分比法是将模糊评价结果进行百分比统计。对于评价对象中的 m 个元素，评价等级有 n 个，其评价结果为 $w_{ij}(i = 1, 2, 3, \cdots, m; j = 1, 2, 3, \cdots, n)$。当有 X 个专家对其进行评价时，第 K 个专家对某个评价对象 i 的评价结果为 $u_{k1}^i, u_{k2}^i, \cdots, u_{kn}^i(k = 1, 2, \cdots, X)$，$u_{i1}^k, u_{i2}^k, \cdots, u_{in}^k$ 中只要有一个为 1，则其余为 0，其隶属度矩阵为

$$w_{ij} = \sum_{k=1}^{X} u_{ij}^k, \quad i = 1, 2, \cdots, m; j = 1, 2, \cdots, n \qquad (13\text{-}3)$$

式中，u_{ij}^k 为评价者 K 对评价对象 i 的评价结果；X 为专家数目；m 为定性指标个数；n 为指标标准等级。

以上海东松化工科技发展有限公司为例，邀请 10 位专家对上海东松化工科技发展有限公司初级控制机制的工艺设备水平指标进行等级评价，有 4 位专家认为工艺设备水平差，则"差"的隶属度为"0.4"；分别有 3 位认为工艺设备水平"良"、"优"，则"优"、"良"的隶属度均为"0.3"，统计得到该公司工艺设备水平的模糊评价矩阵为 $[0.4 \quad 0.3 \quad 0.3]$。东松化工科技发展有限公司初级、次级控制机制的模糊综合评价矩阵，如表 13-6 所示。

表 13-6　上海市某风险源控制机制有效性模糊综合评价矩阵

系统层	准则层	指标层	模糊综合评价矩阵 R_i		
			差	良	优
控制机制有效性 A	初级控制机制 B_1	工艺设备水平 C_1	0.4	0.3	0.3
		设备维修检查 C_2	0.1	0.3	0.6
		安全管理制度 C_3	0.2	0.7	0.1
		员工素质 C_4	0.4	0.5	0.1
	次级控制机制 B_2	绿化防护 C_5	0.2	0.3	0.5
		事故应急 C_6	0.3	0.1	0.6
		预警监测 C_7	0.2	0.4	0.4
		消防设施 C_8	0.3	0.6	0.3
		事故池 C_9	0.1	0.5	0.4

对控制机制进行一级综合评价如下

$$B_i = W_i \times R_i \qquad (13\text{-}4)$$

式中，B_i 为 B 层第 i 个指标所包含的各下级因素相对于它的综合模糊运算；W_i 为 B 层第 i 个指标下级各因素相对它的权重；R_i 为模糊评价矩阵，表示 B 层第 i 个指标下级各因素相对于评语集的关系。

根据表 13-4 可知，B_1 层下级各指标（$C_1 C_2 C_3 C_4$）相对于 B 层的权重分别为 0.245、0.209、0.357、0.189，所以 $W_1 = [0.245 \quad 0.209 \quad 0.357 \quad 0.189]$。根据表 13-5 可知，由指标 $C_1 C_2 C_3 C_4$ 评语集组成的模糊综合评价矩阵 R_1 为

$$R_1 = \begin{bmatrix} 0.4 & 0.3 & 0.3 \\ 0.1 & 0.3 & 0.6 \\ 0.2 & 0.7 & 0.1 \\ 0.4 & 0.5 & 0.1 \end{bmatrix}$$

根据式（13-4）可得 $B_1 = \begin{bmatrix} 0.188 & 0.2481 & 0.2005 \end{bmatrix}$

依次计算 B 层其他下级指标的模糊综合评价矩阵，计算结果如表 13-7 所示。上海东松化工科技发展有限公司控制机制一级评判结果如表 13-8 所示。

表 13-7　上海市某风险源控制机制以及模糊评价

W	R	B
$W_1 = \begin{bmatrix} 0.124 & 0.234 & 0.131 & 0.098 \end{bmatrix}$	$R_1 = \begin{bmatrix} 0.4 & 0.3 & 0.3 \\ 0.1 & 0.3 & 0.6 \\ 0.2 & 0.7 & 0.1 \\ 0.4 & 0.5 & 0.1 \end{bmatrix}$	$B_1 = \begin{bmatrix} 0.236 & 0.2478 & 0.2005 \end{bmatrix}$
$W_2 = \begin{bmatrix} 0.346 & 0.141 & 0.018 & 0.427 & 0.068 \end{bmatrix}$	$R_1 = \begin{bmatrix} 0.1 & 0.3 & 0.6 \\ 0.3 & 0.5 & 0.2 \\ 0.4 & 0.4 & 0.2 \\ 0.1 & 0.3 & 0.6 \\ 0.5 & 0.4 & 0.1 \end{bmatrix}$	$B_2 = \begin{bmatrix} 0.192 & 0.1452 & 0.2557 \end{bmatrix}$

表 13-8　上海东松化工科技发展有限公司控制机制模糊一级评判结果

B 层因素集	评价结果		
	差	一般	良好
B_1 初级控制机制	0.236	0.2478	0.2005
B_2 次级控制机制	0.192	0.1452	0.2557

根据式（13-4），可将 B 看做是 A 层目标层的两个判断因子，对目标层 A 的综合评判为

$$B = W \times R \qquad (13-5)$$

式中，B 为 A 包含的各下级因素相对于 A 的综合模糊运算结果；W 为 $B_1 B_2$ 相对于 A 层的权重。上海东松化工科技发展有限公司环境风险系统控制机制进行二级模糊评价：

$W = \begin{bmatrix} 0.5 & 0.5 \end{bmatrix}$；R 为目标层 A 下级各因素相对于综合评判结果的关系，根据上海东松化工科技发展有限公司控制机制模糊一级评判结果可知

$$R = \begin{bmatrix} B_1 & B_2 \end{bmatrix} = \begin{bmatrix} 0.236 & 0.2478 & 0.2005 \\ 0.192 & 0.1452 & 0.2557 \end{bmatrix}$$

矩阵相运算后得到二级综合评判结果为

$$B = \begin{bmatrix} 0.214 & 0.1965 & 0.2281 \end{bmatrix}$$

根据公式 $F_i = (m + 1 - j) \times 100/m$ 建立控制机制有效性评估分数集，因为评语集为三个等级评语，故 $m = 3$，所以一级评分为 $F_1 = (3 + 1 - 1) \times 100/3 = 100$，$F_2 = (3 + 1 - 2) \times 100/3 = 66.7$，$F_3 = (3 + 1 - 3) \times 100/3 = 33.3$

上海东松化工科技发展有限公司控制机制评估分数集 $F = \begin{bmatrix} 100 & 66.7 & 33.3 \end{bmatrix}$

上海东松化工科技发展有限公司控制机制有效性最终评价结果为

$$G = B \times F = \begin{bmatrix} 0.214 & 0.1965 & 0.2281 \end{bmatrix} \times \begin{bmatrix} 100 \\ 66.7 \\ 33.3 \end{bmatrix} = 42.13$$

同理可得其他99家环境风险源控制机制有效性的得分，汇总如表13-9所示。

表13-9　上海市100家风险源控制机制有效性评估结果

源编号	风险源名称	G	源编号	风险源名称	G
1	中石化上海石化股份有限公司炼油化工部	63.45	22	上海华谊丙烯酸有限公司	47.53
2	中国石油化工股份有限公司上海高桥分公司炼油事业部	59.13	23	上海金森石油树脂有限公司	50.02
3	陆彩特国际化工有限公司	46.27	24	巴斯夫化工有限公司	49.04
4	上海石洞口煤气制气有限公司	51.08	25	上海苏创浦西燃气有限公司	50.81
5	日邦聚氨酯有限公司	50.74	26	上海万时红燃气有限公司	49.66
6	上海东方储罐有限公司	32.98	27	上海申佳铁合金有限公司	48.75
7	上海春宝化工有限公司	54.21	28	上海浦东旭光化工有限公司	60.05
8	中国石油化工股份有限公司上海石油储运配送分公司	56.73	29	上海凯通合成化学制品厂	54.15
9	青上化工有限公司	46.89	30	上海液化石油气经营有限公司储配分公司	62.26
10	上海宝钢化工有限公司	52.47	31	上海人民制药溶剂厂	50.81
11	上海金地石化有限公司	51.68	32	上海科宁油脂化学品有限公司	48.12
12	上海中强塑料制品有限公司	47.88	33	上海石化鑫源化工实业有限公司	51.05
13	中国石油化工股份有限公司上海高桥分公司化工事业部	60.07	34	上海启泰绿色科技有限公司	49.66
14	上海赛孚燃油发展有限公司	45.27	35	上海华荣达石油化工仓储有限公司	60.33
15	上海吴泾化工有限公司	47.96	36	上海浦东凌桥华升储运站	42.35
16	中国石化上海石油化工股份有限公司化工事业部	53.08	37	上海奇华顿有限公司	47.48
17	上海焦化有限公司	33.38	38	上海农药厂	47.78
18	上海孚宝港务有限公司	36.57	39	上海申星化工有限公司	45.62
19	上海化工研究院	51.18	40	中国石化上海高桥石油化工公司聚氨酯事业部	60.27
20	上海东方能源股份有限公司	49.52	41	上海造漆厂	54.97
21	上海金杨化工助剂有限公司	49.69	42	中国石化上海高桥石油化工公司精细化工事业部	56.77

源编号	风险源名称	G	源编号	风险源名称	G
43	上海半图油库有限公司	51.28	72	上海长光企业发展有限公司	54.83
44	上海氯碱化工股份有限公司	49.76	73	上海市沪江生化厂	49.25
45	上海中信燃气有限公司	45.93	74	京华化工厂	54.63
46	上海申宇医药化工有限公司	47.85	75	上海乐意海运仓储有限公司	47.79
47	上海卓为化工有限公司	50.68	76	上海深试仓储有限公司	49.61
48	上海新阳油库有限公司	46.27	77	上海大桥化工有限公司	53.57
49	上海华江石油有限公司	50.01	78	上海联胜化工有限公司	50.23
50	上海振兴化工一厂	43.69	79	上海新誉化工厂	51.77
51	宝钢综合开发公司工程检修服务分公司	54.13	80	上海市金山区煤气管理所	64.81
52	上海化工供销有限公司仓储分公司	52.01	81	上海浦东海光石化联贸总公司沪太路分公司	49.72
53	上海宝钢化工公司梅山分公司	52.74	82	上海铁联化轻仓储有限公司	45.33
54	上海松江燃气经营总公司	47.58	83	上海白鹤化工厂	54.16
55	上海庄臣有限公司	46.21	84	上海子能高科股份有限公司	65.84
56	上海吴淞煤气制气有限公司	44.94	85	上海百斯特能源发展有限公司龚路储配站	54.38
57	上海液化气经营有限公司储配分公司金山储存站	50.98	86	上海罗门哈斯化工有限公司	64.27
58	上海国际油漆有限公司	46.81	87	德固赛化学（上海）有限公司	65.77
59	上海石化铁路储运有限公司	57.13	88	上海罗万科技发展有限公司	59.18
60	上海市化工轻工总公司桃浦仓储公司	47.89	89	上海浦东新区上炼实业有限公司捷士汽柴油灌装分公司	53.69
61	上海涂料有限公司上海南大化工厂	49.58	90	上海中远关西涂料化工有限公司	47.85
62	上海金山燃气有限公司	53.55	91	上海河马塑料厂	49.62
63	上海华生化工厂	51.43	92	上海东海液化气站	57.89
64	上海石化仓储航运有限公司	50.09	93	上海京丰化工有限公司	52.31
65	上海高桥-巴斯夫分散体有限公司	64.37	94	上海益元燃气营销有限公司	57.62
66	上海爱特涂料制造有限公司	58.12	95	上海市南汇液化气公司	49.69
67	上海金鹿化工有限公司	47.98	96	上海金威石油化工有限公司	47.83
68	上海张江汽车运输公司石油仓储部	46.23	97	上海海生涂料有限公司	57.69
69	上海泾星化工有限公司	47.51	98	上海台硝化工有限公司	50.07
70	上海申威有限公司	52.35	99	上海东松化工科技发展有限公司	42.13
71	上海汽巴高桥化学有限公司	61.53	100	上海丽利工业涂料有限公司	57.68

4. 环境风险源综合危险性

根据式（4-4）计算上海市 100 家环境风险源综合危险度如表 13-10 所示，其空间分布如图 13-2 所示。

表 13-10　上海市 100 家风险源综合危险度

源编号	风险源名称	TS	源编号	风险源名称	TS
1	中石化上海石化股份有限公司炼油化工部	0.111 326	27	上海申佳铁合金有限公司	0.000 127
2	中国石油化工股份有限公司上海高桥分公司炼油事业部	0.376 405	28	上海浦东旭光化工有限公司	0.001 25
3	陆彩特国际化工有限公司	0.032 625	29	上海凯通合成化学制品厂	0.008 623
4	上海石洞口煤气制气有限公司	0.046 286	30	上海液化石油气经营有限公司储配分公司	0.002 026
5	日邦聚氨酯有限公司	0.032 877	31	上海人民制药溶剂厂	0.004 371
6	上海东方储罐有限公司	0.038 796	32	上海科宁油脂化学品有限公司	0.017 812
7	上海春宝化工有限公司	0.353 704	33	上海石化鑫源化工实业有限公司	0.005 239
8	中国石油化工股份有限公司上海石油储运配送分公司	0.034 899	34	上海启泰绿色科技有限公司	0.000 35
9	青上化工有限公司	0.000 682	35	上海华荣达石油化工仓储有限公司	0.001 69
10	上海宝钢化工有限公司	0.094 596	36	上海浦东凌桥华升储运站	0.000 128
11	上海金地石化有限公司	0.095 085	37	上海奇华顿有限公司	0.000 42
12	上海中强塑料制品有限公司	0.025 294	38	上海农药厂	0.019 412
13	中国石油化工股份有限公司上海高桥分公司化工事业部	0.619 149	39	上海申星化工有限公司	0.265 301
14	上海赛孚燃油发展有限公司	0.824 937	40	中国石化上海高桥石油化工公司聚氨酯事业部	0.004 062
15	上海吴泾化工有限公司	0.068 68	41	上海造漆厂	1.003 034
16	中国石化上海石油化工股份有限公司化工事业部	0.234 532	42	中国石化上海高桥石油化工公司精细化工事业部	0.020 808
17	上海焦化有限公司	0.002 416	43	上海半图油库有限公司	0.047 5
18	上海孚宝港务有限公司	0.129 01	44	上海氯碱化工股份有限公司	0.005 976
19	上海化工研究院	0.035 816	45	上海中信燃气有限公司	0.002 24
20	上海东方能源股份有限公司	0.000 128	46	上海申宇医药化工有限公司	0.004 588
21	上海金杨化工助剂有限公司	0.006 331	47	上海卓为化工有限公司	0.000 713
22	上海华谊丙烯酸有限公司	0.003 402	48	上海新阳油库有限公司	0.000 11
23	上海金森石油树脂有限公司	0.006 753	49	上海华江石油有限公司	0.000 324 074
24	巴斯夫化工有限公司	0.000 32	50	上海振兴化工一厂	0.176 433
25	上海苏创浦西燃气有限公司	0.004 08	51	宝钢综合开发公司工程检修服务分公司	0.001 757
26	上海万时红燃气有限公司	0.014 844	52	上海化工供销有限公司仓储分公司	0.097 176

源编号	风险源名称	TS	源编号	风险源名称	TS
53	上海宝钢化工公司梅山分公司	0.013 656	77	上海大桥化工有限公司	0.000 337
54	上海松江燃气经营总公司	0.000 538	78	上海联胜化工有限公司	0.000 572
55	上海庄臣有限公司	0.005 965	79	上海新誉化工厂	0.000 451
56	上海吴淞煤气制气有限公司	0.000 34	80	上海市金山区煤气管理所	0.000 738
57	上海液化气经营有限公司储配分公司金山储存站	0.000 409	81	上海浦东海光石化联贸总公司沪太路分公司	0.003 887
58	上海国际油漆有限公司	0.035 643	82	上海铁联化轻仓储有限公司	0.084 4
59	上海石化铁路储运有限公司	0.003 897	83	上海白鹤化工厂	0.001 561
60	上海市化工轻工总公司桃浦仓储公司	0.001 662	84	上海子能高科股份有限公司	0.001 776
61	上海涂料有限公司上海南大化工厂	0.003 895	85	上海百斯特能源发展有限公司龚路储配站	0.000 000 3
62	上海金山燃气有限公司	0.000 867	86	上海罗门哈斯化工有限公司	0.000 363
63	上海华生化工厂	0.001 509	87	德固赛化学（上海）有限公司	0.001 57
64	上海石化仓储航运有限公司	0.000 471	88	上海罗万科技发展有限公司	0.038 663
65	上海高桥–巴斯夫分散体有限公司	0.010 094	89	上海浦东新区上炼实业有限公司捷士汽柴油灌装分公司	0.042 81
66	上海爱特涂料制造有限公司	0.000 000 3	90	上海中远关西涂料化工有限公司	0.019 916
67	上海金鹿化工有限公司	0.001 114	91	上海河马塑料厂	0.002 39
68	上海张江汽车运输公司石油仓储部	0.000 114	92	上海东海液化气站	0.000 998
69	上海泾星化工有限公司	0.000 962	93	上海京丰化工有限公司	0.005 937
70	上海申威有限公司	0.002 474	94	上海益元燃气营销有限公司	0.001 153
71	上海汽巴高桥化学有限公司	0.007 012	95	上海市南汇液化气公司	0.000 413
72	上海长光企业发展有限公司	0.004 5	96	上海金威石油化工有限公司	0.000 211
73	上海市沪江生化厂	0.000 000 3	97	上海海生涂料有限公司	0.000 369
74	京华化工厂	0.001 425	98	上海台硝化工有限公司	0.000 209
75	上海乐意海运仓储有限公司	0.006 357	99	上海东松化工科技发展有限公司	0.109 943
76	上海深试仓储有限公司	0.000 846	100	上海丽利工业涂料有限公司	0.403 863

由上海市 100 家突发环境风险源危险性空间分布图可知，杭州湾北部、浦东外高桥区域、宝山和嘉定突发环境风险源集中，且风险源危险性较大；上海崇明岛、南汇、青浦区域突发环境风险源较少，且危险性也较小；值得注意的是市中心普陀区分布有重大突发环境风险源，由于该区域人口和经济高度密集，一旦发生污染事故必将引起巨大的经济损失和严重的社会影响，建议通过布局优化调整，将该区域的风险源搬迁至相应的工业园，降低上海市中心城区突发环境污染事故的风险。从整体的环境风险源布局分析，上海市存在着严重的布局型环境风险，100 家环境风险源主要分布在沿江（长江、黄浦江）、杭州湾

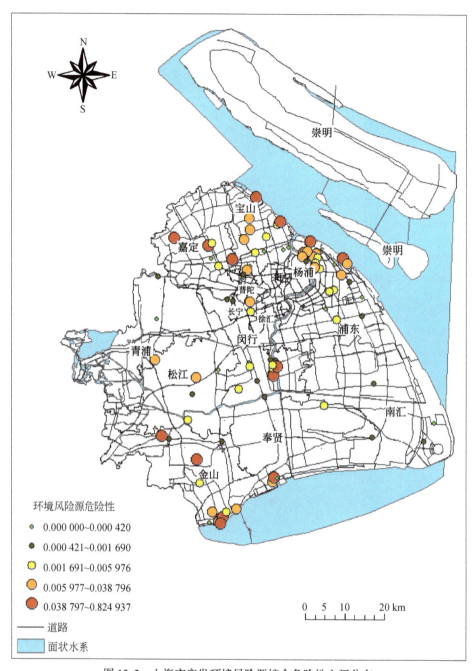

图 13-2　上海市突发环境风险源综合危险性空间分布

沿岸和人群聚集的区域，尤其是黄浦江下游区域，风险源高度密集，同时该区域又属于上海市核心区，社会经济高度敏感；而人口密度较低，且经济发展相对落后的郊区，如青浦、松江、南汇等地，突发环境风险源分布相对较少，风险源综合危险性较低，从上海市产业布局看，可作为风险企业选址或市中心人口疏散的重要参考。

13.4.2　上海市环境风险场特征分析

1. 大气环境风险场

上海市属于亚热带东亚季风盛行地区，温湿宜人，季节分明，东夏略长，夏初有梅雨，夏季以东南季风为主，冬季以偏北风为主，年平均气温16℃，无霜期230天以上，年平均降水量1200mm。

上海市其他气象特征如表13-11所示。

表 13-11　上海市气象特征

编号	主要气象		特征值
（1）	气温	年平均气温	16℃
		历年平均最低气温	10.4℃
		历年平均最高气温	21.3℃
		极地最高气温	42.5℃
		极低最低气温	−15.1.0℃
（2）	湿度	年平均相对湿度	68%
		年平均绝对湿度	17.6Hpa
（3）	降水	年平均降水量	1245.7mm
		年最小降水量	751.2mm
		年最大降水量	1487.0mm
		一日最大降水量	187.5mm
（4）	气压	年最高绝对气压	1128.9mb
		年最低绝对气压	978.2mb
		年平均气压	1215.3mb
（5）	风速	年平均风速	2.7m/s
		最大平均风速	27.3m/s
（6）	风向	主导风向：冬季 偏北风 夏季 东南风	

表13-12给出了2009年上海市全年各风速段风向出现频率。由于该年数据记录精度的限制，风速小于1m/s时，本书研究均作静风处理。

表 13-12　2009 年上海市各风速段风向频率

风速/(m/s)	1.0~1.9	2.0~2.9	3.0~3.9	4.0~5.9	>6.0	合计
N	0.21	1.10	1.37	2.19	1.16	6.03
NNE	0.27	0.62	0.75	1.78	0.41	3.84
NE	1.23	1.36	1.60	1.20	0.48	9.52

风速/(m/s)	1.0~1.9	2.0~2.9	3.0~3.9	4.0~5.9	>6.0	合计
ENE	1.16	1.44	1.30	1.71	0.34	5.96
E	1.51	3.01	2.26	1.92	0.41	9.11
ESE	0.89	0.89	0.75	1.16	0.27	3.97
SE	1.03	1.85	2.33	1.78	0.21	7.19
SSE	0.82	0.75	1.30	0.75	0.00	3.63
S	0.75	2.19	1.85	0.62	0.07	5.48
SSW	0.55	1.03	0.21	0.21	0.00	1.99
SW	0.68	1.10	0.55	0.75	0.82	0.27
WSW	0.48	0.55	0.75	0.82	0.27	2.88
W	0.27	0.96	0.96	0.75	0.27	2.88
WNW	0.34	0.27	0.34	0.48	0.21	1.64
NW	0.34	0.55	0.55	0.75	0.14	2.33
NNW	0.27	0.68	1.44	1.10	0.48	3.97
静风	25.68					25.68

在计算环境风险场指数时，将研究区域划分为 1000m×1000m 的网格，根据上海市环境风险源和气象条件，计算每个网格内的大气风险场指数。上海市大气风险场的计算选用式（5-9）多源多风向的指数计算模型，上海市大气环境风险场指数空间分布如图 13-3 所示。

由图 13-3 可知，由于上海市全年主导风向为东南风，且浦东北风险源高度密集，使得下风向宝山和嘉定受大气风险场影响比较明显；此外，闵行南部由于受杭州湾北岸，奉贤等区域突发环境风险源的影响，大气环境风险场的影响也相对明显。总体来看，上海市大气环境风险场受风险源位置和风向风频影响较为显著，上海市西北方向（下风向）大气风险场明显高于东南方向（上风向），即南汇和奉贤南部受大气环境风险场影响较弱。由于上海市突发环境风险源几乎都分布在上海市市区及其周边郊区，因此，崇明岛地区受大气风险场影响较小。上海市大气风险场指数分布图可指导上海市的产业布局规划和企业的选址，尤其是对于涉及有毒有害气体生产或储运的企业，要考虑下风向风险受体的情况和企业大气环境污染事故的预防预警和应急管理。

2. 水系风险场

上海市地处江南水乡地区，水资源极为丰富。据 1987~1992 年河流普查数据可知，上海市有乡级以上河流 2636 条，分属于长江、吴淞江、黄浦江、杭州湾 4 个水系；322 条县级以上河流，以黄浦江、吴淞江、浦东运河、浦南运河、淀浦河、大治河、川杨河为主要的县级以上河流，以及历史河流 34 条。其中，长江、吴淞江、黄浦江、浦东运河、浦南运河、淀浦河、大治河、川杨河等为上海市主要饮用水源地。

据 2009 年上海市水源地调查资料可知，上海地区共有 120 家水厂 94 个取水口，其中

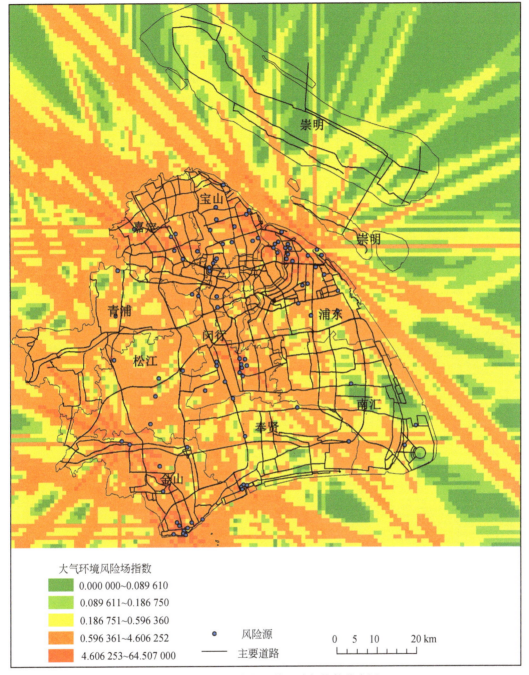

图 13-3　上海市大气环境风险场指数分布图

地表水取水口 76 个，主要地表水取水口约 50 家，地表水取水口水源地主要有黄浦江上游饮用水源地、长江口水源地及郊区分散水源地，且上海市主要地表水取水口供水量占全市的 70%，供水服务人口约占全市人口的 69.2%，服务范围覆盖整个上海市及 74.2% 的上海郊区。

　　上海市当前饮用水主要以城市集中水源地和郊区分散水源地供水为主，城市水源地供水规模占总规模的76.9%，而郊区分散水源地供水规模为23.1%（张羽等，2005）。上海市城市供水水源地主要为黄浦江水源地和长江口的宝钢、陈行备用水源地。其中，黄浦江水源地取水口为闵行水厂以及位于松浦大桥东侧的取水口；郊区分散供水水源地以地表河流为主，上海市郊的九区一县均有取水河流分布，供水对象主要为附属的乡村或城镇，上海市城郊地表水供水量占郊区总量的74.18%，供水人口占郊区总人口的70.18%（上海市环境科学研究院，2006）。郊区地表水取水口河流主要为斜塘、金汇港、紫石泾等，其中以斜塘、大治河为水源地的水厂和取水口服务人口最多。崇明、金山、南汇、奉贤等地取水口服务范围与行政区范围基本相同。

　　上海市饮用水源地名称、取水口厂家、取水口位置、取水口级别等相关信息，如表13-13所示。

表13-13　上海市饮用水及取水口分布

水源地名称	水源地类型	取水口厂家	取水口位置	取水口级别	穿越区县
斜塘	河流型	1	石荡湖	区级	松江
大治河	河流型	5	金汇	镇级	闵行、南汇
			航头	区级	
			新场	区级	
			汇南	区级	
			新港	镇级	
金汇港	河流型	3	钱桥	区级	奉贤
			光明镇、齐贤水厂	镇级	
三团港	河流型	2	泰日、平安	镇级	奉贤
浦东运河	河流型	2	龚路	镇级	浦东、奉贤
			六团镇	镇级	
浦南运河	河流型	1	平安	镇级	奉贤
吴淞江	河流型	2	安亭、黄浦	镇级	青浦、嘉定
淀山湖	河流型	1	朱家角复兴	镇级	青浦
汪洋荡	河流型	1	商塌	镇级	青浦
火泽荡	河流型	1	金泽	镇级	青浦
北横港	河流型	1	西岑	镇级	青浦
西泖河	河流型	1	练塘	镇级	青浦
华田泾	河流型	1	小昆山	镇级	松江、青浦
北石港	河流型	1	圆泄	镇级	松江
向荡港	河流型	1	新浜	镇级	松江
大泖港	河流型	1	泖港	镇级	松江、金山
小泖港	河流型	1	长征	镇级	松江
叶榭塘	河流型	1	叶榭	镇级	松江

续表

水源地名称	水源地类型	取水口厂家	取水口位置	取水口级别	穿越区县
淀浦河	河流型	5	朱家角	镇级	青浦
			徐泾、九亭、泗泾	区级	青浦、松江、闵行、徐汇
			长桥水厂	市级	
宝钢水库	水库型	1	华亭	区级	宝山区
陈行水库	水库型	1	华亭	区级	宝山区
蕴藻浜	河流型	2	秦和水厂	市级	嘉定、宝山
			凌桥水厂	市级	
咸塘港	河流型	1	浦东川杨河	镇级	浦东
川杨河	河流型	1	张江	区级	浦东
紫石泾	河流型	1	干港	区级	金山
黄浦江干流	河流型	7	闵行一水厂、二水厂、三水厂	区级	松江、闵行、徐汇、卢湾、黄浦、虹口、杨浦、浦东、宝山
			南市水厂	市级	
			浦东北新水厂	区级	
			闸北水厂	市级	
			杨树浦水厂	市级	
新民港	河流型	2	长兴水厂	市级	崇明
			横沙水厂	镇级	

　　上海主要河流有黄浦江及其支流吴淞江（苏州河）以及途径上海入海的长江。长江流经上海的长度为70km，江面变化较大，年均径流量约3万 m³/s。黄浦江属感潮河流，自淀峰至吴淞口全长113.4km，年平均径流量为340m³/s左右。苏州河起源于太湖，全长约125km，上海境内流经长度为53.1km，河宽平均约70m，水深平均4m，年平均径流量15m³/s。

　　自1999年起，上海市政府将苏州河综合调水工程作为苏州河综合整治的配套工程，使苏州河由双向河流变为单向河流，增大了苏州河径流量，最大可达30m³/s。

　　此外，上海市地表水取水口的主要河道有杨浦港、高桥港、虹口港、蕴藻浜、白莲泾、虹江等天然河道及浦东运河、金汇港、川杨河、大治河等人工河道。这些河道全年流动缓慢，平均径流量在3~10m³/s（上海市统计局，2007）。

　　上海市地表水取水口主要河流河道的水文情况，如表13-14所示。

表13-14　上海市主要饮用水源河流、河道水文参数

河道名称	长度/m	宽度/m	河流级别	平均流速/(m/s)	平均流量/(m³/s)
斜塘	6 500	76	黄浦江水系 镇级	0.05	3

河道名称	长度/m	宽度/m	河流级别	平均流速/(m/s)	平均流量/(m³/s)
大治河	88 540	91～117	黄浦江水系 县区级	0.05	6
金汇港	22 090	75～132	黄浦江水系 市级河道 县区级	0.1～0.2	6
三团港	12 700	40	杭州湾水系 市级河道	0.18	8
浦东运河	9 600	43～50	黄浦江水系 县级	0.05	6
浦南运河	40 000	44～48	杭州湾水系 县级	0.1	4
吴淞江	53 500	39～104	黄浦江水系 县区级	0.1-0.2	15
淀山湖	14 500	8100	太湖水系市级	0.03	6
汪洋荡	3493（m²）		太湖水系 区县级	0.03	4
火泽荡	1108（m²）		太湖水系镇级	0.03	4
北横港	9 080		黄浦江支流 镇级	0.03	3
西泖河	4 100	91～473	黄浦江水系 县区级	0.1～0.2	6
华田泾	4 380	45～50	黄浦江水系 县区级	0.1～0.2	6
北石港	2 050	110	黄浦江水系 县区级	0.1～0.2（0.15）	6
向荡港	7 340	60	黄浦江水系 镇级	0.05	3
大泖港	9 800	93～201	黄浦江水系 镇级	0.05	3
小泖港	6 100	62～100	黄浦江支流 镇级	0.05	3
叶榭塘	7 530	32～133	黄浦江支流 县区级	0.1～0.2	6
淀浦河	45 560	40～138	黄浦江水系 县区级	0.1～0.2	6

续表

河道名称	长度/m	宽度/m	河流级别	平均流速/(m/s)	平均流量/(m³/s)
宝钢水库			长江	0.31	1774.5
陈行水库			长江	0.31	1774.5
蕴藻浜	34 160	52.5 ~ 92.5	吴淞江水系 县区级	0.08	6
咸塘港	20 300	9	黄浦江水系 镇级	0.05	3
川杨河	29 000	47 ~ 140	黄浦江水系 镇级	0.05	3
紫石泾	16 690	40 ~ 42	黄浦江水系 镇级	0.05	3
黄浦江	82 500	300 ~ 700	黄浦江水系 市级	1.8 ~ 2	340
新民港	12 500	23 500	长江水系 镇级	0.31	1774.5

资料来源：根据上海市水利志、地方志等数据整理而成

　　表 13-15 统计了上海市主要取水口河流的流向，在计算各取水口的环境风险场指数时，可根据河流的流向来判断环境风险源是否位于取水口的上游。

表 13-15　上海市主要取水口所属河流流向

道名称	起始地点	终止地点
黄浦江	米渡市	吴淞口
大治河	黄浦江支流	东海
川杨河	杨思闸	三甲闸
吴淞江	江苏省界	黄浦江
金汇	黄浦江	杭州湾
太浦河	江苏省界	西泖河
拦路港	淀山湖	东泖河
东泖河	拦路港	泖河
西泖河	拦路港	泖河
斜塘	泖河	横潦泾
圆泄泾	大蒸港	横潦泾
掘石港	大泖港	胥浦塘
大泖港	横潦泾	小泖港
横潦泾	斜塘	大泖港
竖潦泾	毛竹港	大泖港
虹口港	沙泾港	黄浦江
蕴藻浜	吴淞江	黄浦江
淀浦河	淀山湖	黄浦江
杨树浦港	东走马塘	黄浦江

根据式（5-16）、式（5-17）计算各取水口的风险场指数，计算结果如表 13-16 所示。上海市水系风险场空间分布如图 13-4 所示。

表 13-16　上海市主要地表水取水口服务范围及其风险场指数

取水口名称	服务级别	W_k	服务范围
朱家角复兴	镇级	0	朱家角、赵屯镇、白鹤镇
朱家角	镇级	0	朱家角
练塘港	镇级	0	练塘镇
徐泾	市级	0.000 33	徐泾镇、赵港镇、华新镇
商塌	镇级	0	朱家角
金泽	镇级	0	金泽镇
西岑	镇级	0	金泽镇
新浜	镇级	0	新浜镇
小昆山	镇级	0.374 329	石荡湖镇
松江五库水厂	镇级	0	石荡湖镇级松江街道
大泖港	镇级	0.717 433	泖港镇
泖港	镇级	0.709 286	泖港镇
泗泾	市级	0.000 321	泗泾镇
九亭水厂	市级	0.000 316	九亭镇、嘉定城区
石荡湖	区级	0.299 007	车墩镇、新桥镇、佘山镇、洞泾镇
叶榭	镇级	0.701 79	叶榭镇
长征	镇级	0	枫泾
干港	区级	0.000 153	干港镇、松隐镇、吕巷镇
安亭水厂	镇级	0.001 526	安亭镇
黄渡	镇级	0.001 46	黄渡镇
华亭	区级	0	华亭镇、徐行镇、娄塘镇
闵行三水厂	市级	0.688 653	华泾镇、新泾镇、长宁区
闵行一水厂	区级	0.547 189	梅陇镇、七宝镇、虹桥镇、华漕镇、马桥镇、闵行街道
奇贤水厂	镇级	0.036 616	南桥镇
金汇	镇级	0.795 76	金汇镇
光明镇取水口	镇级	0.039 037	青村镇
钱桥	区级	0.157 984	拓林镇、庄行镇、海湾镇、四团镇
平安	镇级	0	奉城镇
罗泾	市级	0	罗泾、康桥、周浦
罗店	市级	0	罗店镇、宝山街道
月浦	市级	0	月浦镇、杨行、高境界、大场
川杨河水厂	镇级	0.993 115	北蔡镇

取水口名称	服务级别	W_k	服务范围
凌桥水厂	市级	1.051 94	浦东、浦西高桥镇、高东镇、高行镇、浦东街道
浦东北新水厂	区级	1.515 07	三林镇、花木镇、金桥镇
龚路	镇级	0.006 334	曹路镇
张江	区级	0.835 403	机场镇、张江镇
城镇	区级	0.743 593	合庆镇、花木镇、塘镇
六团	镇级	0.005 817	川沙镇
航头	区级	0.711 482	航头镇、周浦镇
新场	区级	0.623 134	新场镇、六灶镇、宣桥镇、祝桥镇
惠南	区级	0.493 291	惠南镇、大团镇、万祥镇、书院镇、芦成镇、芦潮港
新港	镇级	0.342 868	老港镇
长桥水厂	市级	0.000 286	徐汇、卢湾、静安
南市水厂	市级	0.000 266	华泾镇、虹桥镇、新泾镇、浦东
杨树浦水厂	市级	0.000 243	五角场镇、江湾镇、大场镇、高境镇、真如镇、桃浦镇、普陀、闸北
闸北水厂	市级	1.177 855	闸北区、普陀区、彭浦镇、真如镇
泰和水厂	市级	0.050 928	大场镇、庙行镇、宝山街道、顾村镇、杨行镇
宝钢水库	市级	0	宝钢街道、浦东新区、徐汇区、普陀区
陈行水库	市级	0	黄浦区、静安区

由图 13-4 可知，由于受黄浦江上游水系风险场累积的影响，黄浦江下游取水口的水系风险场指数明显高于其他取水口。此外，黄浦江下游风险源（主要为浦东区高桥石化）大都集中在凌桥水厂、杨树浦水厂、浦东北新水厂等市区级水厂的上游，其中，风险源距离最近取水口的距离不超过 3km，当风险源发生污染事故时也会对取水口造成严重的威胁，黄浦江下游的取水口的服务范围主要为浦东、市中心等人口密集的区域，当发生污染事故时，对黄浦江下游居民的饮用水安全构成严重的威胁，该区域饮用水安全保障问题是污染事故预防和应急管理的重点。

黄浦江上游闵行区以吴泾化工为代表的风险源也都集聚在黄浦江沿岸，虽然该区域水系风险场累积指数与黄浦江下游相比相对较小，但由于风险源下游取水口服务范围广（包含两个市级取水口），因此，其造成的影响区域较大，包括闵行、奉贤、浦东南以及部分市中心地区。

黄浦江支流川杨河由同样处于黄浦江下游，取水口受到上游和周边环境风险源的威胁也较严重，导致该区域取水口服务范围，主要为浦东南部和南汇北部地区的水系风险场指数偏高。

由于上海市郊区风险源分布相对较少，且取水口大都位于水系上游，因此，水系风险场影响较小，青浦的大部分地区、金山、宝山和嘉定的北部水系风险场指数远低于浦东和市中心地区。

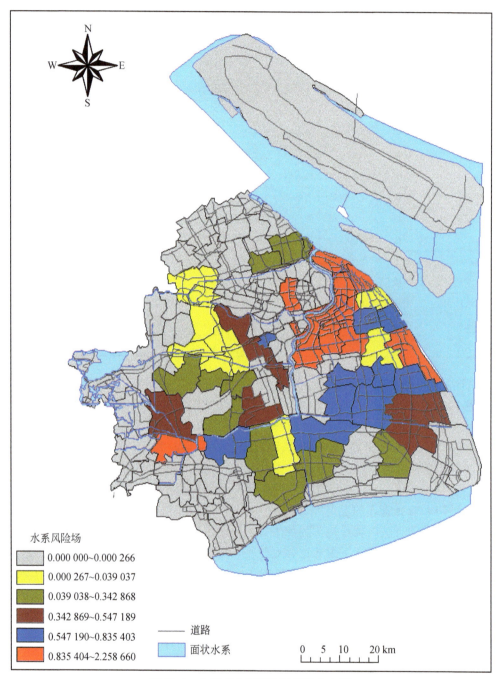

水系风险场

▨	0.000 000~0.000 266
▨	0.000 267~0.039 037
▨	0.039 038~0.342 868
▨	0.342 869~0.547 189
▨	0.547 190~0.835 403
▨	0.835 404~2.258 660

—— 道路

▨ 面状水系

0   5   10   20 km

图 13-4 上海市水系风险场指数分布图

13.4.3　上海市环境风险受体脆弱性评价

1. 上海市社会经济脆弱性评价

依据风险受体综合脆弱性指标框架中社会经济脆弱性指标，结合上海市特点及数据的可获得性，构建上海突发环境风险社会经济受体脆弱性指标如，表 13-17 所示。

表 13-17　上海市风险受体社会脆弱性指标

指标		指标解释
社会经济脆弱性	社会经济敏感性	
	人口密度	人口密度依据网格所属用地类型、面积及区域平均人口密度计算所得
	医院	网格内医院的个数
	学校	单位网格内的学校个数
	城市生命线密度	网格内自来水厂、电厂、通信设施、医院等的个数
	社会经济适应力	
	预警处理能力	通过对区域内信息化水平、通信设施等横向比较进行量化
	公共教育占 GDP 的比重	公共教育投入/区域 GDP 比重
	万人病床数	区域内每万人拥有的病床数量
	人均 GDP	区域 GDP/区域人口总数
	区域应急疏散能力	考虑区域内道路覆盖率和应急预案完善度等

1）上海市社会经济敏感性

综合考虑研究精度需要及区域内土地利用的斑块大小，确定将研究区域划分为 1000m×1000m 的网格，依据表 13-17，考虑网格内人群、医院、给水厂等作为上海市突发环境污染事故社会经济风险受体敏感的研究对象。其中，第 i 个网格的人口数 P_i 由网格面积与该网格所属区域的人口密度相乘所得，若一个网格横跨两个区域时，则由相应的面积与居住密度乘积加和得到，计算过程如式（13-6）所示，即

$$P_i = \sum S_{ij} \times \mathrm{PD}_j \tag{13-6}$$

式中，S_{ij} 为第 i 个网格属于 j 个区域的面积；PD_j 为 j 个区域的居住密度，$j=1$，2，3，$\cdots$，n 为上海市区域个数，PD_j 通过式（13-6）计算得

$$\mathrm{PD}_j = \frac{P_j}{S_j} \tag{13-7}$$

式中，P_j 为 j 区域的人口总数；S_j 为 j 区域建设用地面积。

敏感性赋值原则中，将没有人口分布的网格直接赋值为 "0"，即认为人群敏感性为 "0"。H' 表示网格内医院的敏感性，依据网格内医院的数目对其敏感性赋值，如网格内无医院，其敏感性为 0；如有 1~3 个医院，敏感性为 1；如有 3~5 个医院，敏感性为 2；有

5个以上，敏感性为3；L' 表示网格内城市生命线体系的敏感度，论文选择自来水厂作为敏感性研究的对象，其敏感性赋值的方法与医院相同。α、β、r 代表各指标权重，且 $\alpha + \beta + r + \delta = 1$，本文分别对其赋予0.5，0.3，0.1，0.1。

社会经济敏感性指标分级及敏感性赋值如表13-18所示。

表13-18　上海市社会经济风险受体敏感性分级

指标		指标阈值	赋值
社会经济敏感性	人口密度	0	0
		742 ~ 1 017	1
		1 111 ~ 15 455	2
		16 182 ~ 24 483	3
		34 348 ~ 51 667	4
	医院	0	0
		1 ~ 5	1
		6 ~ 12	2
		>13	3
	城市生命线密度	0	0
		1 ~ 3	1
		3 ~ 5	2
		>5	3
	学校	0	0
		1 ~ 3	1
		4 ~ 5	2
		>5	3

上海市突发环境污染事故社会经济风险受体敏感指数空间分布，如图13-5所示。

由图13-5可知，上海市各区县社会经济敏感性指数差别较大，在空间上主要表现为中心城区及周边区域的社会经济敏感指数高于其他地区。最高的是黄浦区、卢湾区、静安区和虹口区。由于上海市的人口分布极其不均匀，绝大多数人口都聚集在浦西的市中心（包括黄浦区、卢湾区、静安区和虹口区）。目前，浦西的人口密度接近4万人/平方公里，是东京城区的2.9倍，巴黎的1.8倍，纽约的3.65倍。此外，上海市的医院等敏感点也都集中分布在市区，人口密度高、经济密度大的特点，使得其面对突发环境污染事故时敏感性高于其他区域。与中心城区高密集人口和高经济密度相比，郊区的社会经济敏感指数都偏低。其中，崇明、奉贤、青浦区的社会经济敏感性最低，与实际情况相符合。

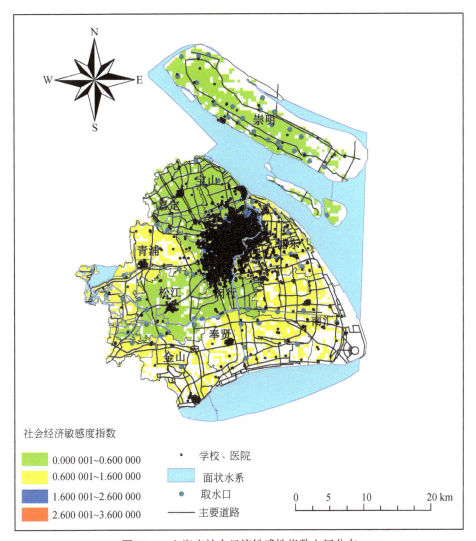

图 13-5　上海市社会经济敏感性指数空间分布

2）上海市社会经济适应力

突发环境污染事故社会经济的适应力从预防和抵抗反映人类活动对风险事件发生的作用，积极的人类活动可减轻风险事件发生后的损失，降低生态系统脆弱性。根据研究区特点及资料收集情况，对突发环境污染事故预防指数选择公共教育占 GDP 的比例、区域预警能力两项指标。对突发环境污染事故应急能力指数，本文选择了万人病床数、人均 GDP 和区域应急疏散能力三项指标，如表 13-19 所示。

表 13-19　上海市社会经济风险受体适应力指标

区县名称	突发污染事故预防能力 PDI		突发污染事故应急能力 SAI		
	公共教育占 GDP 比例/%	区域预警能力	万人病床数	人均 GDP	区域应急疏散能力
普陀	4.36	2	40.1	12.532 73	3

区县名称	突发污染事故预防能力 PDI		突发污染事故应急能力 SAI		
	公共教育占 GDP 比例/%	区域预警能力	万人病床数	人均 GDP	区域应急疏散能力
长宁	3.95	5	49.9	19.357 89	2
杨浦	4.29	5	49.5	16.598 36	2
虹口	3.81	2	86	39	2
闸北	3.77	2	61.7	15.893 1	3
浦东区	4.01	5	26.1	5.927 342	3
闵行	3.16	4	29.4	2.473 118	4
黄浦	4.32	3	101.3	84.5	2
卢湾	4.76	3	154.2	64.3	2
嘉定	3.27	4	26.4	0.647 059	4
徐汇	4.62	4	128.5	20.66	3
静安	4.03	4	175.1	69.575	2
宝山	2.75	5	32.6	1.369 639	4
南汇	1.96	2	51.1	0.467 006	2
奉贤	2.11	2	61.7	0.385 007	4
松江	3.21	5	41.2	0.600 876	4
金山	2.43	5	50.5	0.532 082	5
青浦	2.01	3	24	0.621 302	5
崇明	2.65	2	53.7	0.217 771	2

资料来源：根据上海市各区县统计资料及相关的研究成果整理

表 13-19 中除了公共教育占 GDP 的比重外，都为绝对指标，对其进行归一化后，根据式 (6-6)、式 (6-7) 计算上海市突发环境污染事故风险受体社会经济的事故预防能力指数、应急能力指数及社会经济恢复力指数，计算结果如表 13-20 所示。社会经济的恢复力指数空间分布如图 13-6 所示。

表 13-20 上海市社会经济风险受体适应力指数

区县名称	突发污染事故预防能力 PDI	突发污染事故应急能力 SAI	突发污染事故恢复力指数 $f(ACI_s)$
普陀	0.202 18	0.339 341	0.395 569
长宁	0.501 975	0.257 86	0.404 329
杨浦	0.502 145	0.251 233	0.401 798
虹口	0.201 905	0.313 064	0.383 509

续表

区县名称	突发污染事故预防能力 PDI	突发污染事故应急能力 SAI	突发污染事故恢复力指数 $f(ACI_s)$
闸北	0.201 885	0.352 508	0.373 659
浦东	0.502 005	0.320 328	0.393 351
闵行	0.401 58	0.412 95	0.404 005
黄浦	0.302 16	0.224 449	0.325 963
卢湾	0.301 38	0.389 405	0.429 334
嘉定	0.401 635	0.407 904	0.325 189
徐汇	0.402 31	0.379 913	0.406 128
静安	0.402 051	0.406 936	0.354 143
宝山	0.501 875	0.411 11	0.385 471
南汇	0.200 98	0.513 438	0.325 963
奉贤	0.201 005	0.415 802	0.286 924
松江	0.202 015	0.411 366	0.285 755
金山	0.201 215	0.513 447	0.326 108
青浦	0.301 005	0.507 266	0.217 489
崇明	0.201 325	0.213 476	0.206 185

由图 13-6 可知，上海市浦东新区、静安及闵行区的适应力指数较高。据相关资料表明，这三个区都有较好的突发环境污染事故疏散能力即有专门的较大的避灾空间，且十分重视公众预防突发环境污染事故的意识，应急预案较完善，其民防网站十分完善细致，信息量和访问量都较大。在突发环境污染事故管理体制方面，各区县情况基本相仿，均设有民防办公室，分工基本一致，所不同的是浦东拥有先进的"民防 GIS"和"多元灾害事故应急处置辅助决策系统"率先实现了污染事故管理的数字化。另外，闵行区公众参与决策的程度最高，普陀、长宁及徐汇由于较高人均 GDP，其恢复力指数也相对较高。奉贤、南汇及崇明区由于卫生事业相对其他地区落后，或因交通、通信等基础设施完善度不够，发生后事故，应急救援能力相对市区较弱，社会经济适应力指数较低。

3) 上海市社会经济脆弱度指数

根据式（6-1）计算得到上海市各区县突发环境污染事故风险受体社会经济脆弱度指数，社会经济脆弱度指数空间分布如图 13-7 所示。

如图 13-7 所示，上海市各区县突发环境污染事故社会经济风险受体脆弱度指数差别极大，中心城区脆弱度远高于其他地区，其中以黄浦、静安、卢湾为最高。由于其为逆向指标，脆弱性越大表明越敏感或适应力较差。由于地处中心城区，人口、医院的等各种经济载体密集，具有远高于其他地区的敏感性，此外，其恢复力又相对较弱，主要表现在应急疏散能力方面。从整体上分析，上海市中心城区如虹口、杨浦、普陀、徐汇、黄浦、静安和卢湾区较高，脆弱度较低的为崇明岛、南汇、奉贤、青浦，宝山、嘉定及闵行区域的社会经济脆弱度最低，主要是由于这些地区人口分布较分散，而由于紧邻市中心区域，社会经济的适应力较高，导致其脆弱性最低。

117

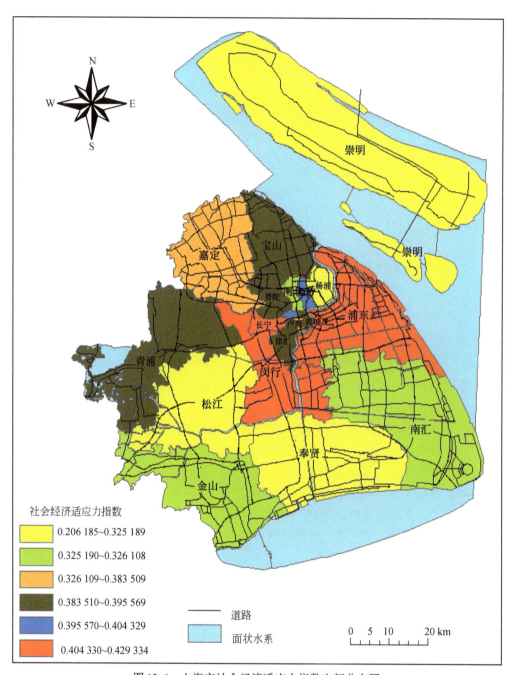

社会经济适应力指数

- 0.206 185~0.325 189
- 0.325 190~0.326 108
- 0.326 109~0.383 509
- 0.383 510~0.395 569
- 0.395 570~0.404 329
- 0.404 330~0.429 334

道路

面状水系

0 5 10   20 km

图 13-6 上海市社会经济适应力指数空间分布图

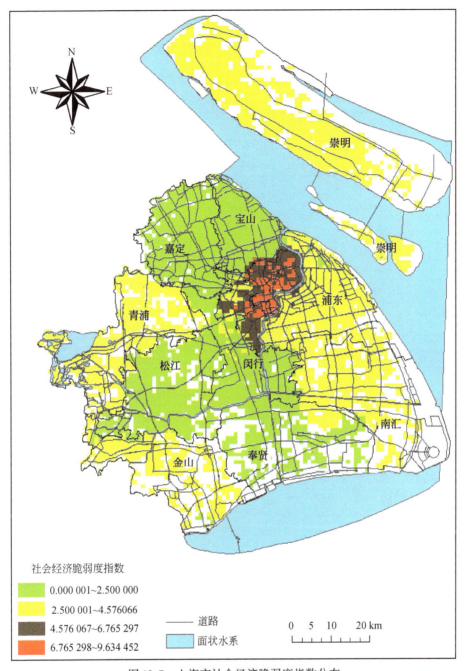

图 13-7　上海市社会经济脆弱度指数分布

2. 上海市生态系统脆弱性评价

1）上海市生态系统敏感度评价

上海市突发环境污染事故生态系统风险受体敏感性分析主要考虑黄浦江上游饮用水源保护区、上海市重点湿地及上海市主要自然保护区。

　　黄浦江上游是上海市主要的饮用水源地，1987 年，黄浦江上游水源保护区和准水源保护区的面积为 830km²，1999 年后，黄浦江水源地的保护面积增加为 1058km²，黄浦江上游水源保护区进一步细分为一级水源保护区、水源保护区及准水源保护区三个级别（表 13-21）。

表 13-21　黄浦江上游水源保护区行政跨度

保护区级别	区县	面积/km²	乡镇
一级水源保护区	青浦区	46	朱家角镇
	松江区		车墩镇
水源保护区	松江区	513	小昆山镇、石荡湖镇、泖港镇、叶榭镇、车墩镇、松江街道
	青浦区		练塘镇、西岑镇、金汇镇、商塌镇
	闵行区		马桥镇
	奉贤区		邬桥镇
准水源保护区	闵行区	499	梅龙镇、吴泾镇、浦江镇、江川街道
	奉贤区		西渡镇、金汇镇
	金山区		枫泾镇、兴塔镇、朱泾镇、吕巷镇、廊下镇
	浦东区		三林镇
	松江区		新浜镇

　　上海特殊的地理位置和地形地貌决定了上海是一个湿地资源丰富的地区。从湿地地理位置来看，上海市湿地类型主要有近海与海岸湿地线状分布、湖泊湿地面状分布和人工库塘湿地等，分布规律较明显。2007 年，上海市湿地总面积近 32 万 hm²，约占上海市总陆地面积的 50% 左右（上海市统计年鉴，2007）。到 2009 年年底，湿地面积小于 50hm² 的湿地数量为 767 块，约占上海市湿地总面积的 28%；大于 50hm² 的湿地数量为 103 块，约占上海市湿地总面积的 19%；大于 200 hm² 的湿地总数有 33 块，占湿地总面积的 53%（冀永生，2009）。

　　依据《重点湿地划分标准》，在本文湿地生态系统敏感性研究中，只选择上海市重点湿地和一些对上海社会经济和生态有重要保障作用的湿地区域作为本文生态系统敏感性研究的对象。本研究中上海市湿地生态系统敏感性研究对象具体分类结果，如表 13-22 所示。

表 13-22　上海市重点湿地分类及级别

序号	名称	行政区域	湿地级别
沿江沿海湿地			
1	崇明东滩湿地保护区	崇明县	国际重点湿地
2	长江口中华鲟湿地保护区	崇明县	国际重点湿地
3	长江口九段沙湿地保护区	浦东新区	国家级
4	金山三岛湿地自然保护区	金山区	国家级
5	崇明岛周边	崇明县	国家级
6	南汇庙港岸带湿地	南汇区	市级

序号	名称	行政区域	湿地级别
河湖和水源重点湿地			
7	青浦淀泖湖湿地	青浦区	国家级
8	黄浦江苏州河水系	中心市区、闵行、青浦	市级
9	宝钢、陈行水库	宝山区	市级
有景观、休闲和教育功能的湿地			
10	江湾湿地	虹口区	市级
11	海湾国家森林公园	奉贤区	市级
12	吴淞炮台湾湿地公园	宝山区	市级
13	大型公园景观湿地（黄兴、长风、世纪、月湖、美兰湖）	杨浦、普陀、浦东、宝山、松山区	市级

资料来源：部分资料参照上海市自然保护区建设、《上海湿地》及相关官方网站

　　上海市目前已经建立或建立中的自然保护区有 15 个，去除湿地类型外，还有 14 个主要的自然保护区，分别为崇明东平国家森林公园、佘山国家森林公园、金山自然保护区、崇明绿化水鸟保护区、嘉定宝山交界的虎自然保护区、奉贤庄行猪獾栖息地、金山查山动物保护地、南汇东海保护物种栖息地、奉贤世纪林保留地、天马山植物保护地、淀山湖区水鸟保护区、宝钢水库鸟类栖息地。其生态系统类型包含林地、草地、水系三大类。

　　根据保护区物种丰富度，国内有些学者对上海市生态系统进行了敏感性等级划分（李丽娜，2005；杨娟，2007；冀永生，2009），划分的依据如表 13-23 所示。

表 13-23　自然保护区风险受体敏感性等级划分标准

国家与省级保护物种	敏感等级
国家一级	一级
国家二级	二级
其他国家与省级保护物种	三级
其他地区性保护物种	四级
无保护物种	五级

　　其中，本书中涉及的 12 个保护区敏感级别如表 13-24 所示。

表 13-24　上海市自然保护区风险受体敏感性划分

序号	名称	行政区域	敏感级别
1	崇明东平国家森林公园	崇明	一级
2	佘山国家森林公园	松江	一级
3	金山自然保护区	金山	二级
4	天马山植物保护地	奉贤	二级

序号	名称	行政区域	敏感级别
5	崇明绿化水鸟保护区	崇明	三级
6	嘉定宝山交界的虎纹蛙自然保护区	嘉定、宝山	三级
7	奉贤庄行猪獾栖息地	奉贤	三级
8	金山查山动物保护地	金山	三级
9	南汇东海水獭和虎纹蛙栖息地	南汇	三级
10	奉贤世纪林保留地	奉贤	三级
11	淀山湖鸟类保护区	青浦	三级
12	宝钢水库水鸟栖息地	宝山	三级

除黄浦江上游水源保护区、重点湿地及主要的自然保护区的敏感性外，上海其他一般的林地、绿地也是暴露生态系统敏感性研究的对象。在将研究区划分网格的基础上，对上海市生态系统敏感性进行分析。

在构建上海市生态系统敏感性指数时，依据各生态系统的敏感级别分别给分，敏感级别越高分数也越高，如一级水源保护区敏感度为 4 分，上游水源保护区和准水源保护区敏感度依此为 3 分、2 分，其他类型的敏感生态系统计分类似，上海市其他的一般林地敏感度均为 1 分，对于没有敏感生态系统的网格，生态系统敏感度取值为 0。若网格内同时存在两个以上敏感生态系统类型时，可将生态系统的敏感性分数相加，在对网格内生态系统敏感性分数进行归一化后，根据式（6-10）计算各区域生态系统敏感指数。

上海市突发环境污染暴露生态系统敏感性指数空间分布如图 13-8 所示。

由图 13-8 可知，上海市生态系统敏感度指数最高的是黄浦江上游保护区及崇明岛东滩湿地地区。首先，黄浦江上游水源保护区由于包含了上海市黄浦江一级水源保护区、青浦淀泖湖湿地、淀山湖鸟类保护区三个重大敏感点，使得其具有极高的生态敏感性，崇明岛东滩国际级湿地保护区也属于生态敏感度指数较高的区域；其次，黄浦江水源保护区、金山三岛及九段沙湿地保护区的生态敏感度也较高；最后，其他无生态敏感点或有生态敏感点但敏感性低的区域敏感度指数都较低。

2）上海市生态系统适应力

生态系统适应力考虑生态系统自身恢复力及环境保护措施的影响。生态系统自身的抵抗力与其面积有紧密的关系，生态系统面积越大其抵抗力也越强（王丽靖等，2005）。以水系生态系统为例，在突发环境污染事故发生后，如泄漏事故，水系面积或河道长度越长有害物质越容易稀释，其恢复到原始状态的能力比面积小或河道短的水系要强。因此，上海市生态系统自身的抵抗力 Rb_i 用不同类型生态系统面积比来衡量，如水系面积与区域面积比、绿地面积与区域面积比、湿地面积与区域面积比。而环境保护治理指数 EAI 用区域河道治理投资比、生活垃圾分类处理率与工业废水达标排放率来衡量。上海市生态系统恢复力各指标的取值，如表 13-25 所示。

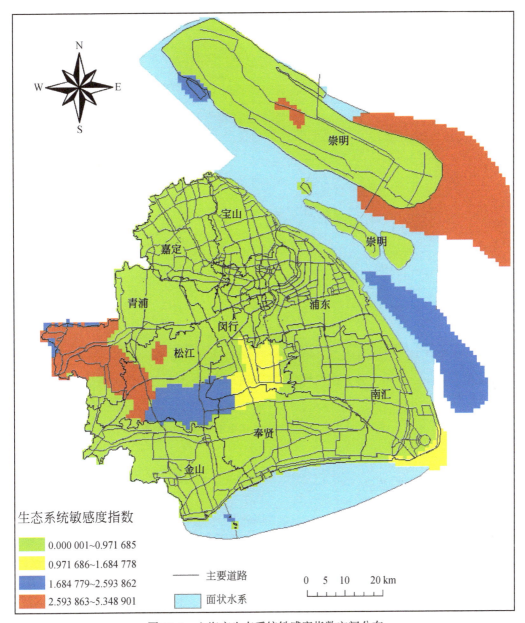

图 13-8　上海市生态系统敏感度指数空间分布

表 13-25　上海市生态系统风险受体适应力指标　　　（单位:%）

区县名称	生态系统抵抗力①			环境治理措施②		
	水系面积比	绿地面积比①	湿地面积比	河道治理投资比	生活垃圾处理率	工业废水达标排放率
普陀	7.9	19.11	0.182	1.09	97	96.3
长宁	5.1	27.89	0.189	2.13	95	98
杨浦	6.2	16.36	0.181	5.9	97.85	99
虹口	5.6	16.41	0	1.45	60	95.4

123

区县名称	生态系统抵抗力①			环境治理措施②		
	水系面积比	绿地面积比①	湿地面积比	河道治理投资比	生活垃圾处理率	工业废水达标排放率
闸北	5.9	19.57	0.034	0.75	80	95
浦东	7.2	15.89	0.413	2.15	100	96
闵行	7.8	8.98	0.218	3	100	100
黄浦	6.9	9.83	0	0.85	96.1	100
卢湾	5.7	12.53	0	0.61	95	100
嘉定	10	24.60	1.399	0.98	100	97
徐汇	4.3	20.82	0	0.97	96.8	99.6
静安	3.1	11.42	0	2.46	95	100
宝山	7.5	14.60	2.859	0.71	70	99.5
南汇	8.1	2.36	9.549	1.31	100	97
奉贤	9.5	2.93	3.876	0.98	86	100
松江	10.2	2.34	3.008	1.12	96	97.73
金山	6.7	2.06	2.053	0.78	98	99
青浦	16.65	3.27	19.985	0.51	96	95
崇明	11.3	0.14	7.788	0.59	100	92.80

①上海市各区县园林绿化等相关网站；②上海市区县环保局 2008 年环境保护年度报表

根据式（6-11）计算上海市突发环境污染事故风险受体生态系统适应力指数，计算结果和空间分布状况如表 13-26 和图 13-9 所示。

表 13-26　上海市生态系统风险受体适应力指数

区县名称	自身调节能力指数 R_{bi}	环境治理指数 EAI	生态系统适应力指数 $f(ACI_e)$
普陀	0.271 92	2.012 1	1.275 108
长宁	0.331 79	1.951 3	1.303 496
杨浦	0.227 41	2.027 5	1.307 464
虹口	0.220 1	1.568 5	1.029 14
闸北	0.255 04	1.757 5	1.156 516
浦东	0.235 03	1.981 5	1.282 912
闵行	0.169 98	2.03	1.285 992
黄浦	0.167 3	1.969 5	1.248 62
卢湾	0.182 3	1.956 1	1.246 58
嘉定	0.159 9	1.979 8	1.331 87
徐汇	0.251 2	1.973 7	1.284 7
静安	0.145 2	1.974 6	1.242 84
宝山	0.249 59	1.702 1	1.121 096
南汇	0.200 09	1.983 1	1.269 896
奉贤	0.163 06	1.869 8	1.187 104
松江	0.155 48	1.948 5	1.231 292
金山	0.108 13	1.977 8	1.229 932
青浦	0.399 05	1.915 1	1.308 68
崇明	0.192 28	1.933 9	1.237 252

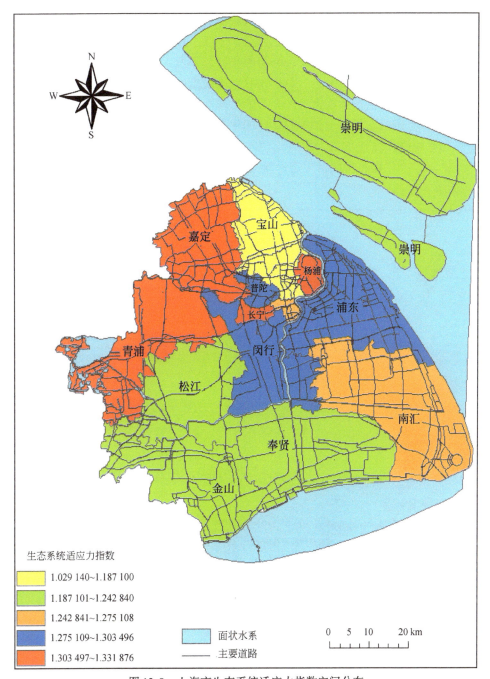

图 13-9　上海市生态系统适应力指数空间分布

从图 13-9 可知，嘉定、青浦及杨浦具有较高的生态系统适应力。生态系统适应力指数较低的区域主要为虹口、闸北及宝山区。嘉定、青浦区具有高于其他区域的绿地面积及水系覆盖面，使得其生态系统在受到干扰后具有较强的自我调节能力。此外，由于上海市主要的几个大型湿地，如淀山湖湿地群，都分布在青浦区内，使得青浦区湿地面积覆盖率全市最高，为 19.98%。这些湿地不但对支撑区域发展有非常重要的意义，而且发挥着调节生态系统的重要功能。市区虹口和闸北具有较低的生态系统适应力，一方面，由于其生态系统自身的抵抗力较差（绿地和湿地的覆盖较低）；另一方面，依据虹口区及闸北区环境保护年度报表，这两个区的生活垃圾分类收集处理率及工业用水达标排放率都偏低，导致环境污染治理指数低于其他区县。总体来看，上海市生态系统适应力指数呈现出较大的空间差异性，由于郊区生态系统自身的调节能力较高，而市中心区却具有较好的环境治理措施，二者综合考虑的结果显示，中心城区的生态恢复力略好于市郊。

3）生态系统脆弱性

根据式（6-9）计算各个网格生态系统脆弱性指数，生态系统脆弱性指数空间分布如图 13-10 所示。

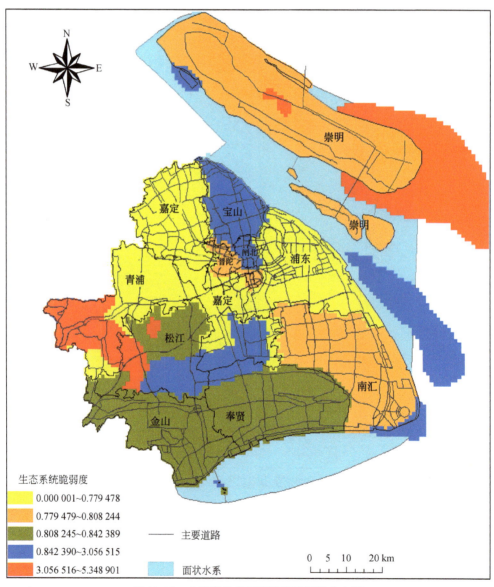

图 13-10　上海市生态系统脆弱度指数分布图

由图 13-10 可知，上海市生态系统脆弱性较高的区域为黄浦江上游水源保护区、崇明岛的国际级湿地保护区和其他生态系统高敏感区。这些区域生态系统脆弱度高，主要是由于极高的生态敏感性引起的；此外，敏感点所在的行政区生态系统的适应力也较低。而浦东和中心城区（如静安、徐汇、黄浦等）由于生态敏感度指数较低，加之具有较高的生态适应力（主要是由于环境治理措施好于其他区域），使得其生态系统脆弱度低于周边市郊区域。从总体上看，上海市生态系统的敏感性很大程度上决定了生态系统的脆弱性。

3. 上海市环境风险受体综合脆弱度

通过分析上海市突发环境风险受体特征，社会经济和生态系统脆弱性权重值 α，β 分别取 0.6，0.4，根据式（6-2）计算上海市突发环境污染事故风险受体综合脆弱度指数。

上海市环境风险受体综合脆弱度指数空间分布，如图 13-11 所示。

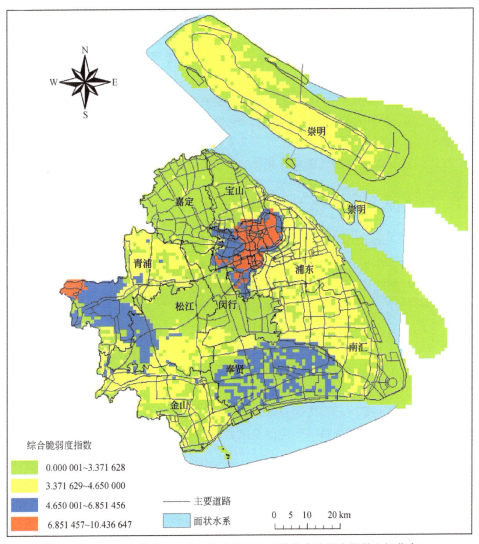

图 13-11 上海市突发环境污染事故风险受体综合脆弱度指数空间分布

由图 13-11 可知，上海市中心区，包括黄浦、卢湾、虹口区突发环境污染事故风险受体综合脆弱度指数最高，其次为杨浦、虹口、闸北、普陀、徐汇区。统计显示，上海市中心城区仅占全市面积的十分之一，却承载了超过全市一半的人口，人口密度平均高达每平方公里 9598 人，极高的社会经济脆弱度导致上海市中心城区风险受体的综合脆弱度高于其他区域。市郊区青浦淀山湖地域、黄浦江上游地区由于生态系统敏感性极高，适应力相对较低，生态系统脆弱性较高，导致该区域环境风险受体综合脆弱性偏高。上海市其他郊区如奉贤、嘉定及崇明等地，由于人口分布较少、经济密度低，使得其社会经济脆弱性较低，同时由于市郊区域敏感生态系统分布较少，使得该区域生态系统受体脆弱性不高，从社会经济和生态系统两方面考虑，该区域的综合脆弱度指数较低，可以作为市中心人口疏散、风险行业选址或实现上海市产业布局优化调整目标的依据。

13.5　上海市突发环境污染事故风险区划结果分析

13.5.1　自上而下——基于区域环境风险信息统计的区划

"自上而下"一级界线的划分主要考虑区域突发环境污染事故发生的差异性。通过对上海市 2000~2008 年各区县突发环境污染事故的统计分析，对研究区域突发环境风险进行区域划分，如图 13-12 所示，根据上海市突发环境污染事故发生频次，将上海市突发环境污染事故风险划分为污染事故重点控制区、污染事故防范区两个一级风险大区。

13.5.2　自下而上——基于最小区划单元聚类分析的区划

将研究区域划分为 1000m×1000m 的网格作为区划的基本单元，共产生 18 722 个环境风险系统复合图斑，作为自下而上区划的最小基本单元。此时，每个网格都包含有风险源危险性指数、大气风险场指数、水系风险场指数及风险受体脆弱性指数四个属性值，在对属性数据进行标准化处理后，作为综合区划的基础数据。论文选用基于遗传算法的 K 均值聚类，进行上海市突发环境风险系统要素特征相似性的合并。

基于遗传算法的 K 均值聚类融合了 K 均值算法的局部最优能力与遗传算法的全局寻优能力，在自适应交叉和变异概率的遗传算法引入 K 均值操作，以克服传统 K 均值算法的局部性和对初始中心的敏感性，实践证明，该混合聚类算法有较好的全局收敛性，聚类效果更好。聚类图斑碎块调整时，参考研究区政府的宏观规划，宏观规划中重要的分区都应尽量体现和突出，由于宏观规划具有一定的全局性和引导性，因此，宏观规划对聚类图斑碎块的调整有一定的科学性。

本书研究中，聚类的类别数 K 取 5，基于遗传算法的 K 均值聚类染色体初始编码方式为浮点编码，C_{11}，C_{12}，C_{13}，C_{14}，…，C_{51}，C_{52}，C_{53}，C_{54}，f，其中，C_{ij} 为第 i 个聚类中心的第 j 个属性值，在本论文中分别代表第 i 聚类中心的风险源值、大气风险场值、水系风险场值、受体的脆弱性值。f 为适宜度函数。本书中将适应度函数定义为 $f=\dfrac{1}{1+J}$。

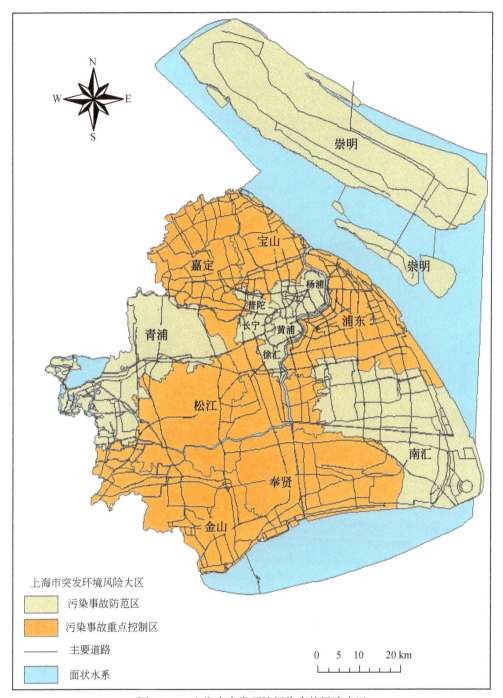

图 13-12　上海市突发环境污染事故风险大区

定义目标函数为

$$J = \sum_{i=1}^{k} \sum_{x \in C_i} \left| x - \bar{x_i^2} \right|$$

式中，J 为每个样本到所属类中心的距离之和，J 越小表明类内的相似性越大；x_i 为第 i 个网格单元具有的 4 个属性值；c_i 为聚类中心的 4 个属性值。相应的适应函数 f 则定义为 $f = \frac{1}{1+J}$，J 的值越小，说明类内离散度和小，那么相应的适应度值 f 就越大。

在 Matlab 环境下编写基于遗传算法的 K 均值聚类算法，根据数据实验，如图 6-2 所示，种群数目选择 30 时，可以实现很好的初始聚类中心，算法的最大迭代次数 $T = 100$，交叉概率 $Pc_1 = 0.9$，$Pc_2 = 0.6$，变异概率 $Pm_1 = 0.1$，$Pm_2 = 0.001$，$b = 10^6$。

获得初始最优聚类中心后，运用 K 均值聚类，直到每组数据收敛到最优解。将 Matlab 中的聚类结果导入 Arcgis 中，上海市突发环境污染事故风险自下而上图斑聚类如图 13-13 所示。

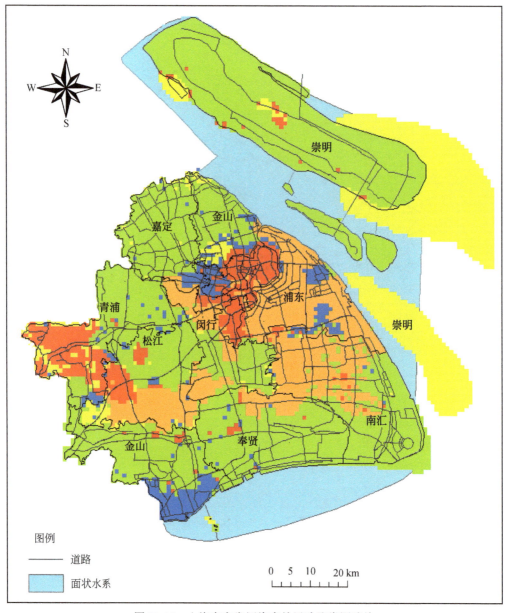

图 13-13　上海市突发污染事故风险聚类图碎块

　　未经碎块调整的聚类结果不能作为环境风险亚区或小区。本书参考 2007 年《上海市土地利用规划》、《上海市产业布局规划》、《上海市城市发展总体规划》和《上海市生态功能区划》中重点生态建设项目等对聚类结果碎块进行归并，划分区域突发环境风险亚区和小区。例如，《上海市土地利用规划》中对土地利用分区的划分为：市中心城区、浦东新区、城郊区、杭州湾北区、山湖区及三岛区为上海市突发环境污染事故社会经济风险受体的划分提供参考；而《上海市产业布局规划》对上海市石油化学工业与化学工业园的布局做了全面规划，这些都为上海市突发环境污染事故风险源危险区的划分提供了依据。此外《上海市生态功能区划》中对崇明岛东滩湿地、九段沙湿地及淀山湖饮用水源保护区等重点生态系统保护区的区划，为上海市生态系统受体脆弱性的划分提供依据。根据土地利用规划、工业布局规划、城市总体规划对图斑调整，各风险亚区主导风险特征如表 13-27 所示。

表 13-27　上海市突发环境风险自下而上聚类结果

分区	风险源	风险场	风险受体
类型区一	风险源危险性高	大气风险场指数高	社会经济脆弱度低；生态系统脆弱度较低；综合脆弱度低
类型区二	没有风险源	风险场指数小	社会经济脆弱性低；生态系统脆弱性极高；综合脆弱度低
类型区三	风险源危险性高	水系风险场指数高	社会经济脆弱性高；生态系统脆弱性低；综合脆弱性低
类型区四	风险源危险性低	水系风险场指数高	社会经济脆弱性极高；生态系统脆弱性低；综合脆弱性高
类型区五	风险源危险性低	风险场指数小	社会经济脆弱性低；生态系统脆弱性较低；综合脆弱性低

　　不同风险区受环境风险系统各系统要素影响强度，如表 13-28 所示。

表 13-28　上海市突发环境风险亚区各要素影响强度

风险亚区	风险源	风险场指数		综合脆弱度	
		水系风险场	大气风险场	生态系统脆弱度	社会经济脆弱度
类型区一	+++	—	+++	+	+
类型区二	—	—	+	+++	+
类型区三	++	+++	+	+	++
类型区四	+	++	++	+	+++
类型区五	+	—	+	++	+
影响明显		影响较弱		无明显影响	

注：+++影响强；++影响较强；+影响强；—表示不受影响

131

13.6 上海市突发环境风险综合区划方案

考虑历史污染事故空间分布格局，将上海市突发环境污染事故风险划分为两个风险大区（污染事故重点控制区；污染事故防范区）；自下而上聚类合并得出五个风险亚区及21个风险小区，将自上而下和自下而上区划结果综合集成分析，得到上海市突发环境污染事故风险综合区划结果，如图13-14所示。

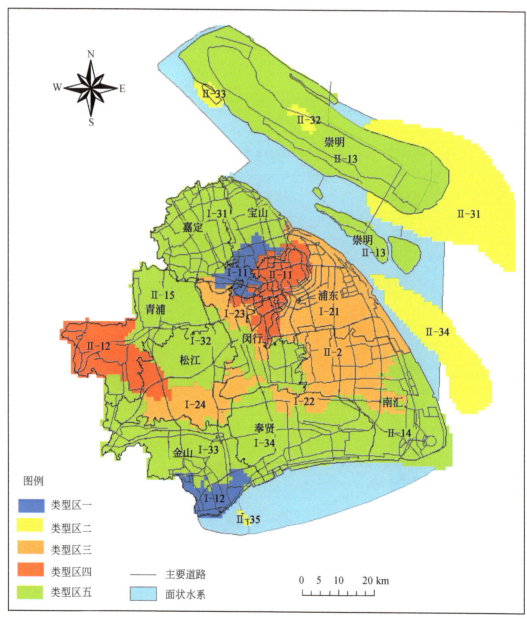

图 13-14 上海市突发环境污染事故风险区划结果

上海市突发环境污染事故风险综合区划各风险区命名结果，如表13-29所示。

表13-29　上海市突发环境风险综合区划结果

一级风险区	风险亚区	风险小区	范围
突发污染事故重点控制区	Ⅰ-1 化工石化业集群环境风险源控制亚区	Ⅰ-11 嘉宝南风险源控制小区	宝山的高境镇、顾村镇、大场镇、罗店镇、宝山街道及月浦镇；嘉定的高翔镇、江桥镇区域
		Ⅰ-12 杭州湾北岸环境风险源控制小区	杭州湾北部，包括了金山第二工业区、上海石化及上海化学工业园区域
	Ⅰ-2 黄浦江中下游水系风险场控制亚区	Ⅰ-21 浦东水系风险场控制小区	浦东区
		Ⅰ-22 汇奉北水系风险场控制小区	航头、新场、祝桥及金汇镇
		Ⅰ-23 闵东水系风险场控制小区	七宝、梅陇、华漕镇、华新、九亭及瑞桥
		Ⅰ-24 松南水系风险场控制小区	北松公路以南、外环线以西，包括泖港镇、车墩镇、叶榭镇
	Ⅰ-3 城郊风险受体低脆弱亚区	Ⅰ-31 嘉宝北风险脆弱小区	蕴川路以西、郊环线以北的宝山和嘉定两区的北部地区
		Ⅰ-32 松北风险弱小区	嘉松公路以东、外环线以西，北松公路以北区域
		Ⅰ-33 金山中东部风险脆弱小区	金山区新农、朱泾、吕巷、廊下、干港、松隐、亭林、朱行、张堰等乡镇
		Ⅰ-34 奉东风险脆弱小区	大治河以南，金汇港以东的奉贤境内
	Ⅰ-4 社会经济高脆弱亚区	Ⅰ-41 普陀社会经济高脆弱区	普陀区
突发污染事故防范区	Ⅱ-1 社会风险受体脆弱区	Ⅱ-11 中心城社会经济脆弱区	黄浦—卢湾—静安中央城经济脆弱小区长宁—徐汇开发区经济脆弱小区；闸北—杨浦—虹口居住文教社会脆弱小区
		Ⅱ-12 青西淀山湖湿地水域生态系统脆弱小区	主要包括太浦河以北的朱家角、西岑、金泽和商塌镇，包含黄浦江上游水源保护区
		Ⅱ-13 崇明岛受体脆弱小区	崇明岛
		Ⅱ-14 汇南受体脆弱小区	南汇区惠南、大团、泥城、书院、老港等镇
		Ⅱ-15 青东受体脆弱小区	嘉松公路以东、外环线以西，北松公路以北的区域
	Ⅱ-2 风险场控制亚区	Ⅱ-21 汇北水系风险场控制亚区	航头、新场、祝桥及金汇镇

一级风险区	风险亚区	风险小区	范围
突发污染事故防范区	Ⅱ-3 生态系统受体脆弱亚区	Ⅱ-31 崇明东部生态系统脆弱小区	崇明东滩湿地保护区、东旺沙、团结沙
		Ⅱ-32 崇明中部森林生态系统脆弱小区	东平国家森林公园
		Ⅱ-33 崇明北部湿地生态系统脆弱小区	崇明岛湿地
		Ⅱ-34 九段沙湿地生态系统脆弱小区	九段沙及南汇东滩周围海域
		Ⅱ-35 金山三岛生态系统脆弱小区	金山三岛及杭州湾北岸的滩涂地区

13.7 上海市突发环境污染事故风险分区管理对策

13.7.1 上海市布局型环境风险缓解措施

从上海市突发环境污染事故风险区划结果看，上海市布局型环境风险主要表现为突发环境风险源集中分布在市中心的人口密集区和黄浦江沿江取水口保护范围，由此造成突发环境污染事故高发及黄浦江下游水系风险场指数偏高。

由图 13-14 可知，嘉宝南风险源控制小区（Ⅰ-11）紧邻中心城社会经济脆弱区（Ⅱ-11），此外，位于市中心（主要为普陀区）也分布着重大危险源，一旦发生污染事故将对上海市的核心命脉区域造成影响，经济损失将不可估量。因此，应对现有的上海市产业布局做优化调整，如将嘉宝南部的风险源应搬迁至宝山工业园，或搬迁至该区域其他社会经济脆弱性较低的区域。在这些重大危险源未搬迁之前，该区域布局型突发环境风险的减缓措施主要是对重点危险企业的监控和预警。突发环境污染事故发生时该区事故应急管理的重点主要是人群疏散、应急救援、事故的应急处理处置和二次污染的预防等。

由上海市黄浦江沿江布局型突发环境风险尤为严重，由此导致黄浦江下游水系风险场影响明显。上海市取水口和风险源都沿江分布，随着中心城的不断扩张，风险源周边人群不断增加，一旦发生污染事故，不但对饮用水造成污染，还危及社会稳定和人体健康。由于黄浦江沿江危险源较多，很难在短时间内将它们彻底搬迁，因此，短期内该区域布局优化调整的措施主要为严格限制沿江新危险源的增加，并进一步对现有重大危险源进行风险隐患排查，不符合规定的要坚决取缔或关闭，减少危险源对敏感人群和取水口的威胁。从长远来看，应在综合考虑该区域功能定位及其生态环境特征的基础上，搬迁重大危险源或转移饮用水取水口。

依据上海市突发环境风险综合区划的结果分析，提出不同风险区突发环境风险的特征及管理策略。

13.7.2　上海市突发环境污染事故风险分区管理

1. 突发环境污染事故重点控制区

1) 石化业群集环境风险源控制亚区

该风险类型区突发环境污染事故风险源集中，风险源危险性高，但由于周边的河流没有地表水饮用水取水口，所以水系风险场影响较弱，但大气风险场影响非常明显。此外，该风险区内受体脆弱性较小。

杭州湾北岸化工区以炼油、乙烯项目为主，重大环境风险源有 20 家，包括中石化上海石化股份有限公司炼油化工部、陆彩特国际化工有限公司、上海春宝化工有限公司、上海金地石化、上海孚宝港务、巴斯夫化工等。其中 15 家为危险物质生产单位，5 家为储存单位。丙烯腈、苯、氨气、光气及氯气是该区域危险源所涉及的重要有毒有害物质。

嘉宝中部有重大危险源 21 家，其中有 17 家生产单位，3 家储存单位，1 家使用单位。嘉宝中部危险源危险系数与杭州湾北岸相比相对较低。

由于杭州湾北部的环境风险防范措施无论是园区还是企业，都建立了重大危险源管理系统和污染事故的预防及应急预案。上海市杭州湾北岸的化工业集群区，尤其是上海化工区建立至今，未发生环境污染事故。对于塞科、孚宝港务以及光气生产的企业巴斯夫化工在风险防范方面从平面布置、工艺安全、设备选用、人员培训等企业安全生产方面都达到国际先进水平。

该区域污染事故风险管理措施主要体现在以下几个方面：

（1）重点危险源特征污染物监测预警。在杭州湾北岸的上海化工区和金山工业区的危险物质生产场所，在已有危险源在线监控系统的基础上，重点监测因子为光气、氨气、丙烯腈、氯气和苯。一旦监测异常，立即启动相应的应急预案。此外，有毒有害气体泄漏识别与报警装置的研发与应用也是杭州湾北岸风险区污染事故预防管理的重要策略。

（2）明确下风向人群事故逃生路线。杭州湾北岸化工业密集区（包括上海市化工区和金山工业区）应急预案中明确事故撤离路线、撤离人员、撤离方式和避难场所，同时增加企业（园区）污染事故时与周边区域（金山区和奉贤区）社会应急预案的对接。

（3）制定企业、园区（上海化工区）、金山和奉贤区三级联动应急响应体系。该区域是风险源群聚的区域，为防止化工园区多米诺事故风险，应构建企业、园区及区政府三级联动的应急响应体系，规定响应的程序，对主要有毒物质泄漏制定响应级别，以及与周边响应的联动程序，做到及时隐蔽、疏散、减少污染事故损失。

与杭州湾北岸不同，嘉宝中部的化工业主要以醇类、醛类及石油气等危险物质为主，只有一个重大危险源（上海宝钢化工有限公司）涉及气态的有毒物质苯，其他的均为液态毒性物质和易燃易爆物质。因此，该区域环境风险管理的重点有以下几点：

（1）重大危险源安全生产管理。该区域重大危险源安全生产管理与杭州湾北岸区域相比要落后很多，很多都达不到国内先进水平，风险源控制机制效果差。因此环境风险源控制机制需要加强，危险源的安全生产管理是该区域污染事故防控的重中之重。依次减少危险物质泄漏与空气形成爆炸性混合物发生连环爆炸危及附近居民的生命安全和造成重大的环境污染的概率。

（2）风险企业与周边敏感点的安全距离。由于该区域风险源危险性较高，一旦发生事故，损失不堪设想。安全距离可以避免安全生产事故扩张为重大环境污染事故。该风险区更要严格按照各行业安全距离的要求，对在安全距离内的人群进行有计划的搬迁。

2）黄浦江中下游水系风险场控制亚区

该类型区内的风险源大都分布在黄浦江沿岸，且风险源下游地表水取水口集中，当发生污染事故时，对城市供水系统产生严重威胁，该区域饮用水安全问题十分突出。

浦东区是上海市水系风险场指数最高，城市饮用水安全问题最为突出的区域。主要原因是由于黄浦江下游取水口大都位于浦东区，水系风险场在该区域得到累积。上游闵行区以吴泾化工为代表的风险源和浦东区高桥石化都集聚在黄浦江沿岸，并且位于凌桥水厂、杨树浦水厂、浦东北新水厂等市区级水厂的上游，其中风险源距离最近取水口的距离不超过3公里。另外，该区域内黄浦江支流川杨河的取水口也受到周边环境风险源的威胁，导致该区域极高的水系风险场指数。

闵东水系风险场主要受上游松江及闵行部分环境风险源对黄浦江饮用水取水口的影响而造成的；而松南水系风险场指数比闵东及浦东水系风险场指数小，影响范围只有松江南部的城镇。

该区域污染事故风险管理主要针对黄浦江取水口突发环境污染事故的预防和应急管理。饮用水安全技术和政策保障具体体现在以下几个方面：

（1）取水口周边危险企业事故隐患排查。上海市地表水取水口周边分布有很多重大危险源，取水口受污染事故风险影响十分明显，其中浦东区凌桥水厂和北新水厂受事故隐患影响尤为突出。因此，该区域污染事故风险管理以预防为主，主要体现在三个方面：其一，重点对闵行区和浦东区取水口周边危险企业进行事故隐患排查，对存有重大环境风险，没有能力进行技改或有效控制的企业要坚决取缔；对使用国家明令淘汰的落后工艺设备的企业予以关停取缔，有效规避环境风险，减少污染事故发生的概率；其二，完善黄浦江沿岸风险企业的雨水管网末端截流设施，确保厂区内部发生泄漏事故时，污染物质可通过消防排水管网送至污水处理站，而不是直接进入黄浦江，对取水口造成污染；其三，针对取水口周边风险源集中的特点，要建立区域、企业等各级环境污染事故应急预案，制订黄浦江上游水源地供水安全的信息预警和应急处理预案，通过自动监测、信息预警和自动决策等手段使污染事故能够得到及时发现、及时处理，以保护水源地的供水安全。

（2）加大上海市城区备用水源地服务范围。黄浦江是上海市中心城区饮用水主要来源，一旦沿江某个取水口受到污染，就会影响整个流域水质，从而威胁整个城市供水系统。因此，要进一步加大长江供水水源宝钢水库、陈行水库及青草沙水源地的服务范围，包括应急备用水源地和供水管网的预先建设，确保事故时城市饮用水的水质安全。

（3）提高黄浦江上下游污染事故联防联控能力。配合流域治理，成立由上海市有关部门为主导，松江、闵行和浦东三地有关部门共同参与的黄浦江流域突发水环境污染应急管理机构，制订黄浦江上下游水源地供水安全的信息预警和应急处理预案。若污染事件发生在上游取水口，应允许适当延迟关闭下游取水口的时间，并在这段时间内加强水质监测，了解污染物稀释推移情况，同时做好污染物示踪工作，为下游取水口提供及时的预警预报。

当污染事故发生时，确保在第一时间，快速启动环保应急指挥部及专业小组，迅速动用黄浦江上游水利工程设施（如全面开启太浦河闸门），以增加下泄流量，充分利用水体的自净容量，使污染物在运动中逐步稀释。此外，黄浦江沿岸的重大危险源中很多都涉及油类物质，因此，要通过稀油毡、活性炭等进行吸附，控制污染物扩散。一旦污染物影响取水口，立即将取水口关闭，或实施取水口之间原水调度或水厂之间清水调度。

（4）加强黄浦江饮用水取水口应急监测。事故时取水口水质的监测能快速确定污染物种类、浓度、污染范围、扩散速度等，从而给现场污染控制，制订处置方案带来方便，减少污染物对饮用水的影响。此外，扩大黄浦江饮用水取水口的水质监测指标范围，加大监测频次，可以起到重要的预警作用。根据黄浦江沿江石油化工企业的危险物特征，应在常规监测指标的基础上，重点加强对油类、烯烃类的监测。

3）城郊社会风险受体脆弱亚区

该区域虽然属于污染事故高发区，即污染事故重点控制区，但风险受体综合脆弱度小，郊区饮用水主要以分散在其行政区域的取水口为主，受水系风险场影响较小，嘉宝北、青东松北、金山中大气风险场影响明显，而崇明岛、汇南奉东大气风险场影响较小。该风险区内风险源危险性小，尤其是崇明岛，没有本书所调研的环境危险源。

嘉宝北风险源危险物质以石油气、汽油、甲苯、石脑油等为主，易发生易燃易爆事故，风险源危险性较高，气态有毒危险物较少，但可能受到上风向浦东高桥石化集群区风险源有害气体泄漏后的影响。该区域风险管理的措施主要是对危险源的监控和企业的安全管理，危险源周边安全距离内居民的搬迁和疏散也是减少污染事故危害的必要措施。此外，该风险小区的应急管理还应注意对大气污染事故防护设备的完善，如简易防毒面具、防毒口罩等的储备。

青浦东和松江北部风险源数量较少，危险物质主要以石油气和石脑油为主。该风险区管理的重点是危险企业的安全生产管理。

金山中部风险小区内风险源数量少但危险性高，风场影响明显，易受到上风向杭州湾北岸上海化工园大气污染物的影响。区域大气污染事故应急预案是风险管理的重要内容。根据上海市产业规划，金山区化工石化产业将进一步发展，应对高危险性风险源周边的居住、学校、医院等风险受体敏感区规划进行限制，并对易发生污染事故的企业加强专项和长效的安全管理。

奉贤东部风险小区内，风险源大都集中在杭州湾北岸的上海化工园奉贤分区，风险源危险性高，风险场（大气和水系）影响小，风险受体综合脆弱度低。该区域风险管理的措施主要是对上海化工园奉贤分区内的风险源进行监控预警，重点对石脑油、甲醇等危险物质进行监控。此外，企业的应急预案，应急响应也是该风险小区管理的重点。

4）中心城社会经济高脆弱区

普陀区属于社会经济极度敏感，而又突发环境污染频发的风险小区。本研究调研的100 家风险源中，有三个都分布在普陀区。因此，对重点危险企业的监控也是不可忽视的风险管理工作。

该风险区大气风险场较强，当该风险区（主要为氨）或周边区域发生有毒气态物质泄漏事故时，对人口密集、交通拥堵的中心城区有较大的影响。因此，人群疏散是该区事故应急管理的重点。其中，事故预警、疏散命令信号的发布、疏散组织及疏散路线的设计、避难场所的收纳能力等都是该风险区污染事故应急管理的核心内容。这一系列的应急管理，都需要一个健全的环境应急组织机构队伍。当污染事故发生时，市/区环保应急中心应在第一时间有专人引导和护送疏散人员向上风方向转移，并在疏散撤离的路线上设立疏散标志，指明方向，使暴露人群井然有序的撤离至最近的社区/城市避难场所，同时保证突发污染事故时信息和交通的畅通。

2. 突发环境污染事故防范区

1）社会风险受体脆弱亚区

该风险区虽然属于突发环境污染事故少发区，但受体的脆弱性极高，尤其是中央城社会经济敏感度极高，一旦发生污染事故，损失和影响不可估量。

中心城饮用水主要来源于黄浦江中下游地表水取水口，尤其是闵行区、徐汇区及杨浦区的取水口，因此该区域受水系风险场影响较明显。此外，该区域受大气风险场的影响也较明显。社会经济脆弱性极高，是上海市人口、经济最为密集的区域，是环境风险受体的重要保护区。

具体来看，黄浦、卢湾及静安的风险特征主要为极高的经济脆弱性，该区域是上海市中心城区的中央商务中心，商务和行政办公区密集、建筑密度高、交通道路极为拥挤，流动人口多，居民住宅相对较少；长宁、徐汇属于上海经济技术和高新技术开发区，是中央商务中心的对外扩展，也是重要的陆上和空中对外交通枢纽中心，上海南站和虹桥机场都在该风险区内；闸北、普陀、杨浦和虹口是上海的老工业基地，科技教育机构最密集的地区和大型居住区集中地，新老公房交错，绿化状况良好。值得注意的是，该风险区内的四个危险源有三个都分布在普陀区。因此，对重点危险企业的监控也是不可忽视的风险管理工作。

青西淀山湖湿地水域是黄浦江的源头，也是上海市城市饮用水之源，淀山湖所在的青浦区只有一个重大环境风险源——上海罗门哈斯化工有限公司。该风险源位于青浦区东北部的青浦工业区，淀山湖水域的下游，其主要风险物质为液态的甲醇，因此有毒物质泄漏后不会影响淀山湖水域，也不会产生大气污染物对下风向人群健康造成威胁。

崇明岛社会经济发展水平相对落后，该风险小区受大气和水系风险场影响较弱，应结合上海市生态功能区划、产业规划等对崇明岛服务功能的定位，加强对绿色生态崇明岛的保护和发展。

以人为本的风险管理策略主要体现在以下几个方面：

（1）完善应急处理资源储备体系。该风险区人口密集，是上海市商业和政治中心，人口流动性很大，事故发生后需要对事故现场进行紧急的应急处置，完善的应急处理资源对污染的及时控制和事件的有效处置至关重要。该风险区危险物质主要为甲苯和甲醇，因此应急物资储备点的储备物资以活性炭、生石灰、泡沫、解毒剂、急救药品等为主。区域应急中心也可根据实际生产情况将应急物质委托企业储备。此外应该注意的是应急处理资源应保证在一定时间和条件下能到达风险区所有范围。

（2）提高危机意识，加强应急教育。高校和居民集中的区域，应加强减灾宣传教育，通过环境污染事故应急的宣传和教育增加人们的风险意识。环保部门应积极配合和支持各种宣传媒体向市民进行污染事故防范知识的环境宣传，包括疏散路线图的发放，鼓励市民广泛参与事故灾情的报告；高校应积极开展减灾科研，在提高自身风险防范能力的同时，加快上海市污染事故应急系统的能力建设。

2）汇北水系风险场控制区

南汇北部由于受黄浦江上游风险源和下游取水口的影响，水系风险场指数较高，但该区域属突发事故少发区，区域重大危险源相对较少，其风险管理应在对取水口周边企业排查的同时，配合黄浦江上下游污染事故联防联控管理策略，突发环境风险管理以预防为主。

3）生态系统受体脆弱亚区

该类型区内无风险源，生态系统敏感性和脆弱性极高，风险场影响不明显，是上海市污染事故风险受体的特殊保护区。

崇明岛及九段沙湿地没有环境风险源，受风场和流场的影响也较弱。因此，崇明岛（包括崇明东滩湿地、中华鲟自然保护区、崇明岛东平森林公园、崇明湿地生态系统）和九段沙湿地生态系统，一般不会受到突发污染事故的影响。根据上海市产业发展规划及生态功能区划，崇明生态岛功能将绿色产业作为发展方向，保持生态环境优势。

金山三岛处于原生状态，目前无人定居，是上海地区仅存的自然原生植被分布区。该生态系统可能会受到杭州湾北岸上海化工园油类或其他有毒物质泄漏到海域后的影响。

由上述风险区风险特征描述可知，对于崇明岛、九段沙湿地及青西淀山湖湿地水域的风险防范措施主要体现在现有保护的基础上，通过多个途径，如相关制度的高效执行、增大保护宣传力度等，加强对这些敏感生态系统的保护。

由于金山三岛有可能受到上海市化工园污染事故的影响，因此在制定企业、上海化工园、金山三级联动应急响应体系时，要充分考虑杭州湾海域的救灾预案。

第14章 基于行政单元风险评价的上海市闵行区环境污染事件风险分区

14.1 研究区域概况

闵行区位于上海市地域腹部，形似一把"钥匙"。东与徐汇区、浦东新区、南汇区相接；南靠黄浦江与奉贤区相望；西与松江区、青浦区接壤；北与长宁区、嘉定区毗邻。吴淞江流经北境，黄浦江纵贯南北，分区界为浦东、浦西两部分，是具有新型辅城功能的上海国际化大都市的现代化新城区。2008年末，全区常住人口有180.47万人，户籍人口有91.50万人，其中非农人口有81.75万人。闵行区是上海市主要对外交通枢纽，是西南地区主要工业基地、航天新区，也是上海市的经济强区，全区经济综合实力，在全市各区县名列前茅。从20世纪50年代末开始，闵行区就逐渐发展成为上海市乃至全国重要的机电、化工、电力和航天工业生产基地。闵行区同时还是上海市的科教大区，拥有上海交通大学、华东师范大学等知名高校，上海卫星工程研究所、上海建筑科学研究院等科研院所，美国学校、韩国学校、新加坡学校等外国人学校，以及完善的中小学、幼儿园教育体系。

闵行区作为研究区的已有条件和有利因素如下：

（1）自然地理环境具有代表性。闵行区内的200多条河道组成了纵横交织的复杂河网，境内水资源总量较丰，水域面积占全区总面积的9%，上海市的母亲河——黄浦江纵贯闵行南北，苏州河流经北境，淀浦河横穿中部；气象条件多变，受台风、潮汛、洪涝等灾害的影响强烈，这些因素使得环境污染事故应急处置的复杂性增大。

（2）产业布局具有代表性。闵行区是上海的主要工业基地，全区共保留了多个工业园区，其中闵行经济技术开发区、吴泾工业区、漕河泾开发区浦江高科技园、漕河泾出口加工区、莘庄工业区是其工业集中的主要载体。

（3）潜在环境污染事件类型具有代表性。闵行区传统产业的比例较高，资源和能源利用率还不高，高风险、重污染的企业数量较多，各类环境污染事件时有发生；另外，良好的区位优势和发达的交通网络也提高了流动风险源发生事故的概率。

（4）水源保护具有代表性。闵行区有约300km^{2}的面积属于黄浦江上游准水源保护区，黄浦江及其支流上航行的船只及河流附近公路或者道路上运输车辆的油品和各种危险化学品事故泄漏对饮用水源的安全威胁很大。上海市最重要的饮用水取水口——松浦大桥取水口（日供水量500万t）位于闵行区的上游约3km，潮水上溯仅需数小时便能到达；临江取水口位于其下游不足一公里。

14.2　上海市闵行区环境风险分区单元及区划指标体系

（1）分区单元。考虑研究区域情况和数据获取等因素，采用行政区（乡、镇）作为分区基本单元对上海市闵行区进行环境风险分区。

（2）区划指标体系。考虑到数据的可获得性和可操作性，经过反复优选，确立上海市闵行区风险因子危险性和风险受体脆弱性的表征指标。具体的风险分区指标见表 14-1。

表 14-1　环境风险分区指标体系

目标层	准则层 1	准则层 2	指标层
区域环境风险度 R	风险源的危险性 H	危险因子状态 H_1	危险物质的性质 H_{11}
			危险物质储存量与临界量之比 H_{12}
			生产工艺设备水平 H_{13}
			生产、储存设备使用年限 H_{14}
			危险源的密集程度 H_{15}
			自然灾害的暴露程度 H_{16}
		源头控制 H_2	在线视频监控 H_{21}
			设备保养维护状态 H_{22}
			控制体系运行状态 H_{23}
			环境管理制度 H_{24}
			安全措施 H_{25}
			职工环境风险应急技能 H_{26}
		过程控制 H_3	区域应急预案 H_{31}
			区域应急投入 H_{32}
	风险受体的脆弱性 V	暴露控制 V_1	居民密度 V_{11}
			居住区与工业的混杂程度 V_{12}
			饮用水源地等级 V_{13}
		恢复力 V_2	人均 GDP 水平 V_{21}
			区域医疗卫生机构的应急救援能力 V_{22}

14.3　环境风险量化

14.3.1　指标层指标量化

1. 危险物质的性质

通过对闵行区重点企业的调研，掌握了闵行区涉及的主要危险物质，见表 14-2。涉及危险物质种类较多的单元是梅陇镇、吴泾镇和莘庄工业区，这些单元内化工、电力、碳素等危险企业较多，七宝镇、虹桥镇、莘庄镇、龙柏街道和古美路街道等单元内几乎没有重大风险企业，所以危险物质种类较少。

表 14-2　闵行区主要危险物质的性质与临界量

物质名称	物质的性质	储存的临界量	物质名称	物质的性质	储存的临界量
甲醇	易燃性	20t	丁酯/乙酸正丁酯	易燃性	100t
氢气	易燃性	10t	环己酮	易燃性、爆炸性	20t
过氧化氢	腐蚀性、爆炸性	20t	乙酸正丁酯	易燃性	100t
硫酸	腐蚀性	20t	醋酸	易燃性	100t
硝酸	腐蚀性	4.535*	磷酸	爆炸性、有毒性、腐蚀性	—
氢氧化钠	腐蚀性	6.803*	乙烯焦油	爆炸性	—
氰化钠	有毒性	1kg	丙酮	易燃性	20t
盐酸	腐蚀性	50t	乙炔	易燃性	10t
煤气	易燃性、爆炸性、有毒性	10t	柴油	易燃性	100t
一氧化碳	有毒性、易燃性、爆炸性	5t	聚乙二醇	无毒，不燃，无腐蚀，不爆炸	—
焦油/煤焦油	有毒性、易燃性、爆炸性	—	乙酸正丁酯	易燃性	100t
邻二甲苯	有毒性、爆炸性	100t	正丁醇	爆炸性、易燃性	100t
甲醛	有毒性	50t	三甲苯	易燃性	—
乙苯	易燃性、爆炸性	20t	醇酸树脂	易燃性	20t
苯乙烯	爆炸性、有毒性、易燃性	100t	乙二醇单丁醚	易燃性、有毒性	100t
二氯乙烷	爆炸性、有毒性、腐蚀性	20t	丙二醇甲醚	易燃性	100t
氯乙烯	有毒性	50t	丙烷	易燃性、爆炸性	10t
液化石油气	易燃性、爆炸性	10t	氰化亚金钾	有毒性	20t
液氯	有毒性	25t	二甲胺	有毒性	50t
丁醇	爆炸性、易燃性、有毒性	100t	连二亚硫酸钠	自燃性	—
二甲苯	有毒性	100t	二氟一氯甲烷	不燃，无	—
液碱/氢氧化钠	腐蚀性	—	四氟乙烯	易燃性、爆炸性、有毒性	—
乙酸乙酯	易燃性、爆炸性	20t	六氟丙烯	有毒性	50t
乙醇	易燃性	20t	液氨（氨气）	有毒性	100t

续表

物质名称	物质的性质	储存的临界量	物质名称	物质的性质	储存的临界量
甲醛	有毒性	50t	二氟氯乙烷	易燃性、爆炸性	—
合成氨	有毒性	100t	氯气	有毒性	25t
硝化棉	可燃性、爆炸性	200t	四氯化硅	腐蚀性、有毒性	100kg
天然气	易燃性	10t	氮气	无毒，不燃，无腐蚀，不爆炸	—
蒽油	腐蚀性、可燃	—	松香水	易燃性	—
丁酮	易燃性、有毒性	—	二氧化碳	无毒，不燃，无腐蚀，不爆炸	—
异丙酮	易燃性、爆炸性、有毒性	100t	三氯化磷	有毒性	20t
甲苯	易燃性、爆炸性	20t	甲基丙烯酸甲酯	易燃性、爆炸性	20t
油墨	易燃性、有毒性	—	丙烯酸甲酯	易燃性、有毒性	20t
醋酸丁酯	易燃性、爆炸性	20t	硫黄	有毒性	
甲苯二异氰酸酯	有毒性	100t	汽油	易燃性、爆炸性	20t

注：带 * 的临界量值取自美国 EPA《预防化学泄漏事故的风险管理程序》中的标准，其余取自中华人民共和国国家标准 GB-18218-2000

2. 危险物质储存量与临界量之比

根据相关标准和安监管协调字〔2004〕56 号文所列危险物质的临界量，按式（8-1）计算危险物质实际的储存量与临界量之比。

闵行区各分区单元危险物质储存量与临界量之比分布情况，如图 14-1 所示，华漕镇、梅陇镇、吴泾镇和江川路街道危险物质的储存量与临界量之比大于 1，七宝镇、颛桥镇、龙柏街道和古美路街道，这些单元内没有重点风险企业，其他企业涉及的危险物质极少且储存量很小，危险物质储存量与临界量之比为 0。

华漕镇、梅陇镇、吴泾镇和江川路街道危险物质的储存量与临界量之比大于 1，主要原因是这三个单元涉及的危险物质的量很大，如华漕镇的中镁科技有限公司储存大量的柴油、液化石油气、油漆等易燃易爆物质；上海深试仓储有限公司储存远大于临界量的酯类、苯类以及酮类等易燃易爆物质；梅陇镇的上海立事化工储存远远大于临界量的易燃易爆的乙烯焦油和蒽油，上海阿科玛双氧水有限公司储存远大于其临界量的甲醇、氢气、过氧化氢、氢氧化钠等危险物质；吴泾镇的上海焦化有限公司储存大量的煤气、一氧化碳、焦油、邻二甲苯、苯酐等危险物质，上海氯碱化工有限公司储存远大于临界量的氯乙烯、液化石油气、液氯等危险物质。江川路街道的上海台硝化工有限公司储存大于临界量的硝化棉、硫酸等，上海巴斯夫涂料有限公司储存大量的聚乙二醇、二甲苯、乙酸正丁酯等危险物质。

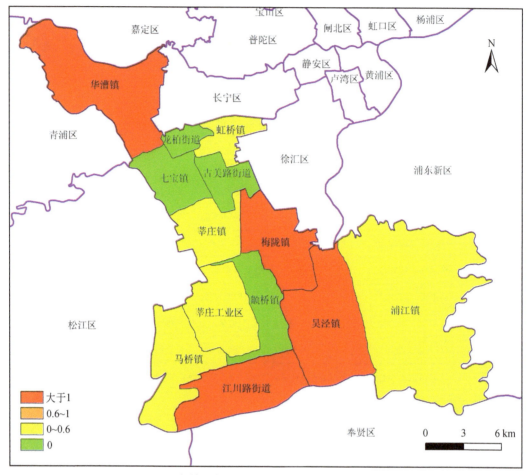

图 14-1　各单元危险物质储存量与临界量之比分布图

3. 生产工艺设备水平

落后的工艺设备水平诱发环境风险事件的可能性就大。生产工艺设备水平主要是评估公司的技术、工艺、设备在同行业的水平，从设备的购进时间、生产厂家、型号以及工艺的整个流程等方面进行横向比较，评估生产工艺设备的水平，分为国内落后、国内平均、国内先进和国际水平四个等级，分别赋值 4、3、2、1。

上海市闵行区各单元生产工艺设备水平分布情况见图 14-2，闵行区生产工艺设备水平总体上较先进，大部分处于国内先进及以上水平。浦江镇因为经济发展相对较慢，有的企业建立的时间较久远，又没有更新换代其生产工艺设备，生产工艺设备水平较落后，如建立于 1965 年的上海陈行电镀有限公司，建立于 1994 年的上海阿尔法生物技术有限公司，建立于 1982 年的上海杜行电镀有限公司和建立于 1987 年的上海建美涂料化工厂有限公司，等等，这些企业生产工艺设备落后、设备陈旧、老化，有的工艺环节甚至是人工手动的，属于国内落后的水平。

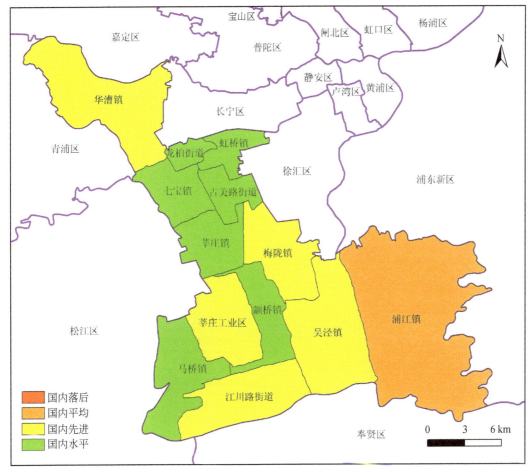

图 14-2 各单元生产工艺设备水平分布图

4. 生产、储存设备使用年限

设备使用有一定的磨损，使用的年限越长，磨损的就越严重，诱发环境风险事件的可能性就越大，根据具体情况以 5 年或 10 年计，分为>20 年、10~20 年、5~10 年、<5 年四个等级，分别赋值 4、3、2、1。

闵行区各单元内企业生产、储存设备的使用年限集中在 5~20 年，华漕镇、梅陇镇、吴泾镇、江川路街道四个单元内一些企业生产、储存设备使用年限相对较长，见表 14-3，但总体水平都小于 20 年。闵行区各单元企业的生产、储存设备使用年限平均水平见图 14-3。

表 14-3 部分单元生产、储存设备使用年限相对较长企业名单

企业名称	所属单元	生产、储存设备使用年限/年
上海纪中化工有限公司	华漕镇	17
上海深试仓储有限公司	华漕镇	10
上海市中镁科技有限公司	华漕镇	7

企业名称	所属单元	生产、储存设备使用年限/年
上海市劳动钢管厂	华漕镇	>20
上海阿科玛双氧水有限公司	梅陇镇	14
上海京华化工有限公司	梅陇镇	13
上海立事化工厂	梅陇镇	16
上海三爱富新材料有限公司	梅陇镇	20
上海陈斌钨钼材料有限公司	梅陇镇	12
上海锦华生物化学制品有限公司	梅陇镇	18
上海卡博特化工有限公司	吴泾镇	11
上海氯碱化工有限公司	吴泾镇	19
上海华谊聚合物有限公司	吴泾镇	7
上海京腾化工有限公司	吴泾镇	12
上海泾奇高分子材料有限公司	吴泾镇	14
上海摩根碳制品有限公司	吴泾镇	20
上海吴泾化工有限公司	吴泾镇	15
上海申星化工有限公司	吴泾镇	15
巴斯夫化学建材有限公司	江川路街道	11
格雷斯中国有限公司	江川路街道	10
美铝铝业有限公司	江川路街道	14
欧诺法装饰材料有限公司	江川路街道	10
上海环球分子筛有限公司	江川路街道	15
上海染料化工厂	江川路街道	23
上海台硝化工厂	江川路街道	13

5. 危险源的密集程度

风险源群聚时，会引发一系列的链发效应和群发效应，增加风险的大小，根据实际情况对各单元的危险源密集程度做出评估，以单位面积内危险源的个数计，并定量转化为数值。指标分为高度密集、密集、较分散和分散四个等级，指标分别赋值4、3、2、1。

闵行区黄浦江水源保护区的风险源和闵行区重点风险源分布见图14-4，各单元风险源的相对密集程度见图14-5。

重点风险源主要集中在梅陇镇和吴泾镇，一些大型的重点危险源也落在这两个区域，如上海华谊聚合物有限公司、上海焦化有限公司、上海卡波特化工有限公司、上海氯碱化工有限公司、上海吴泾化工有限公司、上海阿科玛双氧水有限公司等，莘庄工业区、马桥镇、浦江镇和江川路街道次之，其他几个单元的风险源分布较分散。

6. 自然灾害暴露程度

上海市闵行区的主要自然灾害是洪汛、风暴潮和台风，本书从获取资料等方面主要考

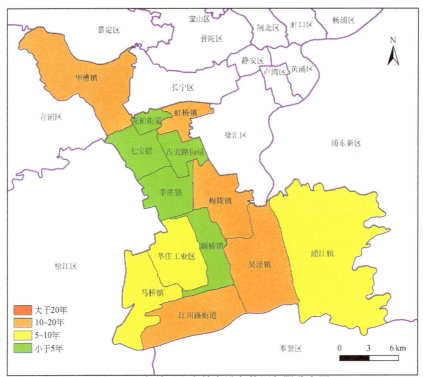

图 14-3　各单元生产储存设备使用年限分布图

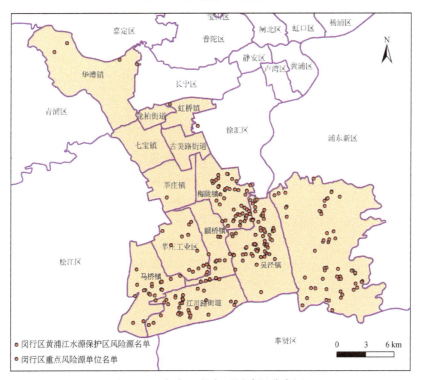

图 14-4　闵行区的主要风险源分布图

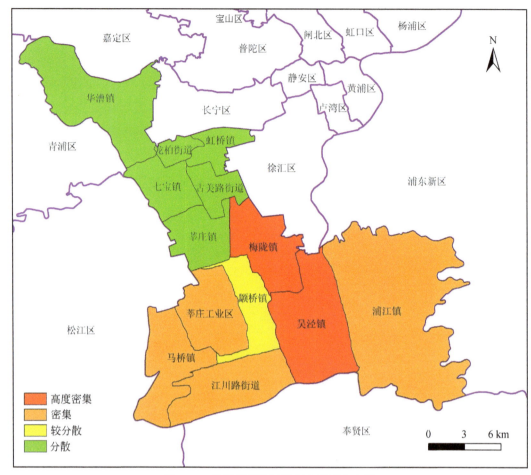

图 14-5　各单元危险源的密集程度分布图

虑距离水系的远近，即离河道较近的企业更容易遭受洪水、风暴潮等灾害的侵袭，从而更容易导致企环境污染事故的发生，同时不同级别的河流其影响力是不同的，级别越高，其影响范围越大。利用 GIS 缓冲区分析功能，对主要水系建立缓冲区（图 14-6），缓冲区的宽度根据河流的级别进行确定，黄浦江和吴淞江是 4 级河流，分别做 1500m、1000m 和 500m 的缓冲区，大治河是 5 级河流，分别作 800m、500m 和 200m 的缓冲区。对于江川路街道、马桥镇和华漕镇，区内既有一级缓冲区，又有二级缓冲区和三级缓冲区，分值=4×一级缓冲区的比例+3×二级缓冲区的比例+2×三级缓冲区的比例+1×缓冲区外的比例。吴泾镇和浦江镇同时受黄浦江和大治河影响，分值=4×（黄浦江一级缓冲区的比例+大治河一级缓冲区的比例）+3×（黄浦江二级缓冲区的比例+大治河二级缓冲区的比例）+2×（黄浦江三级缓冲区的比例+大治河三级缓冲区的比例）+1×缓冲区外的比例。

7. 源头控制和过程控制的指标

（1）环境管理制度。根据是否通过 ISO 14000 环境管理体系认证，是否建立安全责任制，各岗位人员的岗位职责，分为通过 ISO 14000 环境管理体系认证、完善的环境管理制

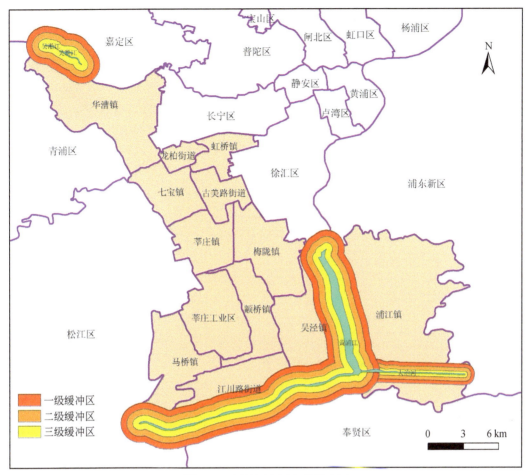

图 14-6　闵行区主要水系缓冲区

度、初步的环境管理制度和无环境管理制度四个等级，分别赋值 4、3、2、1。浦江镇由于经济相对落后，有的企业建立的较久远，大部分企业的环境管理制度较初步，有的企业甚至没有相应的环境管理制度，其他几个单元没有显著差异，均建立较完善的环境管理制度。

（2）安全措施。考虑是否有安全评价和应急措施两个方面。应急措施包括是否有应急指挥组织结构、应急队伍、应急预案等，介于相应的应急预案和队伍对于控制风险大小的作用稍大于是否做过安全评价，所以从定性到定量分为做过安全评价，有应急预案及队伍；无安全评价，有应急预案及队伍；做过安全评价，无应急预案及队伍；无安全评价，无应急预案及队伍四个等级，分别赋值 4、3、2、1。浦江镇、马桥镇、华漕镇、莘庄工业区内大部分企业没有做过安全评价，但均有相应的应急预案和队伍；吴泾镇一些主要的大型重点危险源的安全措施很完善，如上海卡博特化工有限公司、上海华谊聚合物有限公司、上海氯碱化工有限公司、上海焦化有限公司等。但也存在一部分没有做过安全评价而有相应的应急预案和队伍的企业，如上海富利化工有限公司、上海青上化工有限公司、上海棱光实业有限公司等，其他单元的安全措施都较完善。

（3）在线视频监控。根据生产场所，储存场所和污染源是否有在线视频监控来定性评价，该指标分为生产、储存及污染源均有在线视频监控；仅生产、储存场所有在线视频监控；无在线视频监控三个等级，分别赋值4、3、2。闵行区在线视频监控水平相对较差的是吴泾镇、马桥镇和江川路街道，这些单元内只有一些先进的企业不仅有生产、储存场所的在线视频监控，还有污染源的在线视频监控，如吴泾化工有限公司、上海焦化有限公司、巴斯夫涂料有限公司等，但其他大部分企业仅有生产、储存场的在线视频监控，没有污染源的在线视频监控，如上海华谊聚合物有限公司、格蕾丝中国有限公司、美铝铝业有限公司、英柯化工有限公司等，所以整体水平相对较差，其他单元的在线视频监控相对较完善。

（4）控制体系运行状态。根据是否有抑爆装置、紧急冷却、应急电源、电气防爆、阻火装置、泄漏检测装置与响应、故障报警及控制装置，分为好、中等、较差、差四个等级，分别赋值4、3、2、1。分级需要从定性到定量描述，完全没有以上设备的记为0，到全部具有记为4，范围分别为6~7、4~5、2~3、0~1（数值代表具有几种控制设备）。闵行区各单元控制体系状态并无明显差异，基本上处于中等水平，仅浦江镇较差，如上海陈行电镀有限公司，仅有电气防爆和阻火装置，其他的控制设备如应急电源，故障报警等都没有。莘庄工业区的控制体系运行状态很好，如上海广电NEC液晶显示器有限公司和上海DIC油墨有限公司，上海DIC油墨有限公司储罐的安全附件主要有液位器、呼吸阀、防静电装置、可燃气体报警器，灌区都有围堰、地面防渗，灌外有一层空气隔绝层，可保温又可以探测是否有微露，生产过程中具有防爆、防静电设施及可燃气体报警器，地面喷湿。

（5）设备保养维护状态。包括定期检查设备状态和定期保养维护，分为定期保养、不定期保养和无保养三个等级，分别赋值4、3、2。莘庄镇、浦江镇和莘庄工业区的整体水平是不定期地进行设备的保养维护，其他各单元都能定期地对设备进行保养维护，总的来说，闵行区各企业对设备的保养维护较重视，几乎不存在对设备无保养维护的企业。

（6）职工环境风险应急技能。根据人员资格的合格性即是否考核和持证上岗；安全教育培训和演练即是否进行新工人岗前三级安全教育，全员安全培训，各岗位安全操作技能培训和演练情况等，分为定期安全技术培训与演练、不定期安全技术培训与演练、无安全技术培训与演练三个等级，分别赋值4、3、2。闵行区各企业整体的风险意识较强，各企业除了有相应的应急预案和队伍外，对职工的安全技术培训以及应急队伍的演练也很重视，定期地进行安全方面的培训和演练，各分区单元之间无明显差异。

8. 居民密度

闵行区各分区单元的人口密度分布见图14-7，根据实际的人口状况，将人口密度大于9000人/km²的地区赋值4，3000~9000人/km²的地区赋值3，小于3000人/km²的地区赋值2。

9. 居住区与工业的混杂程度

居民与工业区之间应有一定的安全距离，企业附近的受体是最直接的受影响者，居民

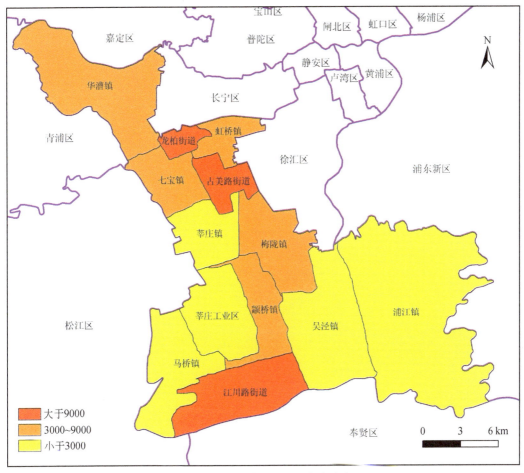

图 14-7　各分区单元的人口密度分布图

区与工业的混杂程度反映了风险受体与危险源的空间分布状况，根据实际情况混杂程度可以分为高、中、低三个等级，分别赋值 4、3、2。

闵行区居住区与企业的分布情况见图 14-8，根据居民居住区和工业区的混杂情况分为高、中、低三个等级，七宝镇、龙柏街道、古美路街道属于商住和居民区，没有危险源，不存在混杂问题，华漕镇危险源也不多，所以这四个单元是居住区与工业混杂程度低，浦江镇和吴泾镇居住区是以自然村为单位，梅陇镇是以居民点计的。可以看出，这个三个单元居民与工业高度混杂，其他几个单元也有混杂现象，但都不严重，即处于中等水平，各分区单元混杂程度分布见图 14-9。

10. 饮用水源地

不同级别的饮用水源地其敏感性不同，分级指标为取水口、一级保护区、二级保护区和非水源保护区，分别赋值 4、3、2、1。

闵行区约有 300km² 的面积属于黄浦江上游水源保护区。闵行区的自来水 50.2% 由上海自来水闵行公司供应，18.2% 由上海自来水浦东有限公司和上海自来水市南有限公司供

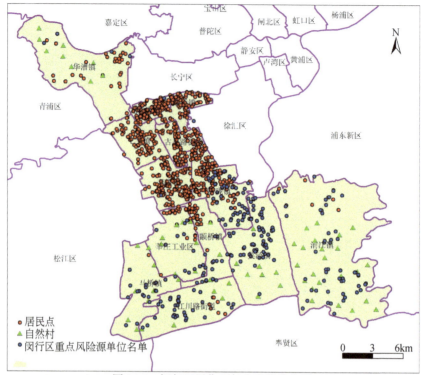

图 14-8　闵行区居住区与企业的分布图

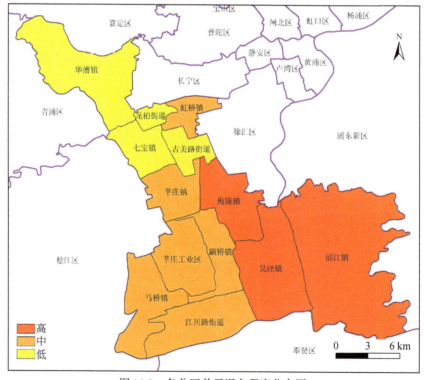

图 14-9　各分区单元混杂程度分布图

应，其水源位于黄浦江上游水源保护区，上海市最重要的饮用水取水口——松浦大桥取水口（日供水量 500 万 t）位于闵行区的上游约 3km，潮水上溯仅需数小时便能到达；临江取水口位于其下游不足 1km。黄浦江水源保护区和取水口见图 14-10。临近临江取水口，同时又属于黄浦江准水源保护区的梅陇镇和吴泾镇以及临近松浦大桥取水口又属于黄浦江一级水源保护区的马桥镇较其他单元敏感，赋值 4，属于黄浦江准水源保护区的江川路街道和部分面积属于准水源保护区的浦江镇分别赋值 3、2，其他位于非水源保护区的单元，赋值 1。

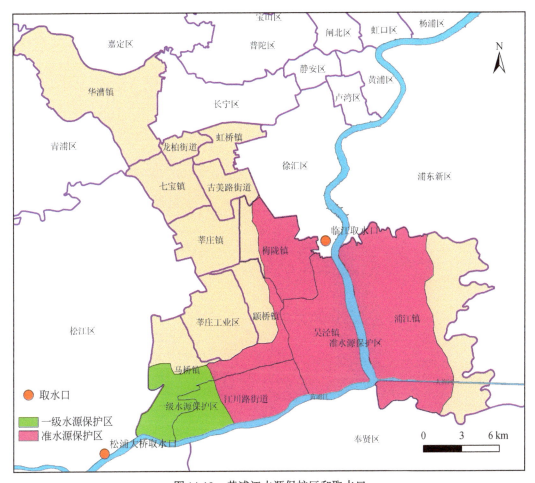

图 14-10　黄浦江水源保护区和取水口

11. 人均 GDP 水平

人均 GDP 越高，说明工业技术水平越高，人均 GDP 超过 1000 美元时，标志城市化进程进入起飞阶段，人均 GDP 超过 3000 美元时，标志进入高峰阶段。国外发达国家人均 GDP 约 1 万美元，参照这个标准对研究区域的人均 GDP 分等定级，分为 7000 ~ 10 000 美元、3000 ~ 7000 美元、1000 ~ 3000 美元、0 ~ 1000 美元四个等级，分别赋值 4、3、2、1。

闵行区各单元的人均 GDP 水平见图 14-11，古美路街道和龙柏街道人均 GDP 最低，在 0～1000 美元范围内，赋值 1；古美路街道、龙柏街道和江川路街道，人均 GDP 水平较低，在 1000～3000 美元，赋值 2；华漕镇、梅陇镇和浦江镇，人均 GDP 在 3000～7000 美元，赋值 3；其他单元的人均 GDP 在 7000～10 000 美元，赋值 4。

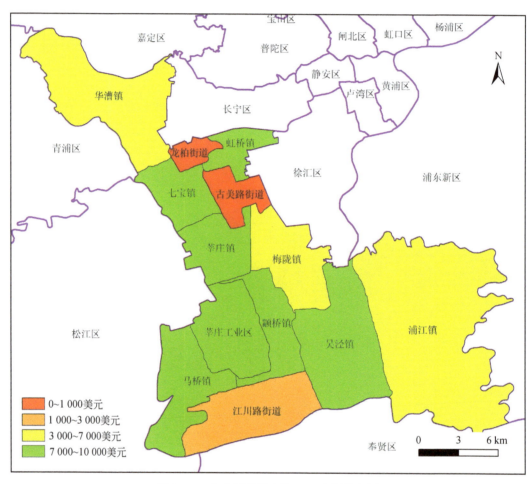

图 14-11　各分区单元人均 GDP 水平分布图

12. 区域医疗卫生机构的应急救援能力

根据卫生部《医疗机构设置标准》中的相关规定，用病床数来衡量区域的医疗卫生机构的应急救援能力，病床数 500 张以上为理想安全，301～500 张为较安全，80～300 张为临界安全，80 张以下为不安全，分别赋值 4、3、2、1。

闵行区各分区单元 15km 内医疗机构的病床数见表 14-4。

表14-4　各分区单元15km内医疗机构的病床数

分区单元	15km内医疗机构的病床数/张	分区单元	15km内医疗机构的病床数/张
华漕镇	225	马桥镇	145
虹桥镇	110	吴泾镇	133
梅陇镇	136	浦江镇	318
七宝镇	125	龙柏街道	100
莘庄镇	1319	古美路街道	100
颛桥镇	370	江川路街道	929
莘庄工业区	小于80		

如表14-4所示，莘庄镇15km内医疗机构的病床数最多，因为莘庄镇除了自己的社区医疗中心外，闵行区精神中心、闵行区中心医院以及临近的古美路街道的闵行区妇幼保健院也在15km范围内。江川路街道也是除了自己社区医疗中心外，还临近上海市第五人民医院。各单元医疗卫生机构的应急救援能力见图14-12。

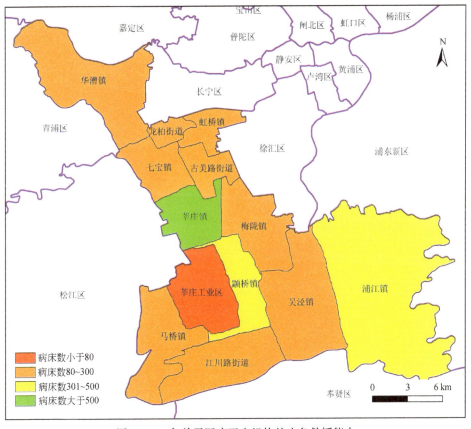

图14-12　各单元医疗卫生机构的应急救援能力

根据上述各指标的量化，闵行区环境风险分区指标量化见表14-5。

表14-5 闵行区环境风险分区指标的量化

系统层			变量层			
		指标	1级	2级	3级	4级
风险源危险性	危险因子状态	危险物质的性质	有毒性、爆炸性、可燃性、腐蚀性4类性质的危险物质中的3~4种	有毒性、爆炸性、可燃性、腐蚀性4类性质的危险物质中的2~3种	有毒性、爆炸性、可燃性、腐蚀性4类性质的危险物质中的1~2种	有毒性、爆炸性、可燃性、腐蚀性4类性质的危险物质中的0~1种
		危险物质储存量与临界量之比	>1	(0.6~1)	(0~0.6)	0
		生产工艺设备水平	国内落后	国内平均	国内先进	国际水平
		生产、储存设备使用年限	>20年	10~20年	5~10年	<5年
		危险源的密集程度	高度密集	密集	较分散	分散
		自然灾害暴露程度	一级缓冲区内	二级缓冲区内	三级缓冲区内	缓冲区外
	源头控制	在线视频监控	生产、储存及污染源的在线视频监控	生产、储存场所有在线视频监控	无	—
		设备保养维护状态	定期保养	不定期保养	无保养	—
		控制体系运行状态	好	中等	较差	差
		环境管理制度	通过ISO认证	完善	初步	无
		安全措施	做过安全评价，有应急预案及队伍	无安全评价，有应急预案及队伍	做过安全评价，无应急预案及队伍	无安全评价，应急预案及队伍
		职工环境风险应急技能	定期安全技术培训与演练	不定期安全技术培训与演练	无安全技术培训与演练	—
	过程控制	区域应急投入	高	中	低	无投入
		区域应急预案	完善预案	较完善预案	初步预案	无应急预案

系统层			变量层			
		指标	1级	2级	3级	4级
风险受体脆弱性	暴露控制	居民密度/人	>9 000	3 000~9 000	<3 000	—
		居住区与工业的混杂程度	高	中	低	—
		饮用水源地	取水口	一级保护区	二级保护区	非水源保护区
	恢复力	人均GDP水平/美元	7 000~10 000	3 000~7 000	1 000~3 000	0~1 000
		区域医疗卫生机构的应急救援能力（15km内的医疗机构）病床数/张	>500	301~500	80~300	<80

14.3.2　准则层及目标层指标量化

1. 准则层 2 量化

准则层 2 的指标主要有危险因子状态 H_1、源头控制 H_2、过程控制 H_3、暴露控制 V_1、恢复力 V_2。

危险因子的状态取决于危险物质自身的性质，包括物质有毒有害程度及其量的大小；危险物质存在的安全状态，包括危险物质的生产装置、储存设备等的安全状态；诱发因素的影响，包括自然灾害的诱发以及群聚诱发。危险物质的性质与工艺、设备状态水平比外界诱发因素稍微重要一些，所以系数分别为 0.6，0.4，而物质性质和量的大小，工艺设备水平和设备状态以及自然灾害诱发和群聚诱发都同等重要，所以系数均为 0.5，危险因子状态采用式（8-4）计算。

源头控制状态取决于设备安全状态，包括在线监控状况、设备的维护与保养状况和控制体系的安全状态；管理方面的安全状态，包括制度、安全评价、应急预案、应急技能。源头控制状态采用式（8-5）计算。

过程控制状态主要取决于区域应急投入和区域应急预案两个方面，应急投入反映区域应急基础设施建设情况，完善的应急预案可以大大减小风险。过程控制状态采用式（8-6）计算。

暴露控制主要反映暴露在风险中的人群规模、饮用水源地等级以及居民区与工业区的混杂程度，采用式（8-7）计算。

恢复力取决于区域的经济能力和应急救援能力，这里分别用人均 GDP 水平和区域医疗卫生机构的应急救援能力表征，所以恢复力采用式（8-8）计算。

根据量化模型，对闵行区各分区单元的准则层 2 进行量化，结果见表 14-6，其中七宝镇、龙柏街道和古美路街道主要是商住区，没有涉及危险性的工业企业，且位于自然灾害的缓冲区外，认为其为理想状态，H_1 为 1，也就不存在源头控制状态，因此用"—"表示。颛桥镇主要涉及一些包装装潢及印刷公司，这些小企业危险性极低，没有相关的源头控制方面的信息，按其源头控制为理想状态，即 H_2 为 4。上海市闵行区对于风险应急投入的水平相对比较高，但各个单元之间没有明显的差别，所以都赋值 3。

表 14-6　闵行区各分区单元的准则层 2 的量化

分区单元	危险因子状态 H_1	源头控制 H_2	过程控制 H_3	暴露控制 V_1	恢复力 V_2
华漕镇	2.24	3.46	3	1.58	2.45
虹桥镇	1.44	3.79	3	1.73	2.83
梅陇镇	2.77	3.32	3	3.74	2.45
七宝镇	1	—	3	1.58	2.83
莘庄镇	1.13	3.69	3	1.58	4
颛桥镇	1.33	4	3	1.73	3.46

分区单元	危险因子状态 H_1	源头控制 H_2	过程控制 H_3	暴露控制 V_1	恢复力 V_2
马桥镇	1.7	3.43	3	3.16	2.83
吴泾镇	2.97	3.27	3	3.46	2.83
浦江镇	2.34	3	3	2.45	3
龙柏街道	1	—	3	1.73	1.41
古美路街道	1	—	3	1.73	1.41
江川路街道	2.64	3.58	3	3.24	2
莘庄工业区	2.14	3.56	3	1.58	2

2. 风险源危险性和风险受体脆弱性及风险度的量化

根据量化模型，风险源的危险性

$$H = \frac{H_1}{H_2 \times H_3}$$

式中，H_1 为危险因子状态；H_2 为源头控制状态；H_3 为过程控制状态。

风险受体的脆弱性

$$V = \frac{V_1}{V_2}$$

式中，V_1 为暴露程度；V_2 为恢复力。风险度

$$R = H \times V$$

式中，R 为区域风险的风险度；H 为区域风险的危险性；V 为区域风险的脆弱性。

闵行区各分区单元风险源的危险性、风险受体的脆弱性及区域风险度见表 14-7，危险性和脆弱性分布图见图 14-13、图 14-14，其中 1 级代表值最大，5 级代表值最小。

表 14-7　闵行区各分区单元风险源危险性、受体的脆弱性及区域风险度

分区单元	风险源的危险性 H	风险受体的脆弱性 V	区域环境风险度 R
华漕镇	0.22	0.65	0.14
虹桥镇	0.13	0.61	0.08
梅陇镇	0.28	1.53	0.43
七宝镇	0	0.56	0
莘庄镇	0.10	0.40	0.04
颛桥镇	0.11	0.50	0.06
马桥镇	0.16	1.12	0.18
吴泾镇	0.30	1.22	0.37
浦江镇	0.26	0.82	0.21
龙柏街道	0	1.22	0
古美路街道	0	1.22	0
江川路街道	0.25	1.62	0.40
莘庄工业区	0.20	0.79	0.16

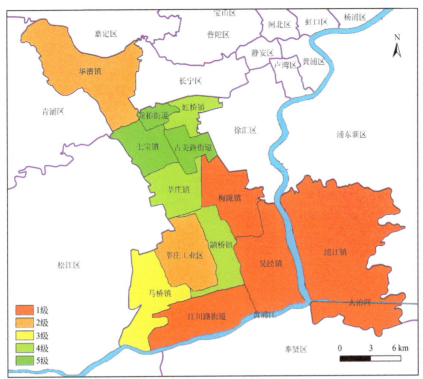

图 14-13　各分区单元危险性分布图

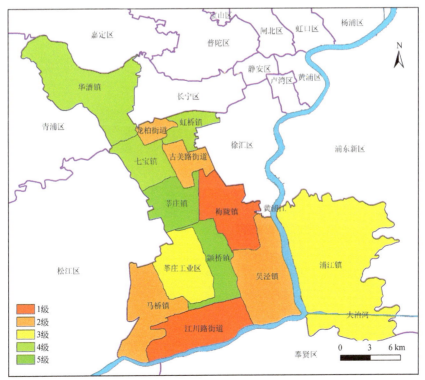

图 14-14　各分区单元脆弱性分布图

14.4 环境风险分区

各个基本单元的环境风险初级指标分值，$0.06 \leqslant H \leqslant 4$，$0.25 \leqslant V \leqslant 4$，则 $0.015 \leqslant R \leqslant 16$。根据环境风险量化模型计，分别计算各单元的危险因子状态、源头控制、过程控制等危险性指标值以及暴露控制和恢复力等脆弱性指标值，进一步计算出风险源危险性和风险受体的脆弱性，最后计算得到各基本单元的环境风险度。按照风险度的大小进行初步分区，其中 $R \geqslant 0.3$ 的区域列为高风险区，$0.15 \leqslant R < 0.3$ 的区域列为中风险区，$0 < R < 0.15$ 的区域列为较低风险区，$R = 0$ 的区域列为低风险区，分区结果见表 14-8，将闵行区划分成高风险区、中风险区、较低风险区和低风险区，图 14-15 是闵行区的风险分区。

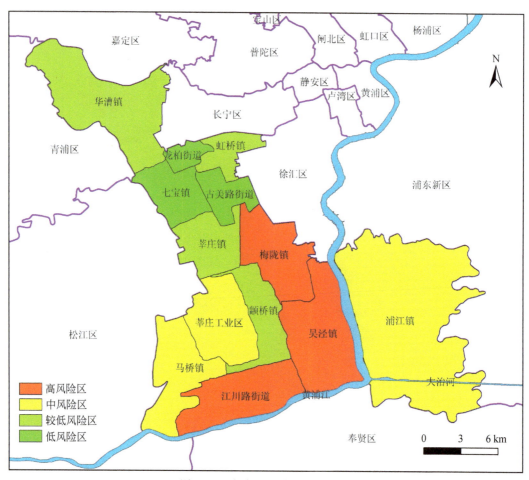

图 14-15 闵行区环境风险分区图

表 14-8　各分区单元风险分区结果

分区单元	风险源的危险性 H	风险受体脆弱性 V	风险度 R	风险分区
华漕镇	0.22	0.65	0.14	较低风险区
虹桥镇	0.13	0.61	0.08	较低风险区
梅陇镇	0.28	1.53	0.43	高风险区
七宝镇	0	0.56	0	低风险区
莘庄镇	0.10	0.40	0.04	较低风险区
颛桥镇	0.11	0.50	0.06	较低风险区
马桥镇	0.17	1.12	0.18	中风险区
吴泾镇	0.3	1.22	0.37	高风险区
浦江镇	0.26	0.82	0.21	中风险区
龙柏街道	0	1.22	0	低风险区
古美路街道	0	1.22	0	低风险区
江川路街道	0.25	1.62	0.40	高风险区
莘庄工业区	0.20	0.79	0.16	中风险区

14.5　环境风险分区特征描述

14.5.1　高风险区

　　高风险区集中分布在梅陇镇、江川路街道和吴泾镇，面积约 92.8km^2，占全区面积的 26.2%。这三个单元的共同特点是风险源的危险性很高，高风险区部分重大危险源见表 14-9，风险受体的脆弱性很大。区域内危险物质的性质复杂且数量较大，有的远远超过其临界量，且危险源高度密集，所以风险源的危险性很大。风险受体的脆弱性很大的主要原因是区域居民密度很大，且居民区与工业区高度混杂，居民区与工业区之间没有相应的隔离带，这三个单元都位于黄浦江水源保护区且临近松浦大桥取水口和临江取水口，敏感性极高。

表 14-9　高风险区内部分重大风险源

企业名称	所在单元	企业名称	所在单元
上海京华化工厂	梅陇镇	上海瑞利化工气体有限公司	江川路街道
上海三爱富新材料股份有限公司	梅陇镇	上海第一生化药业有限公司	江川路街道
上海阿科玛双氧水有限公司	梅陇镇	上海环球分子筛有限公司	江川路街道
上海立事化工有限公司	梅陇镇	上海华谊聚合物有限公司	吴泾镇
上海赐光精细化工有限公司	梅陇镇	上海焦化有限公司	吴泾镇
上海德东化工有限公司	梅陇镇	上海吴泾化工有限公司	吴泾镇
上海福娟塑胶有限公司	梅陇镇	上海氯碱化工有限公司	吴泾镇

企业名称	所在单元	企业名称	所在单元
上海千进化工有限公司	梅陇镇	上海京藤化工有限公司	吴泾镇
雅诺染料化工（上海）有限公司	梅陇镇	上海泾奇高分子材料有限公司	吴泾镇
上海三瑞化学有限公司	梅陇镇	上海卡博特化工有限公司	吴泾镇
巴斯夫化学建材（中国）有限公司	江川路街道	上海龙天化学品有限公司	吴泾镇
格雷斯中国有限公司	江川路街道	上海摩根碳制品有限公司	吴泾镇
美铝铝业有限公司	江川路街道	上海申星化工有限公司	吴泾镇
欧诺法装饰材料有限公司	江川路街道	上海蓓玲发展有限公司	吴泾镇
上海锅炉厂	江川路街道	上海泾星化工有限公司	吴泾镇
上海染料厂	江川路街道	上海凌光实业股份有限公司	吴泾镇
上海台硝化工有限公司	江川路街道	上海青上化工有限公司	吴泾镇
双钱集团股份有限公司双钱载重轮胎分公司	江川路街道	上海富利化工有限公司	吴泾镇
上海重型机器厂	江川路街道	上海英英化工有限公司	吴泾镇
上海英柯化工有限公司	江川路街道	上海碳素厂	吴泾镇

梅陇镇是闵行区一个重要的工业基地，拥有上海京华化工厂，上海立事化工有限公司等著名化工、石化企业。涉及的危险物质性质复杂且数量很大，有的远远超过其临界量，危险源高度密集，很多企业由于建厂较早，设备的使用年限较长，风险源的危险性很高。较密集的人口，居民区与工业区高度混杂，位于黄浦江准水源保护区且临近临江取水口，所以敏感性很高，加上医疗卫生机构应急救援相对较差，使得梅陇镇风险受体的脆弱性很大，仅次于江川路街道，高风险源危险性和高风险受体脆弱性致使梅陇镇的风险度全区最高。

建有巴斯夫化学建材（中国）有限公司、美铝铝业有限公司等闵行区重点风险源的闵行经济技术开发区位于江川路街道，除此之外，江川路街道还拥有上海染料厂、上海台硝化工有限公司、上海英柯化工有限公司等污染企业。危险物质的储存量远远超过临界量，生产工艺设备使用年限较长，在线视频监控等设备欠缺，危险源密集等因素导致江川路街道危险性很大。江川路街道的人口密度全区最大，所以人均 GDP 水平相对较低，且居民区与工业区相对混杂，江川路街道还位于黄浦江的水源保护区（一部分是一级水源保护区，其他部分是准水源保护区），所以江川路街道风险受体的脆弱性是全区最高的。总的来说，高风险源的危险性和最高的风险受体脆弱性，使得江川路街道的风险度很高，属于高风险区。

坐落在吴泾镇的吴泾工业区，是上海市建设年代最久远的工业基地之一，吴泾工业区以基础化学为主，兼有电力、碳素和少量建材企业，生产工艺老化，设备陈旧，区内企业产品类别众多，工艺环节复杂，部分工艺落后、设备老化，造成了该地区常年发生突发性环境污染事故。拥有上海焦化、上海吴泾化工、上海氯碱化工等闵行区重大危险源的吴泾镇，涉及的危险物质种类繁多，数量很大，危险源高度密集（如上海吴泾化工厂和上海焦化两个重大危险源相邻），在线视频监控不完善（除了上海焦化有限公司、上海氯碱化工有限公司等大型现代化企业的在线视频监控很完善，大部分企业只有部分场所的在线监控），风险源的危险性是全区最高的。吴泾镇的典型特征就是居民与工业区高度混杂，如上海焦化公司的公路对面就是双溪村的居民，且吴泾镇又属于黄浦江准水源保护区，临近临江取水口，一些大型企业如上海焦化有限公司为了运输等方便，都是临黄浦江而建，所以风险受体的脆弱性很高。所以吴泾镇整体的风险度很高，属于高风险区。

14.5.2　中风险区

中风险区主要分布在浦江镇、马桥镇和莘庄工业区，面积约 143.5km²，占全区面积的 40.5%。拥有上海陈行电镀有限公司，上海建美涂料化工厂有限公司等知名企业的浦江镇，风险源的危险性很大，主要是因为浦江镇企业生产工艺设备相对落后，危险源的密集程度较高，源头控制能力较薄弱（主要表现在不能定期保养维护设备，控制体系运行较差以及环境管理制度较初步）。浦江镇只有部分地区属于黄浦江准水源保护区，人口密度较低，人均 GDP 水平较高，风险受体脆弱性相对较低，浦江镇的环境风险度处于中等水平。

马桥镇没有重大的危险源，虽然企业相对密集，在线视频监控较差，但由于涉及的危险物质相对简单，储存量不大，控制措施也相对完善，风险源的危险性处于中等水平。马桥镇属于黄浦江一级水源保护区，且临近松浦大桥取水口，敏感性相对较高，且居民与工业区混杂，风险受体的脆弱性相对较高，所以马桥镇的风险度处于中等水平，属于中风险区。

莘庄工业区是 1995 年 8 月经市政府批准设立的市级工业区，园区以信息产业、生物医药产业、汽车配件和机电工业、新材料为四大主导产业。目前拥有上海 DIC 油墨有限公司、上海广电 NEC 液晶显示器有限公司、上海造漆厂、上海拜伦化工有限公司等知名企业。莘庄工业区风险源的危险性相对偏高，主要是因为该区域危险物质的性质较复杂，危险源密集、源头控制能力稍弱（没有安全评价，应急预案相对不完善，不能定期的保养维护设备，环境管理制度没有通过 ISO 认证等）。

14.5.3　较低风险区

较低风险区分布在华漕镇、虹桥镇、莘庄镇和颛桥镇，面积约 80.5km²，占全区面积的 24.7%。虹桥镇、莘庄镇和颛桥镇风险源的危险性都较低，华漕镇的危险性较高；四个单元的居民密度都较低，且属于非水源保护区，人均 GDP 水平较高，所以风险受体的脆弱性较低，环境风险度都较低，属于较低风险区。

华漕镇的重点风险源有上海深试仓储有限公司、上海纪中化工有限公司、中镁科技有限公司、上海市劳动钢管厂等，镇内闵北工业区涉及的危险物质的储存量很大，有的远远超过其临界量，设备使用年限较长，源头控制薄弱，致使华漕镇风险源的危险性相对较大。但华漕镇属于非水源保护区，居民与工业区有一定的安全距离且人均 GDP 水平较高，风险受体的脆弱性较低，总的风险度属于较低风险区。颛桥镇的大部分企业只是一些包装装潢及印刷公司，如凌道有机硅（上海）有限公司、上海繁江包装材料有限公司等。虽涉及油墨、汽油等危险物质，但量很小，所以危险性较低。莘庄镇和虹桥镇内的企业涉及的危险物质也相对简单，量较小，风险源的危险性较低。

14.5.4　低风险区

低风险区集中分布在七宝镇、龙柏街道和古美路街道，面积约 $30.2km^2$，占全区面积的 13.3%。这一区域属于闵行区的商业区和居住区，人口密集，脆弱性高，但化工、石化等危险性企业很少，几乎没有危险源，可以认为环境风险源的危险性为 0，所以整个区域的环境风险度低。

第15章 基于行政单元风险评价的上海市环境风险分区

15.1 区域环境概况

上海市区域地理位置与自然环境特征详见本书的 13.1 部分。其中市郊各区县如表15-1所示，空间分布如图 15-1 所示。

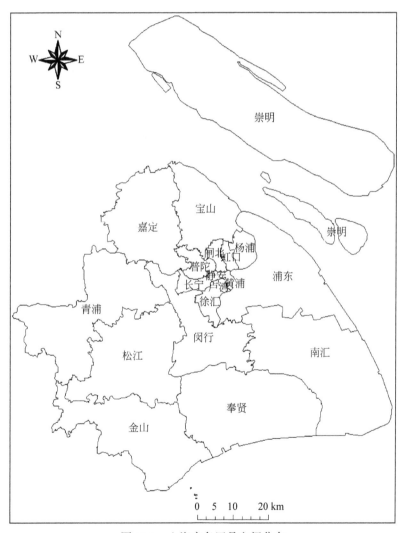

图 15-1 上海市各区县空间分布

表 15-1 上海市各区县

序号	市、郊		县
	城区	郊区	
1	黄浦区	闵行区	
2	卢湾区	宝山区	
3	徐汇区	嘉定区	
4	长宁区	浦东新区	
5	静安区	金山区	崇明
6	普陀区	松江区	
7	闸北区	青浦区	
8	虹口区	南汇区	
9	杨浦区	奉贤区	

15.2 上海市环境风险分区指标体系

基于环境风险系统已有研究，并根据环境风险分区的系统性、一致性、主导性、动态性和数据可得性原则，本书中区域的环境风险从风险源危险性，控制机制有效性和受体脆弱性三方面来确定指标体系。该指标体系由目标层、系统层、准则层和指标层构成，如表15-2 所示。

表 15-2 上海市环境风险分区指标体系

目标层	系统层	准则层	指标层
环境风险	风险源	固定源	主导行业类型
			重大风险源的规模
			风险源的密集度
		移动源	有害废物特性
			排放量
			交通危险性
	控制机制	控制机制	人为风险发生频率
			环境质量现状水平
	风险受体	暴露程度	保护区数量及级别（学校、名胜古迹、医院）
			人口居住密度
			饮用水源级别
		适应力	人均 GDP 水平
			万人病床数
			预警处理能力
			人均公共绿地面积

根据风险源危险性越大、控制机制效果越差、暴露程度越高以及适应力越差造成的环境风险越大的思路，对城市的环境风险进行排序，进而对其进行环境风险分区。

本书准则层中把风险源危险性分为固定源危险性和移动源危险性。固定源是指区域中的工厂、企业等位置不变的风险源，移动源是指有害废物在运输过程中所造成的新的风险源。把风险受体脆弱性分为受体暴露程度和受体适应力大小。受体暴露程度是指在风险发生范围内的敏感目标的数量及面积，反映受体遭到危害的程度。受体的适应力是指受体遭受到外界干扰如突发的污染事故后，系统恢复到原状的能力，也是适应环境的能力。

指标层中的主导行业类型反映区域的支柱产业状况，重大危险源规模反映区域重大危险源的数量，危险源密集度（重大危险源的数量与人口密度之比）反映危险源的链发和群发状况。有害废物特性反映运输过程中危险物的危险性，排放量反映有害废物的数量，交通危险性代表有害废物运输交通的状况。

控制机制反映人为因素对事故发生可能性和危害大小的影响。环境质量现状反映区域初级控制机制水平，从一定程度上代表了控制和阻碍环境风险源与环境风险受体接触的效果。人为风险发生频率可以反映区域次级控制机制水平，包括应急投入、环境管理制度水平等，同时可以包含以风险研究风险的方法理论。风险源的控制机制越好，其危险性相对较小，一方面，因为风险企业可在事故发生前对事故进行预测和预防，降低事故发生的可能性；另一方面，事故发生后能及时作出应急措施，减少事故对环境和人体健康危害和损失。

保护区数量、人口密度越多和饮用水源级别越高，在污染事故风险中暴露程度越大，其区域风险就越大。人均 GDP 水平越高的地方，往往是经济越发达的地方，这些地方发生事故时的经济损失往往会更大，这些考虑在暴露程度中的保护区数量及级别中。适应力中的人均 GDP 水平反映减少风险源危险性的经济实力；万人病床数和人均公共绿地面积分别反映城市医疗救助水平和应急避难的城市开放空间水平。

15.3　环境风险量化

15.3.1　指标权重

环境风险分区指标体系的权重设置如表 15-3 所示。因为本书讨论的重大环境风险源是人为风险源，不论是事故发生前的预防机制还是到事故发生后的应急管理，控制机制在环境风险中都占据重要的位置，因此对控制机制设置的权重比较大。有毒废物特性和其排放量按其之积来计算危险性，因此统一赋权重。

表 15-3　环境风险分区指标体系的权重

准则层	准则层权重	指标层	指标层权重	最终权重
固定源	0.2317	行业类型	0.3187	0.0738
		重大危险源的规模	0.6153	0.1426
		危险源的密集度	0.0660	0.0153

准则层	准则层权重	指标层	指标层权重	最终权重
移动源	0.0914	有害废物特性	0.8	0.0731
		排放量		
		交通危险性	0.2	0.0183
控制机制	0.4634	人为风险发生频率	0.8750	0.4055
		环境质量现状水平	0.1250	0.0579
暴露程度	0.1068	保护区数量及级别（学校、绿地、医院）	0.0823	0.0088
		人口居住密度	0.6026	0.0644
		引用水源级别	0.3150	0.0336
适应力	0.1068	人均GDP水平	0.4820	0.0515
		万人病床数	0.1788	0.0191
		预警处理能力	0.2187	0.0234
		人均公共绿地面积	0.1205	0.0129

15.3.2 重大风险源识别

通过进行风险源识别，结果表明构成重大危险源共有400余家，其中，重大危险源系数大于10 000的有7家，重大危险源系数在1000~10 000的有13家，重大危险源系数在100~1000的有45家，重大危险源系数在10~100的有78家，还有300余家单位的危险源系数介于1~10。由于资料收集及调研存在的难度，本书选用前100家重大危险源企业，如表15-4所示，作为上海市突发环境污染事故的风险源研究的对象。上海市100家重大环境危险源中有24家储存单位，6家使用单位，76家生产单位，环境风险源空间分布如图15-2所示。

表15-4 上海市100家突发环境污染事故环境风险源

源编号	源名称	危化品类别	危化品名称	危险源系数
1	中石化上海石化股份有限公司炼油化工部	产品	苯、C5、氢气、甲烷、乙烷	737 535
2	中国石油化工股份有限公司上海高桥分公司炼油事业部	产品、生产原料、中间产品	汽油、硫化氢、氢、石油气、煤油、甲醇	19 642
3	陆彩特国际化工（中国）有限公司	生产原料	甲醇	19 291
4	上海石洞口煤气制气有限公司	生产原料	石脑油、甲醇	16 200
5	日邦聚氨酯（上海）有限公司	产品	TDI系改性异氰酸酯、HDI系改性异氰酸酯	16 041
6	上海东方储罐有限公司	储存化学品	汽油、煤油、甲醇、丙酮、乙醇、二甲苯	11 470

源编号	源名称	危化品类别	危化品名称	危险源系数
7	上海春宝化工有限公司	产品、生产原料	甲醇、甲醛、氨	10 082
8	中国石油化工股份有限公司上海石油储运配送分公司	储存化学品	汽油、甲醇	6431
9	青上化工（上海）有限公司	产品	氯化氢	6 100
10	上海宝钢化工有限公司	产品	苯、二甲苯	3 661
11	上海金地石化有限公司	产品	液化石油气	3 300
12	上海中强塑料制品有限公司	生产原料	正戊烷	2 473
13	中国石油化工股份有限公司上海高桥分公司化工事业部	产品、生产原料	丙酮、液化石油气、丁二烯、苯、丙烯、325 溶剂油	2 375
14	上海赛孚燃油发展有限公司	生产原料	汽油、甲醇	2 250
15	上海吴泾化工有限公司	产品、生产原料	甲醇、乙酸、氨、甲醇、乙醇、甲醛	1 948
16	中国石化上海石油化工股份有限公司化工事业部	产品、生产原料	丙烯、环氧乙烷、乙酸、氨、乙腈	1635
17	上海焦化有限公司	产品	甲醇	1 456
18	上海孚宝港务有限公司	储存化学品	氨、丙酮、苯、甲醇、甲苯	1 391
19	上海化工研究院	产品、生产原料	乙烯、氢、汽油、二氧化硫、氨	1 387
20	上海东方能源股份有限公司	产品、生产原料	石油气、丙烯	1 090
21	上海金杨化工助剂有限公司	生产原料	石脑油、丙烯	865
22	上海华谊丙烯酸有限公司	生产原料	甲醇、乙醇、丙烯	859
23	上海金森石油树脂有限公司	生产原料	石脑油、乙烷、丙烷	642
24	巴斯夫化工有限公司	生产原料	石油脑、氢、甲醇	636
25	上海苏创浦西燃气有限公司	产品	石油气、甲醇	605
26	上海万时红燃气有限公司	产品	石油气、1，3-丁二烯	550
27	上海申佳铁合金有限公司	使用化学品	汽油、甲苯	546
28	上海浦东旭光化工有限公司	生产原料	乙醇	503
29	上海凯通合成化学制品厂	产品、生产原料	冰醋酸、环氧乙烷、乙酸	485
30	上海液化石油气经营有限公司储配分公司	储存化学品	石油气、乙醇	380
31	上海人民制药溶剂厂	产品、生产原料	甲醇、乙醇、丙酮、	306
32	上海科宁油脂化学品有限公司	生产原料	环氧乙烷	300
33	上海石化鑫源化工实业有限公司	产品、生产原料	甲醛溶液、甲醇	284
34	上海启泰绿色科技有限公司	产品	二甲基丁烷	275
35	上海华荣达石油化工仓储有限公司	储存化学品	乙醇	260
36	上海浦东凌桥华升储运站	储存化学品	丙烯、1，3-丁二烯	256

源编号	源名称	危化品类别	危化品名称	危险源系数
37	上海奇华顿有限公司	生产原料	乙醇	250
38	上海农药厂	生产原料	甲醇	249
39	上海申星化工有限公司	产品、生产原料	甲醛溶液、甲醇	243
40	中国石化上海高桥石油化工公司聚氨酯事业部	生产原料	环氧乙烷、乙醇	243
41	上海造漆厂	生产原料	甲基苯、丙酮、二甲苯、乙酸丁酯、硝化纤维素	239
42	中国石化上海高桥石油化工公司精细化工事业部	生产原料	环氧乙烷、乙醇	232
43	上海半图油库有限公司	储存化学品	汽油	225
44	上海氯碱化工股份有限公司	产品、生产原料	四氯化碳、四氯乙烯、氯乙烯、乙烯	221
45	上海中信燃气有限公司	生产原料	液化石油气	220
46	上海申宇医药化工有限公司	生产原料	环氧乙烷、氢、甲醇	220
47	上海卓为化工有限公司	生产原料	石脑油	206
48	上海新阳油库有限公司	储存化学品	汽油	200
49	上海华江石油有限公司	储存化学品	汽油	175
50	上海振兴化工一厂	产品、生产原料、中间产品	乙醇、丙酮、甲醇、无水乙醇粗制品	174
51	宝钢综合开发公司工程检修服务分公司	产品	乙炔	171
52	上海化工供销有限公司仓储分公司	储存化学品	乙醇、苯、异氰酸甲酯、石脑油、甲苯、二甲苯、甲醇	164
53	上海宝钢化工有限公司梅山分公司	产品	苯、甲苯、二甲苯	150
54	上海松江燃气经营总公司	产品	液化石油气	148
55	上海庄臣有限公司	生产原料	煤油、汽油、乙醇、石油气	146
56	上海吴淞煤气制气有限公司	产品	甲烷、煤气、苯	141
57	上海液化气经营有限公司储配分公司金山储存站	储存化学品	石油气、苯	140
58	上海国际油漆有限公司	生产原料	二甲苯	135
59	上海石化铁路储运有限公司	储存化学品	氢、乙酸、甲醇	132
60	上海市化工轻工总公司桃浦仓储公司	储存化学品	甲苯、乙醇	124
61	上海涂料有限公司上海南大化工厂	生产原料	甲苯、甲醛溶液、氢	122
62	上海金山燃气有限公司	储存化学品	石油气、二甲苯	110

源编号	源名称	危化品类别	危化品名称	危险源系数
63	上海华生化工厂	生产原料	甲苯、硝化纤维素、甲苯二异氰酸酯	109
64	上海石化仓储航运有限公司	储存化学品	汽油、甲苯	103
65	上海高桥–巴斯夫分散体有限公司	使用化学品	1，3-丁二烯	100
66	上海爱特涂料制造有限公司	生产原料	乙醇、丙酮、乙酸正丁酯	96
67	上海金鹿化工有限公司	生产原料	松节油	94
68	上海张江汽车运输公司石油仓储部	使用化学品	汽油、二甲苯	90
69	上海泾星化工有限公司	产品、生产原料	甲醛	85
70	上海申威（集团）有限公司	生产原料	乙醇、石油气	85
71	上海汽巴高桥化学有限公司	产品	甲醇	66
72	上海长光企业发展有限公司	使用化学品	乙醇	60
73	上海市沪江生化厂	生产原料	甲醇	57
74	京华化工厂	生产原料	二甲苯	56
75	上海乐意海运仓储有限公司	储存化学品	二甲基乙酰胺、3-氯-1，2-环氧丙烷、甲酸	55
76	上海深试仓储有限公司	储存化学品	乙醇、石油脑	52
77	上海大桥化工有限公司	生产原料	乙酸正丁酯、乙醇	51
78	上海联胜化工有限公司	使用化学品	环氧乙烷	50
79	上海新誉化工厂	生产原料	氯酸钠、乙醇	48
80	上海市金山区煤气管理所	生产产品	甲烷、煤气、苯	46
81	上海浦东海光石化联贸总公司沪太路分公司	储存化学品	汽油	45
82	上海铁联化轻仓储有限公司	储存化学品	甲酸乙酯、石脑油、环己胺	45
83	上海白鹤化工厂	使用化学品	氢、苯	40
84	上海子能高科股份有限公司	生产原料	乙醇、甲醇	38
85	上海百斯特能源发展有限公司龚路储配站	储存化学品	石油气	37
86	上海罗门哈斯化工有限公司	使用化学品	甲醇	37
87	德固赛化学（上海）有限公司	产品、生产原料	乙酸丁酯、石脑油	35
88	上海罗万科技发展有限公司	产品、生产原料	石脑油	35
89	上海浦东新区上炼实业有限公司捷士汽柴油灌装分公司	储存化学品	汽油	34
90	上海中远关西涂料化工有限公司	生产原料	石脑油、乙醇、甲醇、丙酮、二甲苯	32
91	上海河马塑料厂	产品、生产原料	甲醛溶液、甲醇	32
92	上海东海液化气站	储存化学品	石油气	32
93	上海京丰化工有限公司	产品、生产原料	环氧乙烷	32
94	上海益元燃气营销有限公司	储存化学品	石油气	30
95	上海市南汇液化气公司	储存化学品	石油气	30
96	上海金威石油化工有限公司	生产原料	乙酸、乙烯	29

续表

源编号	源名称	危化品类别	危化品名称	危险源系数
97	上海海生涂料有限公司	生产原料	甲苯、乙醇	28
98	上海台硝化工有限公司	产品、生产原料	硝化纤维素、乙醇	28
99	上海东松化工科技发展有限公司	生产原料	丙酮、石脑油、乙酸正丁酯	28
100	丽利工业（上海）涂料有限公司	生产原料	石脑油、甲醇、乙醇、丙酮	27

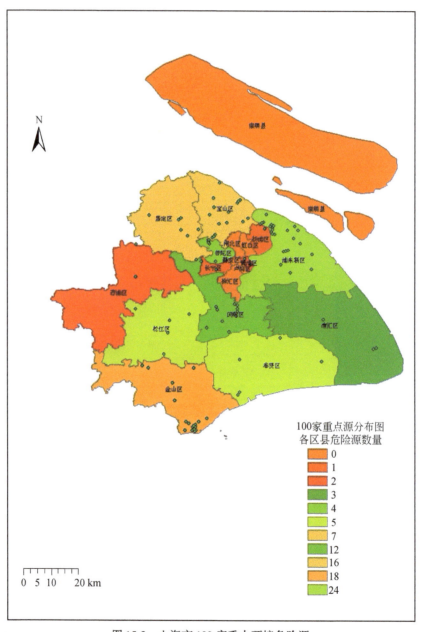

图 15-2　上海市 100 家重大环境危险源

　　分析上海市构成重大危险源的化学品性质（表 15-5），其主要特点如下：①位于前 6 位的均是易燃易爆化学品，如苯、汽油、石油气、甲醇及烷烃类；②发生泄漏事故对环境和人群健康造成严重影响的危险物质为苯、各类异氰酸酯、氯化氢、硫化氢、甲醛、氨、乙烯、二甲苯等；③上海市构成重大危险源的活性物质为氯酸钠，是上海新誉化工厂的生产原料，重大危险源系数达到了 46。

表 15-5　上海市 100 家风险源危险物质理化特征

序号	物质名称	相态	比重/ (t/m³)	易燃易爆性					毒性		
				闪点 /℃	沸点 /℃	爆炸极限 /%（Vol）	危险性 特征	分类	急性（LC50： mg/kg）	慢性	分级
1	石脑油	液	0.86	<—18	120～200	2.1～5.4	易燃易爆	甲 B	16 000		
2	丙酮	液	0.79	−4	−94.6	3.0～11	易燃易爆	甲 B	8 453	有影响	Ⅲ
3	乙酸正丁酯	液	0.88	33	126	1.4～8.0	易燃	甲 B	急性毒性较小		
4	乙酸	液	1.0492	39	117.9	4～17			3 530		
5	乙烯	气	0.57	−136	−103.9	2.7～36	极度易燃 易爆	甲 B	75 000		
6	氨	气	0.59		−33.4	15.7～27.4	可燃	甲 B	1 390	有影响 恶臭	Ⅱ
7	甲醇	液	0.81	12	64.7	6.0～36	有毒	甲 B	300	有影响	
8	环氧乙烷	液	0.83	−37	34	2.3～37	易燃、有毒	甲	380	疑致癌	Ⅱ
9	氢	气	0.070	253	−252.732	4.1～74.2	极度易燃	甲 B		—	
10	汽油	液	0.65	<—10	50～150	1.3～6	易燃易爆	甲 B	67 000	有影响	
11	丙烯	气	0.51	−108	−47.7	2.4～10.3	易燃易爆	甲 B	65 000	有影响	Ⅳ
12	乙腈	液	0.79	12.8(闭)	81.6	3.0～16.0		甲 B			
13	辛醇	液	0.81		174～181		有毒	甲 B	200(鼠口)	有影响	
14	甲醛	液	0.82	50	−19.5	7.0～73		甲 B		疑致癌	
15	乙醇	液	0.79	12	78.3	3.3～19.0	易燃	甲 B	85		
16	柴油	液	0.8～1.0	43～72	280～370	1.4	易燃	丙 A	36 000		
17	甲苯	液	0.87	6		1.2～7.0	易燃	甲 B	2 000	损肝肾	
18	二甲苯	液	0.87	25	139.3	1.1～7.0	易燃、有毒	甲 B	10ml/kg(鼠口)	损肝肾	
19	正戊烷	液	0.63	−40	36.1	1.7～9.8	极度易燃	甲 A	446(鼠口)		
20	苯	液	0.9	−11	80.1	1.2～8	易燃易爆	甲 B	48	致癌	
21	甲苯二异 氰酸酯 TDI	液	1.22	132	251	0.9～9.5			1 995	疑致癌	
22	甲基异氰 酸酯 HDI	液	1.0465	140	124				1 995		Ⅱ
23	石油气 （LPG）	液		−74	−88～0	2～15	极度易 燃易爆	甲 A			
24	硫化氢	气	1.19	−50	−60.4	4～6	有毒、恶臭		618		
25	煤油	液		43～72	280～370.	1.4～4.5	易燃	乙 A			
26	二甲苯	液	0.87	6		1.2～7.0	易燃	甲 B	2000	损肝肾	

序号	物质名称	相态	比重/(t/m³)	易燃易爆性					毒性		
				闪点/℃	沸点/℃	爆炸极限/%(Vol)	危险性特征	分类	急性(LC50：mg/kg)	慢性	分级
27	1,3-丁二烯	气	0.61	−41	−4.5	2～12	易燃可疑致癌	甲A	5.48(鼠口)	有影响	
28	325溶剂油	液		16	85		极易燃易爆	甲B			
29	硝化纤维	固	1.66	12.78			极易燃易爆	甲A			
30	N,N-二甲基乙酰胺	液	0.94	70	166	2.0～11.5	可燃	甲B	4 200		
31	异氰酸甲酯	液	0.96	7	37～39	5.3～26	易燃易爆	甲B	51.5(鼠口)		
32	氯化氢	气	1.63					乙		有影响	Ⅱ
33	丁烷	气	0.58	−60	−0.5	1.5～8.5	易燃	甲	658 000mg/m³		
34	氯酸钠	固	2.49						1200		
35	二氧化硫	气	1.43		−10				6600mg/m³		Ⅲ
36	松节油	液			154～159						
37	氯乙烯	气	2.15	−78	13.4	3.8～29	易燃	甲	500		Ⅰ
38	甲烷	气	0.7186			5～15	易燃低毒	甲			
39	乙烷	气	1.04		−88.6	3.0～16	易燃	甲			
40	四氯化碳	液	1.59		76～77						
41	四氯乙烯	液	1.62		121.2						
42	1,2-二甲苯	液	0.88		144.4	1.1～6.4	易燃	甲			

上海市各区县风险源危险性，如表15-6所示。

表15-6　上海市各区县风险源危险性

区县名称	主导行业类型	重大危险源的数量	危险源的密集度	有害废物特性×排放量	交通危险性
浦东新区	100	24	68.170 185 54	42 392	202
黄浦区	80	2	0.412 360 857	243	12
卢湾区	20	0	0	0	5
徐汇区	20	0	0	0	28
长宁区	50	1	0.623 575 383	109	23
静安区	20	0	0	0	4
普陀区	100	4	2.551 122 485	1673	36
闸北区	20	0	0	0	18
虹口区	20	0	0	0	20
杨浦区	70	1	0.563 619 49	6431	22
宝山区	90	16	53.141 806 59	25 129	136
闵行区	100	12	52.016 836 2	10 871	112
嘉定区	70	7	61.021 596 24	867	113

区县名称	主导行业类型	重大危险源的数量	危险源的密集度	有害废物特性×排放量	交通危险性
金山区	100	18	201. 738 382 1	756 108	62
松江区	80	5	56. 910 355 2	16 644	110
青浦区	50	2	29. 372 781 07	77	100
南汇区	60	3	27. 952 426 78	92	80
奉贤区	50	5	66. 957 919 35	19 586	72
崇明县	20	0	0	0	49

15.3.3　控制机制

环境质量现状反映区域初级控制机制水平，从一定程度上代表了控制和阻碍环境风险源与环境风险受体接触的效果。人为风险发生频率可以反映区域次级控制机制水平，包括应急投入、环境管理制度水平等，同时可以包含以风险研究风险的方法理论。根据《上海市市容环境卫生管理局关于 2006 年上半年度各区县市容环境卫生综合指标评价情况的通报》和 2000～2008 年环境风险发生频率的平均值，得出上海市各区县控制机制有效性（表 15-7）。

表 15-7　上海市各区县控制机制有效性

区县名称	环境质量现状水平	人为风险发生频率
浦东新区	优良良好	5. 75
黄浦区	优秀	0. 75
卢湾区	优秀	0. 5
徐汇区	优良	1. 5
长宁区	优良	2
静安区	优秀	1
普陀区	良好	2. 75
闸北区	达标	2. 75
虹口区	良好	1
杨浦区	达标	1. 75
宝山区	达标优良	9. 25
闵行区	良好	5. 25
嘉定区	优秀	4. 5
金山区	达标	3. 75
松江区	优秀	4. 75
青浦区	优良	2
南汇区	良好	1. 75
奉贤区	优良	3. 75
崇明县	达标	0. 75

15.3.4 风险受体

上海市的环境风险受体主要考虑受体的暴露程度和适应力，其中受体暴露程度主要考虑保护区数量及级别、人口居住密度和饮用水源级别。受体适应力主要考虑人均 GDP 水平、万人病床数、预警处理能力和人均公共绿地面积。取水口数据通过调研获取，如表 15-8 和图 15-3 所示，其他数据均来自于 2007 年的统计年鉴。

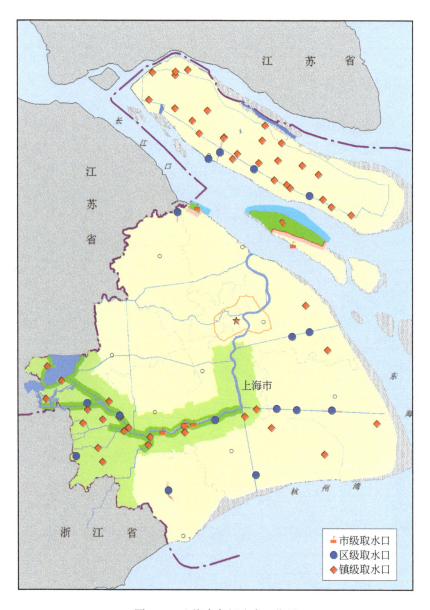

图 15-3　上海市各级取水口位置

表 15-8　上海市各级取水口数量及级别

区县名称	取水口数量			
	市级	区级	镇级	合计
松江区	2	1	9	12
青浦区	0	1	6	7
闵行区	1	0	1	2
嘉定区	0	1	0	1
宝山区	1	0	0	1
浦东新区	0	2	2	4
南汇区	0	3	1	4
奉贤区	0	2	3	5
金山区	0	2	1	3
崇明县	1	4	26	31
总计	5	16	49	70

15.3.5　环境风险分区

按照本文指标体系及量化模型，得到上海市各个区县环境风险综合风险指数，如表 15-9 所示。

表 15-9　上海市各区县环境风险综合风险指数

区县名称	固定源	移动源	控制机制	暴露程度	适应力	综合风险指数
浦东新区	0.2216	0.0224	0.4386	0.0152	0.0262	0.7239
黄浦区	0.0591	0.0011	0.0761	0.0801	0.0344	0.2507
卢湾区	0.0148	0.0005	0.0584	0.0642	0.0402	0.1781
徐汇区	0.0205	0.0026	0.1347	0.0345	0.0274	0.2197
长宁区	0.0427	0.0021	0.1700	0.0310	0.0424	0.2882
静安区	0.0148	0.0004	0.0937	0.0671	0.0416	0.2175
普陀区	0.0968	0.0034	0.2325	0.0301	0.0477	0.4107
闸北区	0.0148	0.0016	0.2518	0.0420	0.0548	0.3651
虹口区	0.0148	0.0018	0.1091	0.0583	0.0374	0.2215
杨浦区	0.0574	0.0026	0.1813	0.0345	0.0436	0.3195
宝山区	0.1617	0.0147	0.6909	0.0098	0.0555	0.9327
闵行区	0.1462	0.0112	0.4088	0.0114	0.0363	0.6139

区县名称	固定源	移动源	控制机制	暴露程度	适应力	综合风险指数
嘉定区	0.0962	0.0103	0.3405	0.0049	0.0674	0.5194
金山区	0.1975	0.0787	0.3224	0.0058	0.0639	0.6682
松江区	0.0919	0.0116	0.3581	0.0163	0.0573	0.5352
青浦区	0.0506	0.0091	0.1700	0.0095	0.0857	0.3248
南汇区	0.0635	0.0072	0.1620	0.0081	0.0674	0.3082
奉贤区	0.0648	0.0084	0.2934	0.0079	0.0717	0.4463
崇明县	0.0148	0.0044	0.1108	0.0351	0.0858	0.2509

各区县的风险要素空间分布图如图 15-4 至图 15-8 所示。

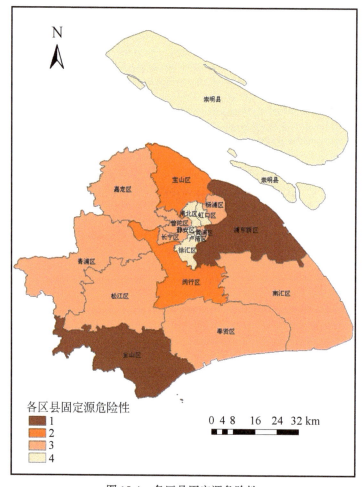

图 15-4　各区县固定源危险性

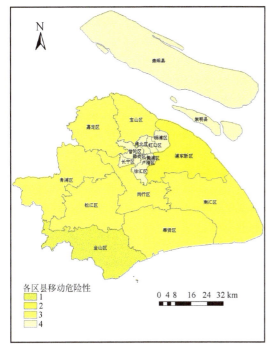

图 15-5　各区县移动源危险性

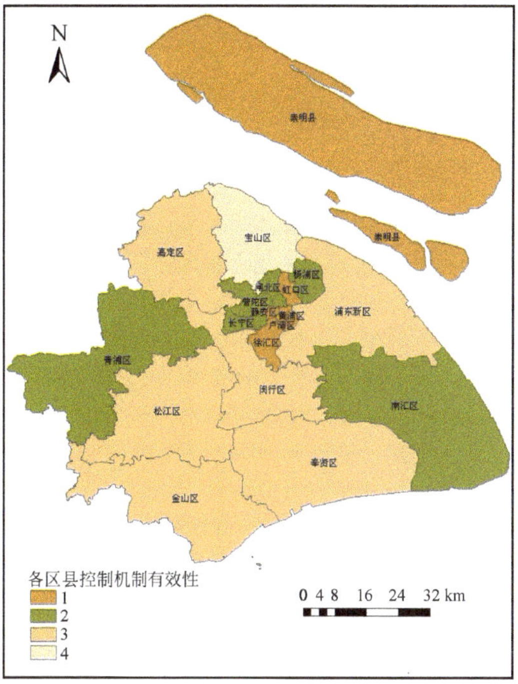

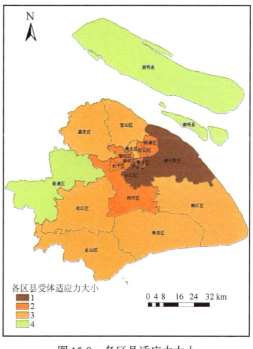

图 15-6　各区县控制机制有效性

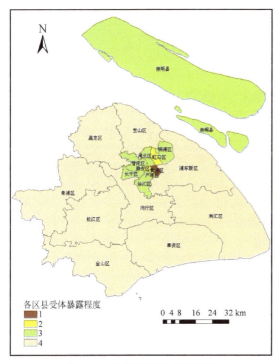

图 15-7　各区县受体暴露程度

图 15-8　各区县适应力大小

对上海市各区县的综合风险指数进行 SPSS 系统聚类，聚类结果如图 15-9 所示。

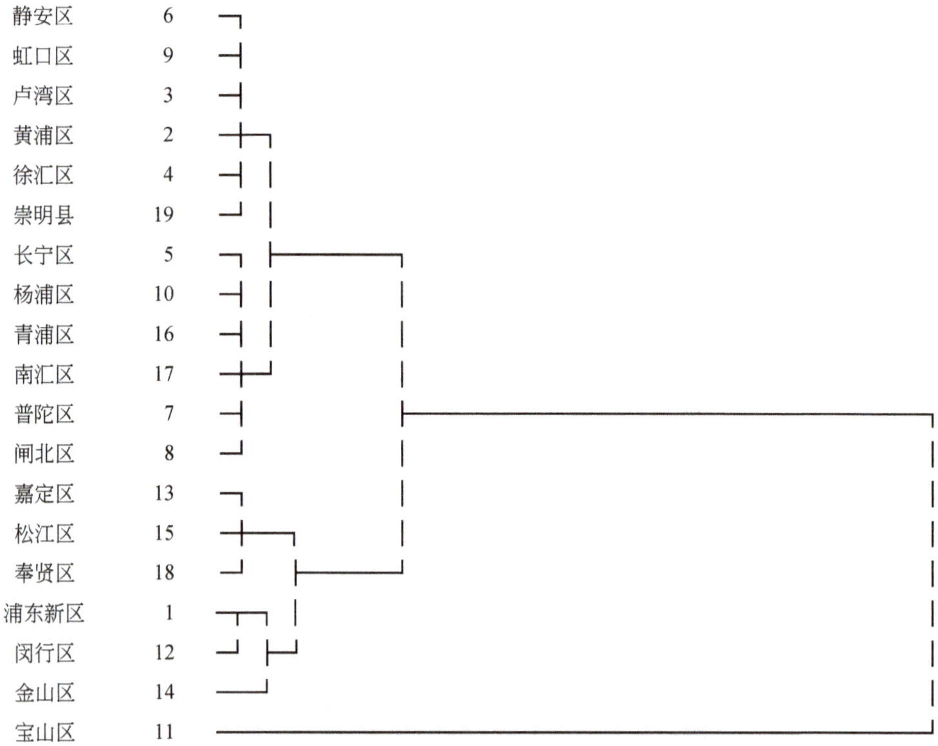

静安区 6
虹口区 9
卢湾区 3
黄浦区 2
徐汇区 4
崇明县 19
长宁区 5
杨浦区 10
青浦区 16
南汇区 17
普陀区 7
闸北区 8
嘉定区 13
松江区 15
奉贤区 18
浦东新区 1
闵行区 12
金山区 14
宝山区 11

图 15-9　系统聚类柱状图

N
崇明县
崇明县
宝山区
嘉定区
杨浦区
闸北区
虹口区
普陀区
静安区
黄浦区
长宁区
卢湾区
徐汇区
浦东新区
青浦区
闵行区
松江区
南汇区
奉贤区
金山区
各区县环境风险分区
低风险区
一般风险区
较大风险区
重大风险区
0 4 8 16 24 32 km

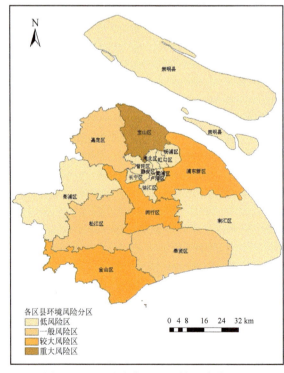

图 15-10　上海市各区县环境风险分区图

　　根据图 15-9 聚类结果和表 15-9 的数据可以看出，在上海市的 19 个区县中，宝山区属于重大风险区，再从以上分类结果明显可以得出上海市浦东新区、闵行区和金山区属于较大风险区，嘉定、松江区和奉贤区属于一般风险区，其他各区属于低风险区。

　　利用 GIS 操作软件可以得到上海市各区县环境风险分区图，如图 15-10 所示。

15.4　环境风险分区特征描述

　　根据表 15-9 中上海市各区县环境风险综合风险指数，采用类间平均链锁法进行 SPSS 系统聚类，分为 4 类，其中距离测度采用欧氏距离平方法。各区县的固定源危险性、移动源危险性、控制机制有效性、受体暴露程度和适应力分布如图 15-4、图 15-5、图 15-6、图 15-7 和图 15-8 所示。其中，危险性和暴露程度 1～4 级逐渐减小，控制机制和适应力指数 1～4 级逐渐增大。但是控制机制和适应力是个逆向指标，在计算指数时已经经过逆向运算，因此控制机制和适应力指数越大，其控制机制水平越差和恢复力越小。这样，叠加后，按 1～4 级的风险逐渐增大。

　　从图 15-4 中可以看出，金山和浦东新区的固定源危险性最大，其次为宝山区和闵行区，固定源危险性较小的为徐汇、卢湾、静安、闸北、虹口区和崇明县。

　　从图 15-5 中可以看出，金山的移动源危险性最大，其次为浦东新区，移动源危险性较小的为徐汇、卢湾、静安、闸北、虹口、长宁、黄浦、普陀、杨浦区和崇明县。这与他们的危险物质储存、运输有关。金山区的有毒物质数量大，毒性强，造成其移动源危险性最大。徐汇、卢湾、静安、闸北、虹口、长宁、黄浦、普陀和杨浦区为上海市的城区，存放有毒物质少，而且市区环境治理措施好于郊区，主要是人口比较密集，没有大型的化工园区。

　　从图 15-6 中可知，宝山区的控制机制水平最差，从调查统计来看，它的人为风险发生频率最高，在 2008 年的 93 起突发污染事故中宝山区占了 13 起。控制机制水平最好的为崇明、徐汇、卢湾、黄浦、静安和虹口区。

　　由图 15-7 可见，上海市各区县受体暴露程度指数差别较大，在空间上主要表现为中心城区及周边区域的暴漏程度高于其他地区。最高的是黄埔区、卢湾区、静安区和虹口，其次为崇明县。由于上海市的人口分布不均匀，绝大多数人口都聚集在浦西的市中心（包括黄埔区、卢湾区、静安区和虹口区等）一带。目前浦西的人口密度接近 4 万人/km^2。人口密度高、保护区数量多的特点，使得其面对突发环境污染事故时的暴漏程度高于其他区域。与中心城区高密集人口和高保护区数量相比，郊区的暴露程度都偏低。崇明县因为作为重要的水源地使其暴露程度偏高。

　　由图 15-8 可见，上海市浦东新区、徐汇的适应力最高。资料表明，这两个区的人均 GDP 水平、医疗水平及人均公共绿地面积都很高，这使他们突发环境污染事故应急能力较强。青浦及崇明由于卫生事业相对落后，发生事故后，应急救援能力相对市区较弱，使得适应力指数较低。

　　通过分析最终分区结果（图 15-10），可以得出：①上海各区县的综合环境风险指数相差比较大，可以采取重点区域管理措施。②上海市重点风险区域分布在金山、闵行、浦东、宝山和松江等 7 个区县，这可能是由于其产业布局不合理造成的，这些区域中包括的重点风险区域有吴泾工业区、上海化工区、高桥石化区、金山工业区、金山第二工业区、桃浦工业区等。③重点风险区域的综合风险指数与交通事故发生频率有关，容易造成有毒有害物质的泄露，从而加大移动源的危险性。④各区县的控制机制水平相差比较大，这是由其监控水平、应急投入、环境管理制度、生产工艺水平等因素水平不一造成的，宝山区的综合风险指数之所以高，很大程度上是由于其控制机制薄弱，造成人为风险频率较高。

第16章 长江三角洲流域环境风险分区

16.1 研究区域概况

长江三角洲是我国最大的河口三角洲，泛指镇江、扬州以东长江泥沙积成的冲积平原（图 16-1），位于江苏省东南部、上海市及浙江省杭嘉湖地区。长江三角洲顶点在仪征市真州镇附近，以扬州、江都、泰州、海安、栟茶一线为其北界，镇江、宁镇山脉、茅山东麓、天目山北麓至杭州湾北岸一线为西界和南界，东止黄海和东海。

图 16-1 长江三角洲遥感影像图

国家发展和改革委员会组织编制的《长江三角洲地区区域规划》，包括上海全市、江苏省中南部 8 市（南京、扬州、泰州、南通、镇江、常州、无锡、苏州）、浙江北部 7 市（杭州、嘉兴、湖州、宁波、绍兴、舟山、台州），共 16 市，总面积 $11.08 \times 10^4 km^2$（图 16-2），约占全国总面积的 1.14%。相应地，长江三角洲城市群，就是指在长江入海而形成的扇形冲积平原上，以上海为龙头，由浙江的 7 市和江苏的 8 市共 16 个城市所组成的城市带。

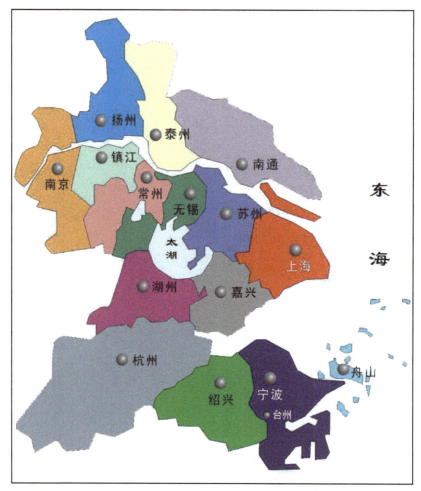

图 16-2 长江三角洲各城市区域位置图

就本书而言，受资料可得性的限制，研究范围主要限定于长江三角洲主河道及其主要支流经过的区域，行政区划涉及上海市以及江苏省的南京、苏州、无锡、常州、南通、扬州、泰州、镇江等 8 个沿江市，没有考虑浙江省的几个地区，也是长江三角洲化工园区集中的区域（图 16-3）。

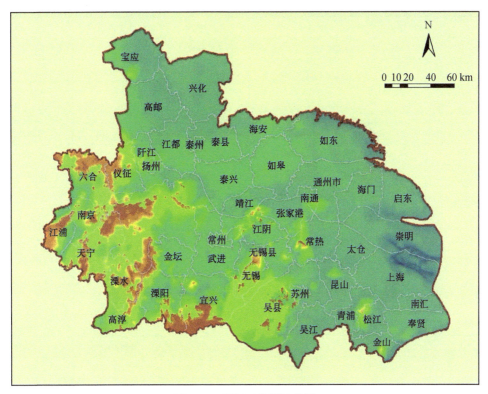

图 16-3　长江三角洲地貌图

16.1.1　自然社会经济概况

长江三角洲地处东部长江的入海口，位于我国 18 000km 海岸线的中部，拥有"外通大洋、内联深广腹地"的优越自然区位条件。长江三角洲地处亚热带的中、北部，受东亚季风的影响，气候温和，光、热、水分均较充足，年降雨量为 1000～1500mm，当地水资源年均达到 570 多亿 m^3，长江及众多的河流提供的过境水每年达到甚至超过万亿 m^3。区域土地以平原为主，土地肥沃，自古以来农业发达，有"鱼米之乡"、"丝绸之府"的美誉。本区域内河湖分布密集，水产资源也非常丰富，著名的舟山渔场、嵊泗渔场、长江口渔场均在附近海域。长江三角洲地区，人口密度高，自然资源占有量严重不足，土地资源、矿产和能源尤为紧缺。

2005 年长江三角洲人口达到 8684 万人，国内生产总值达到 33 963 亿元，占全国总量的 18.3%（表 16-1），2005 年长江三角洲的第一、第二、第三产业结构分别是 4∶55∶41（长江和珠江三角洲及港澳特别行政区统计年鉴，2006）。长江三角洲地区产业结构的最大特点是缺乏矿产资源，区内条件极为相似，从而导致各城市在经济发展过程中均以加工业为主，产业结构严重趋同。

表 16-1　2005 年长江三角洲基本情况统计

城市	年末总人口 /万人	土地面积 /km²	人口密度 /（人/km²）	地区生产总值 /亿元	人均生产总值 /元
上海市	1 360.26	6341	2145	9154.18	67 297.28
南京市	595.8	6582	905	2411.11	40 468.45
无锡市	452.84	4788	946	2804.68	61 935.34
常州市	351.63	4375	804	1303.36	37 066.23
苏州市	607.31	8488	715	4026.52	66 300.9
南通市	770.86	8001	963	1472.08	19 096.59
扬州市	456.31	7500	608	922.02	20 206
镇江市	267.61	3847	696	871.67	32 572.4
泰州市	502.05	5791	867	822.26	16 378.05
杭州市	660.45	16596	398	2942.65	44 555.23
宁波市	556.70	9672	576	2449.31	43 996.95
嘉兴市	334.33	3915	854	1159.66	34 686.09
湖州市	257.58	5818	443	644.25	25 011.65
绍兴市	435.09	8256	527	1447.47	33 268.29
舟山市	96.73	1440	672	280.16	28 963.09
台州市	559.85	9411	595	1251.77	22 359.02
合计	8265.4	110 821	746	33963.15	41 090.75

资料来源：长江和珠江三角洲及港澳特别行政区统计年鉴，2006

16.1.2　化学工业园区概况

自 20 世纪 80 年代起，世界化工产业开始结构调整，传统化工逐步向发展中国家转移，最早是中东、南美地区，近 10 年来，向市场和资源较为丰富的亚洲地区转移速度加快。一份统计数据表明，1998~2005 年，全球预计新增乙烯生产能力约 2500 万吨，其中，50% 以上集中在亚洲和中东地区。"无论是从全球产业转移机遇，中国工业化发展进程，还是长三角区域所占的产业基础、水陆交通便利的区位优势，长三角承接全球重化工产业转移是必然趋势。"这也是长三角地区一次主动出击。无论是江苏沿江开发战略，还是浙江杭州湾开发战略，都把石化产业作为首选。江苏沿江 6 个市区、15 个沿江县（市），几乎每个市都有化工园，并将化工产业作为地方支柱产业。有人戏称，"长江三角洲有望成为化工园区三角洲"。沿江产业的特点是大进大出、大投入。根据国际资本和产业转移的规律，一是沿江产业重点放在装备制造业，包括汽车、船舶、机械装备、机电等，二是化工，三是冶金，这个产业带，称为沿江基础产业带。对化工产业的这种认识以及大举推动，甚至使周边欠发达地区也被卷入了一个大化工产业发展的浪潮。

本书搜集整理到长江三角洲规模较大的工业园区一共有 31 家（表 16-2）①，其中，基本以化工为主的工业园区有南京化工园区、扬州化学工业园区、泰兴经济开发区、海安精细化工园区、宜兴化学工业园以及上海化学工业区是以化工为主的产业园区；而江都经济开发区、泰州经济开发区、张家港保税区、张家港经济开发区、如皋经济开发区、南通港闸经济开发区、太仓港口经济开发区、松江工业区以及莘庄工业区中有较大比例的化工产业。其他工业园区中，化工产业所占比例较小，其中投资规模是指工业园区中化工产业的投资规模。长江三角洲工业园区的重点是发展石油和天然气化工、基本有机化工原料、精细化工、高分子材料、生命医药、新型化工材料等六大领域的系列产品，这些项目中所涉及的原料、辅料、中间产品、产品和燃料等许多物质均属于危险性物质，它们分布于园区内各企业的生产装置、储存系统以及园区内生产辅助设施、公用工程、集中灌区等各区域。所涉及主要物质的理化性质、毒理毒性和燃爆性等参见表 12-7，易燃易爆和毒害性物质。其中依据《石油化工企业设计防火规范》（GB50160—92，1999 版）判别物质的火灾危险类别；依据《职业性接触毒物危害程度分级》（GB5044—85），进行物质毒性等级判定。

表 16-2　长江三角洲主要工业园区

园区名称	所属市	成立时间/年	投资规模/亿元
南京化工园区	南京	2001	50.00
扬州化学工业园区	扬州	2006	10.00
仪征经济开发区	扬州	1992	1.00
句容经济开发区	镇江	1992	0.50
镇江经济技术开发区	镇江	1998	10.00
扬中经济开发区	镇江	1993	1.00
扬州经济技术开发区	扬州	1992	2.00
江都经济开发区	扬州	1993	30.00
泰州经济开发区	泰州	1996	30.00
泰兴经济开发区	泰州	1992	42.00
丹阳经济开发区	镇江	1992	2.00
常州新北工业园区	常州	2006	8.00
江阴临港经济开发区	无锡	2006	13.00
江阴经济开发区	无锡	1993	20.00
靖江经济开发区	泰州	1993	2.00
张家港保税区	苏州	1992	25.00
张家港经济开发区	苏州	1993	14.00

---

① 其实长江三角洲工业园区远不止这 31 家，但许多工业园区以国际贸易、现代物流、高新产业等为主，环境风险较小，或者分布于非长江水系区，与长江干支流联系不紧密等，同时由于很多工业园区缺少公开资料，故选取了这 31 家，重点示范流域环境风险的分析方法。

续表

园区名称	所属市	成立时间/年	投资规模/亿元
海安精细化工园区	南通	1992	3.00
如皋经济开发区	南通	1993	1.00
通州经济开发区	南通	1992	1.00
南通港闸经济开发区	南通	1993	8.00
南通经济技术开发区	南通	1984	7.00
启东经济开发区	南通	1992	6.00
太仓港口经济开发区	苏州	1993	25.00
宜兴化学工业园	无锡	2002	4.00
上海化学工业区	上海	1996	187.5
松江工业区	上海	1992	10.00
莘庄工业区	上海	1995	13.00
宝山工业园	上海	2003	2.00
闵行经济技术开发区	上海	1986	3.00
崇明工业园区	上海	1996	1.00

16.2 长江三角洲环境风险区划指标层量化

16.2.1 园区环境风险量化

根据对南京化工园区以及上海主要化工园区的重点企业的调研，掌握了工业园区涉及的主要危险物质。利用式（10-1）对其存储储量进行了统一度量，基于可用能的视角（available energy）反映其可能引起的环境改变，对南京化工园区和闵行经济技术开发区进行了量化，结果显示化工园区危险物质的存储能量与投资规模呈正相关关系。由于其他工业园区很难获取重要危险物质存储和使用的量，因此，其他工业园区环境风险是通过投资规模推算而来的。同样，由于各个工业园区的其他基础资料很难获得，因此，指标体系中无法实现对其泄漏风险水平的评价，本研究统一采用 10^{-5} 的风险概率来表示事故发生的概率，即中等风险水平。计算后的长江三角洲工业园区环境风险，如图 16-4 所示。

由图 16-4 可见，长江三角洲沿江布置了大量的化工园区，其中南京化工园区、泰兴经济开发区、扬州化学工业园区以及上海化工园区是其中较大的化工园区。长三角拥有两大国家级化学工业区，分别是地处杭州湾北部、距上海市区 50 公里的上海化学工业区，以及位于长江北岸、距南京市区 30 公里的南京化学工业园。

16.2.2 环境风险场累积计算

根据前面提及的算法以及式（10-3），可计算出 31 个化工园区与 6 个交汇点的风险累积

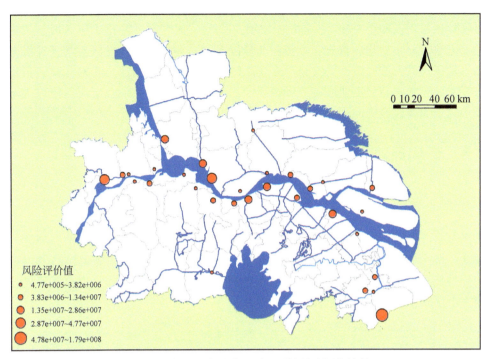

图 16-4　长江三角洲化工园区环境风险评价结果

值及其风险累积线的平均风险值，如图 16-5 所示。从结果中不难看出，在长江三角洲中

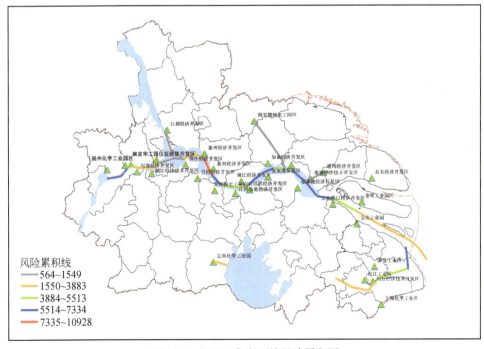

图 16-5　长江三角洲环境风险累积图

端地区是环境风险累积较大的区域，主要集中在扬州（镇江）与南通段，虽然上海地处下游，但风险累积程度却相对较小。同时，相比较而言，太湖水系受化工园区风险的影响比长江主干道水系要小一些。首先，就我们的分段而言，泰州经济开发区至泰兴经济开发区之间是风险累积最大的区域，其次是南京化工园区至扬州化工园区之间的区段，再次是丹阳经济开发区至常州新北工业园区。环境风险累积较小的区段分别是支流区段进入干流区段的较小的工业园区产生的环境风险场。

16.2.3 环境风险受体指标量化

1. 人口密度

长江三角洲地区各区域人口密度分布图见图16-6。总体而言，长江三角洲地区的人口密度较高，且区域内差异较大，最大的为上海的黄浦区，人口密度达到43 425人/km²，最小的则是丹徒县，为323人/km²。不同的人口密度对环境风险事故的响应自然不同，人口密度的大小反映了区域受体敏感程度。

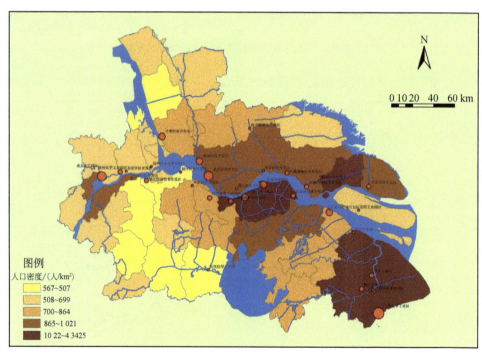

图16-6 长江三角洲人口密度分布图

2. 经济密度

作为全国最为发达的经济区之一，长江三角洲经济密度较大，人均GDP水平见图16-7。从图中可以看出，总体上长江南侧的经济发展水平高于北侧，也即是"苏南"、"苏北"

的差异，环太湖地区高于中上游地区的，而其中上海的浦东新区、静安区、黄浦区、卢湾区、宝山区、徐汇区、闵行区、长宁区、虹口区以及江苏省的昆山市、张家港市、江阴市、太仓市、常熟市、苏州市辖区人均 GDP 都已过万元。而整个长江三角洲地区最大的是上海的浦东新区，为 175 142 元/人，江苏省最大的是昆山市 218 984 元/人。

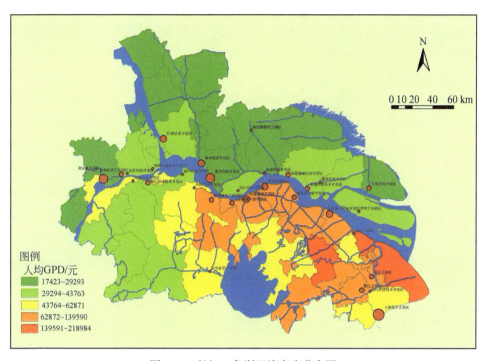

图 16-7　长江三角洲经济密度分布图

3. 备用水源地与取水口

虽然该区集中式饮用水源地的水质达标率一般都在 95%，但由于主要水源地集中在长江两岸，一旦发生严重的突发性水污染事故，整个地区可能会出现无水可供的局面。可靠的应急备用水源是应对突发性污染事故的基础和关键。据悉，江苏省建设厅去年便要求所有县以上城市供水都必须开辟备用水源。从总体上来看，长江三角洲地区备用水源地的建设相对滞后，建设较好的地区主要是南京市与南通市，南京主要依赖山地地区的水库来作为备用水源地的建设，而南通市主要依靠京杭大运河来开辟新的水源地（图 16-8）。而其他一些区县，由于水源地水质相对较好，所以对备用水源地的需求并不迫切。

取水口是流域环境风险的观点环节。除了对水生生态系统的影响外，一旦发生重大环境污染事故，其环境风险就是通过取水口对整个区域产生影响，通过对饮用水源地和农业灌溉来扩散环境影响。当然，在我们的研究中，我们也认为累积环境风险在空间上是通过取水口进行扩散和作用的。图 16-9 是长江三角洲取水口的分布图。

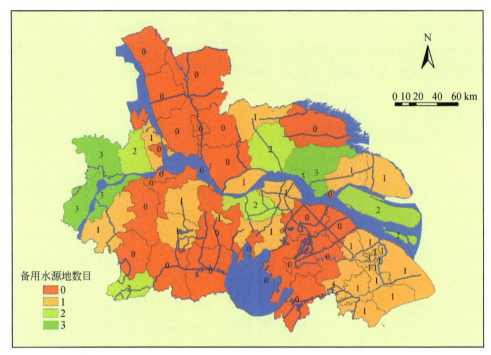

图 16-8   长江三角洲备用水源地分布图

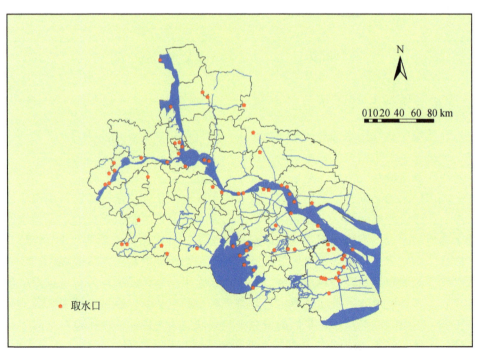

图 16-9   长江三角洲取水口分布图

4. 淡水渔业生产水平

由于较难获得水生生物信息资料，在较大尺度上也很难进行量化。我们选用各地区淡水渔业生产水平来指示量化河流水系受体的敏感性。图 16-10 是长江三角洲各地区淡水渔业捕捞水平。从总体上来看，除了城市建设区产出水平较低外，长江沿江干流河道地区的渔业水平产量较低，反映出随着长江三角洲快速的"化工化"过程中，水体的渔业功能受到很大的影响，而淡水系统较为发达的地区主要是离沿江较远、经济发展水平较低的苏北地区。

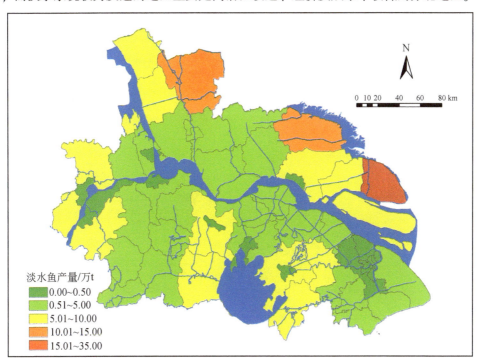

图 16-10　长江三角洲各地区淡水鱼产量分布图

16.3　长江三角洲环境风险分区指标分级

根据上述各指标的量化，长江三角洲环境风险分区的指标分级见表 16-3。

表 16-3　长江三角洲环境风险区划指标分级

项目	I	II	III	IV	V
风险累积场分级/（kJ/m³）	<1549	1550~3883	3884~5513	5514~7334	>7 335
人口密度分区/（人/km²）	<507	508~699	700~864	865~1021	>1 022
经济密度/（万元/km²）	<29293	29294~43763	43764~62871	62872~139690	>139 591
备用水源地	≥4	3	2	1	0
淡水渔业产量/万 t	≥15	10~15	5~10	0.5~5	<0.5
分区计算结果	<1.8	2.3~2.6	2.7~3.0	3.1~3.6	>3.7

16.4 长江三角洲环境风险分区

图 16-11 是长江三角洲环境风险区划的结果，揭示了长江三角洲突发环境污染事故风险在空间的作用格局，具体所辖行政区如表 16-4 所示。根据环境风险区划中的主导因素，选择相应的防范措施。总体而言，长江三角洲的中游地区以及上海的浦东地区为环境风险较高的地区，主要是由于上游的化工园区对该区风险累积影响较大，且这些地区的环境受体敏感性较高，特别备用水源地建设相对滞后。而上游地区的南京的六合、江浦、高淳、溧阳等县，由于地处上游地区，区域环境风险的影响较小，且处于山地地区，人口密度和经济密度都很小，且备用水源地建设相对较好，所以环境风险影响较小。

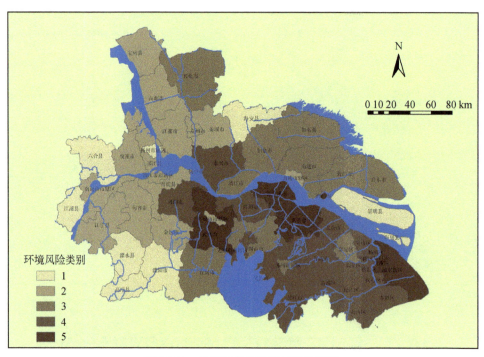

图 16-11 长江三角洲环境风险分区图

表 16-4 长江三角洲环境风险区划结果

分区单元	高风险区	较高风险区	中风险区	较低风险区	低风险区
分区范围	上海浦东新区、常熟市、张家港市、常州市辖区	上海市、苏州市、江阴、泰兴市、丹阳市	南通市、靖江市、兴化市、宜兴市	南京的下游区县与镇江的上游区县以及泰兴市的大部分区县	江浦、六合、溧水、高淳、溧阳、海安、崇明等区县
主导因素	风险累积源	风险累积源	风险累积源	受体敏感性	受体敏感性

16.5　长江三角洲环境风险防范对策

根据我们的分析，可以很容易从几个指标的指示作用上来确定区域风险的防范对策。

16.5.1　加强产业结构调整与优化布局

积极调整化工产业占主导地位的产业结构，促进园区产业升级，提高环境准入门槛，控制风险负荷大、经济附加值低的产业转移到区域内，鼓励低风险产业入区，对园区内外的小化工企业进行关、停、并、转，着力从根本上控制长三角风险源众多、风险隐患大的状况；

同时，在化工园区以后的建设中，一定要合理布局，统筹开发，准确定位，促进产业布局向科学合理的方向转变，进一步优化配置沿河空间资源。风险较大的危险源应该远离饮用水源地、特殊生态系统等敏感区域，确保风险源与风险受体之间的安全距离。

16.5.2　加强化工园区风险源管理

减少生产原料或中间产品的危险物质储存量，多次小规模或者分散储存，同时，改变企业危险性大的生产原料、中间产品或选择替代物质，尽可能减少危险物质的使用量和产生量。改进生产工业水平和储存条件，引进高科技的技术装备，降低由于生产工艺原始或者生产设备陈旧老化诱发的风险，定期对设备进行保养维护；对重大危险源的危险物质进行生产、储存、运输等全过程视频监控，安装在线监测系统和预测报警装置，危险物质一旦泄漏能够及时预报，安装控制系统并保证其正常运行，能在第一时间切断或者隔离危险源。

16.5.3　加强备用水源地建设

由于长江三角洲沿线城市饮用水尽管有多个取水口，但大多取自长江水系，属同一水源地，供水水源单一，一旦沿江某个取水口受到污染，就会影响整个流域水质，从而威胁整个城市供水系统。因此，需要加强备用水源地的建设：一是加快大运河水源地建设。长江北岸地区的城市可将京杭大运河作为一个重要的水源地进行建设，从而可以与长江水系互为补充，从而降低供水事故风险。二是充分利用和挖掘封闭性水源地供水潜力。长三角中西部的城市，需要加强塘坝、水库等新建与改造，整合现有的库容，不但可以提供临时应急水源同时可提高该区山区水源综合利用能力，改善山区生态环境，减少水土流失，促进生态修复。三是开展以城市地下水作为备用水源的调研与规划建设工作。对于长三角中部地区，既缺少山区大型水库，也缺乏非长江供水水系的支持，需要加快开展城市地下水作为备用水源的调研与规划建设工作。

同时，还需要加强应急备用水源地和供水管网的预先建设，确保发生事故时城市饮用水的水质安全。长三角地区备用水源建设的原则："原水互备、井水应急、清水联通、湖库保障"。

16.5.4　加强区域合作

由本研究可知，长三角不同风险单元之间，特别是上下游之间存在风险耦合与传递机制，各风险单元之间既相互独立又相互联系，上游的风险会影响到下游。不同风险区间联动协作的污染事故预防及应急管理是有阻止污染事故扩大和减少事故损失的有效途径。首先，应该成立长江三角洲重大突发性污染事故应急联动中心，其职责是统一受理沿江各类突发事件和应急求助的报警，组织、协调、指挥、调度相关联动单位应急处置一般突发事件和求助。其次，遇有重特大突发事件，有效整合相关力量和社会公共资源，具有对长三角范围内的突发事件和应急求助进行应急处置的职能机构和指挥平台。同时，建立风险区间减灾合作机制，如边界水质联合监测机制，为污染预警、污染事故调查处理提供基础资料，当水质发生异常时，监测结果能及时反馈给两地政府和有关部门，实现高效的污染事故风险管理。

16.5.5　建立区域统一协调的应急救援物资储备中心

通过对已发生的几次污染事故分析不难发现，事故发生后，应急物资的供应是最为突出的问题，多次出现短时间内哄抢瓶装水的局面。因此，建立区域统一协调调度的应急救援物资储备中心至关重要。环境风险区层面的应急救援物资储备点的物资应针对风险源主要危险物质的特征，若风险区危险物质主要为苯、甲苯类，则应急储备物资应以活性炭或其他惰性吸附材料为主。风险源危险性高的风险区也可根据实际情况委托企业储备，使得污染事故在第一时间得到处理。此外，环境风险区层面的应急救援物资储备点的选取要保证交通工具在一定时间内能到达该区域所有范围，保障事故的及时处理。流域层面应急物资储备中心应主要以储备点没有的、使用数量较大的、使用频率较低且价格较昂贵的应急物资为主。流域层面的污染事故应急储备中心的选址应围绕泰兴、常熟和上海市都风险累积程度较大、备用水源地滞后、环境受体敏感的区域，建立具有一定辐射半径的综合性应急救援物质储备中心，开展区域内应急救援物质装备信息的收集、登记和建档，负责长三角应急救援物质装备的配置和管理，构建长三角应急救援物质装备数据库，负责应急救援物质的统一调度和使用。

第 三 篇

系统开发篇

第17章　环境风险动态分区典型系统

环境风险区划是一个复杂的过程，因而现实中根据区域数据进行环境风险分区的过程通常是滞后的，无法适应区域实际情况的发展变化，因此，有必要根据前述的环境风险分区技术方法，借助于计算机技术手段，建立环境风险动态分区系统，为环境风险管理提供最新的信息支持和决策支持。

在对南京化学工业园和上海闵行区进行详细调研的基础上，采用软件工程技术方法，通过系统需求分析、总体规划和设计的基础上，开发了基于 WebGIS 的化学工业园环境风险分区动态分区系统和上海闵行区环境风险动态分区系统，并进行了运行测试。

17.1　系统需求分析

系统的需求分析和部分开发过程借助于 UML（统一建模语言）来进行建模分析，以便高效、高质量地完成系统开发工作。

统一建模语言（unified modeling language，UML）是一种对软件密集型系统的制品进行可视化、详述、构造和文档化的图形语言，它融合了当前一些流行的面向对象开发方法的主要概念和技术，成为一种面向对象的标准化的统一建模语言。其作用域不仅仅支持分析与设计阶段，而且支持从需求分析开始的软件开发的全过程。采用这种语言，设计人员可以对整个工程进行全面的模型刻画，在以往面向对象建模语言的基础上，UML 提供了一系列标准化的图形符号，所建立的模型清晰完整、便于理解，有助于用户、开发人员、测试人员、管理人员以及其他设计项目人员之间的信息交流，从而使软件工程更易于实施。UML 用模型来描述系统的结构或静态特征以及行为或动态特征，从不同的视角为系统架构建模，定义了用例图、类图、对象图、包图、状态图、活动图、顺序图、合作图和实现图，反映系统的不同特性，从功能、实体的静态、动态、行为交互以及系统实现等方面出发对系统做严格和清晰的规格说明。

系统的需求分析可以通过 UML 语言中的用例图来进行描述，采用 UML 进行需求分析首先要识别系统的参与者，本系统中涉及的主要参与者中主动参与者有风险源法人、规划部门、管理决策部门、系统管理员、普通用户，被动参与者有用户信息数据库、风险源信息数据库、区域环境风险分区信息数据库、区域环境风险分区模型库、区域功能分区信息数据库、区域环境风险知识库，其中图 17-1、图 17-2 分别为风险源法人和管理决策部门的请求服务用例图。

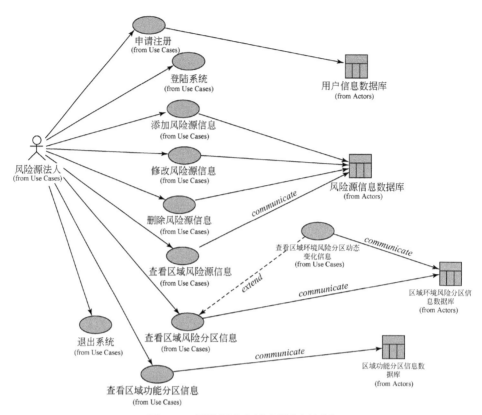

图 17-1　风险源法人请求服务用例图

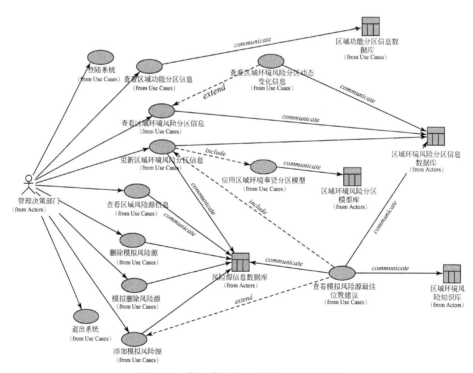

图 17-2　管理决策部门请求服务用例图

17.1.1　南京化工园区环境风险动态分区系统主要功能

通过需求分析结合环境风险分区技术，南京化工园区环境风险动态分区系统应实现的主要功能如下：

（1）实现对环境风险源、敏感点数据的管理。在重点风险源企业调研资料数据基础上，整合其他相关业务数据，建立环境风险源"一源一档"管理，基于 WebGIS 系统，实现对南京化工园区企业基本信息、存储区、工艺流程、应急设备及资源、安全环保职能部门信息、人员信息以及村庄、学校、居民区、医院、名胜古迹、机关等敏感点信息进行发布，如图 17-3 所示。同时进行缓冲分析，查找风险源一定范围内的敏感点分布情况，如图 17-4 所示，或者查找敏感点一定范围内的风险源分布情况，如图 17-5 所示。

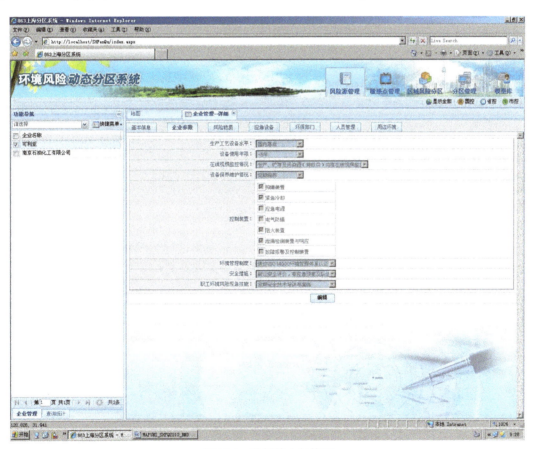

图 17-3　数据输入与管理

（2）开展环境风险动态分区模型计算。通过环境风险指数评价模型、大气风险场指数评价模型、水系风险源指数评价模型、脆弱性评价模型以及聚类模型算法，基于网格法进行计算，结合 GIS 对相关图层进行缓冲分析，对区域进行风险聚类分析，最终为环保管理工作提供技术支撑的目的。

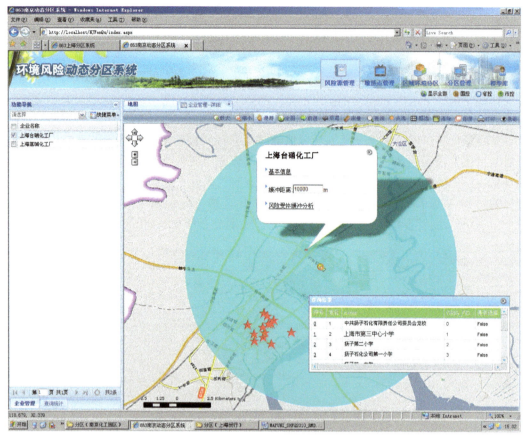

图17-4　风险源缓冲分析

（3）模型库管理。实现对环境风险动态分区算法参数进行动态编辑修改，调整参数计算查看更新后的分区效果，确定精确地风险聚类结果，以实现环境风险的动态分区管理。

17.1.2　上海闵行区环境风险动态分区系统主要功能

上海闵行区环境风险动态分区系统实现的主要功能如下：

（1）闵行区重点危险源管理。在对闵行区重点企业进行调研的基础上，实现对闵行区重点危险源的危险物质名称、储量、性质以及生产工艺的信息管理。

（2）各分区单元的风险源危险性评价。在计算闵行区各分区单元（乡、镇）危险物质储存量与临界量之比的基础上，综合生产工艺设备水平、各单元企业的生产、储存设备使用年限、危险源的密集程度、洪水、风暴潮的影响程度以及企业的环境管理制度、安全措施、生产监控等因素，对分区单元进行危险性评价。

（3）各分区单元进行受体脆弱性评价。在重点考虑各分区单元居民密度的基础上、综合居住区与工业的混杂程度、饮用水源地分布情况、人均 GDP 水平以及区域医疗卫生机构的应急救援能力因素对各分区单元进行受体脆弱性评价。

（4）闵行区环境风险分区。综合分区单元的风险源危险性和受体脆弱性对其进行风险

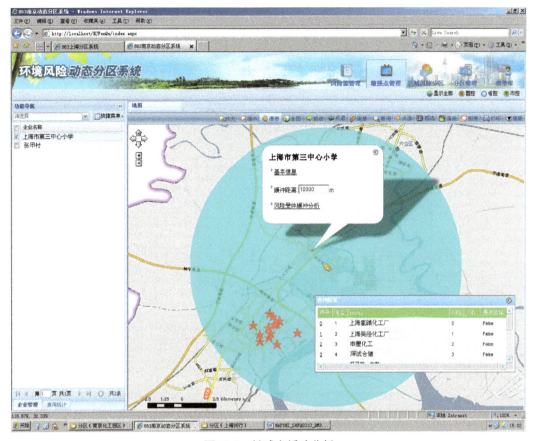

图 17-5　敏感点缓冲分析

评价，得到环境风险分区。

17.2　系 统 架 构

　　系统利用 GIS 技术、计算机技术、网络技术以及数据库技术，采用 B/S 结构，实现动态、直观、可视化的环境风险动态分区管理，基于 WebGIS 技术，实现敏感点、环境风险源信息的共享、发布、查询统计及多种形式的数据表现等方面的应用。系统架构图如图17-6 所示。

17.3　系统功能模块设计

　　根据系统实现功能的需要，设计了属性数据库管理、空间数据库管理、代码表管理、数据预处理、区域环境风险区划、区域环境风险区划信息管理六大模块，表 17-1、表 17-2分别为南京化工园区环境风险动态分区系统、上海闵行区环境风险动态分区系统每个模块实现的功能。

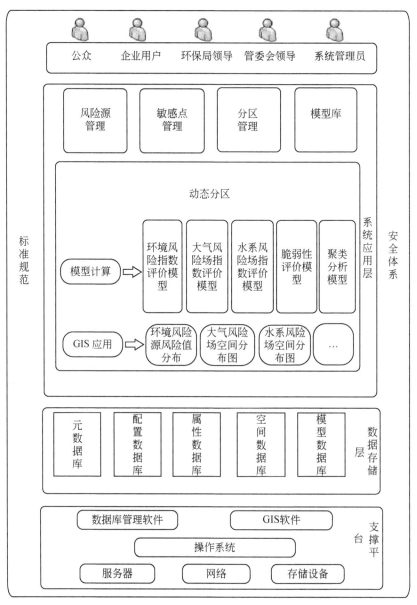

图 17-6 系统架构

表 17-1 南京化工园区环境风险动态分区系统模块及其功能

模块	功能
属性数据库管理	添加、修改、删除、备份、格式化导入导出，格式化输出
	查询，包括模糊查询与空间定位查询
	统计分析，包括统计图绘制

续表

模块	功能
空间数据库管理	图形编辑修改、删除与备份，格式化导入导出
	空间数据查询
	空间数据统计分析，包括统计专题图制作等
代码表管理	添加、修改、删除、备份、格式化导入导出
	与其他系统交换数据
数据预处理	各区划指标空间插值等地统计学分析
	风险源危险性评估
	受体敏感性评估
	环境风险场表征
区域环境风险区划	各种聚类模型（包括模糊聚类等），利用这些模型进行自下而上的环境风险分区
	在计算机辅助下，完成自上而下的区域环境风险一级分区
	自上而下与自下而上区划结果对比分析，交互调整，划分区域环境风险二级区
	区域环境风险分区图制作与格式化输出
区域环境风险区划信息管理	为各级分区进行编码，建立调控导则数据库及其管理系统，具体包括添加、修改、删除、备份与查询及格式化输出等
	与其他系统交换数据

表 17-2　上海闵行区环境风险动态分区系统模块及其功能

模块	功能
属性数据库管理	添加、修改、删除、备份、格式化导入导出，格式化输出
	查询，包括模糊查询与空间定位查询
	统计分析，包括统计图绘制
空间数据库管理	图形编辑修改、删除与备份，格式化导入导出
	空间数据查询
	空间数据统计分析，包括统计专题图制作等
代码表管理	添加、修改、删除、备份、格式化导入导出
	与其他系统交换数据
区域环境风险区划	风险源危险性评价
	受体脆弱性评价
	各分区单元风险评价
	区域环境风险分区图制作与格式化输出
区域环境风险区划信息管理	为各级分区进行编码，建立调控导则数据库及其管理系统，具体包括添加、修改、删除、备份与查询及格式化输出等。
	与其他系统交换数据

17.4　系统运行测试

17.4.1　南京化工园区环境风险动态分区系统

1. 风险源管理

系统提供对南京化工园区重点环境风险源企业信息进行管理，包括储罐区、库区、生产区、储罐、库房、工艺流程、风险物质、排放区、企业环保信息、周边环境等信息的维护操作，对企业进行定位、发布展示、空间分析，实现风险源的综合管理与 GIS 分析，为模型计算提供风险源数据支持，如图 17-7 所示。

图 17-7　风险源信息管理

2. 敏感点管理

系统实现对敏感点（包括学校、村庄、医院、水系、自然保护区、居民区等）信息的管理维护、定位分布、查询统计等，为模型计算提供敏感点数据支持，如图 17-8 所示。

3. 动态分区

采用动态网格计算方法，对南京化工园区企业、风险源进行环境风险指数、大气风险场指数、水系风险场指数、脆弱性模型分析，结合四个模型计算结果进行聚类分析展示，可对分区模型参数进行管理，实现南京化工园区环境风险的动态分区。

（1）用户可自定义网格生成范围、网格数量，动态生成电子地图范围内任意大小的动态网格，如图 17-9 所示。

（2）利用大气、水系风险场评价模型进行计算，基于 WebGIS 对计算区域进行大气风险场指数、水系风险场指数渲染并展示，如图 17-10、图 17-11 所示。

图 17-8　GIS 定位分析

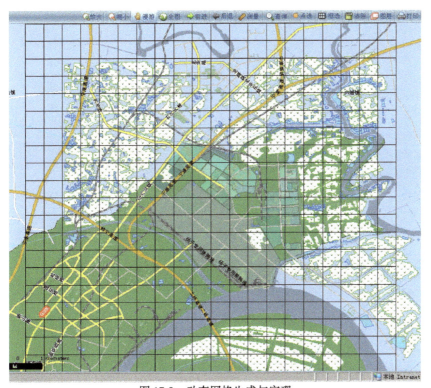

图 17-9　动态网格生成与实现

图 17-10　大气风险场空间分布

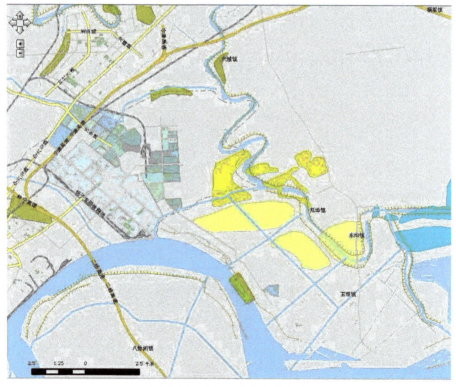

图 17-11　水系风险场空间分布

（3）根据脆弱性指标评价，对区域进行脆弱性计算，并进行计算结果渲染展示，如图
17-12 所示。

图 17-12　南京化工业园受体脆弱性分析

（4）对环境风险源指数、大气风险场指数、水系风险场指数、脆弱性进行叠加计算，
利用 k 值聚类算法进行聚类分析，得出聚类结果并展示，如图 17-13 所示。

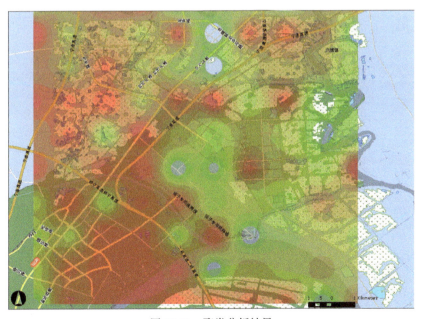

图 17-13　聚类分析结果

17.4.2　上海闵行区环境风险动态分区系统

1. 风险源危险性评价

在对风险源企业信息——危险物质名称、储量、性质以及生产工艺等管理的基础上，利用风险源危险性评价模型，对风险源进行危险性评价，如图17-14所示。

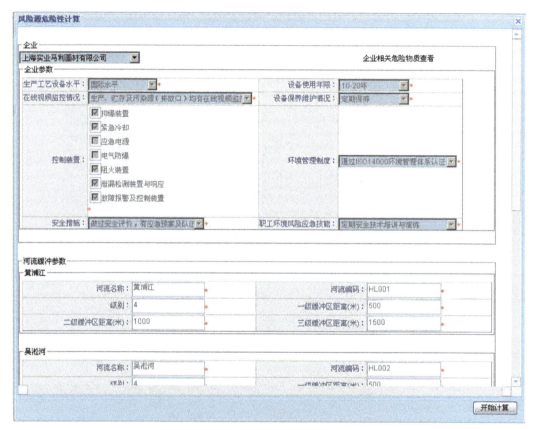

图 17-14　风险源危险性评价

2. 受体脆弱性评价

通过对上海市环境风险受体信息的综合管理、维护，包括居民区、学校、医院、水系、自然保护区、村庄等，实现敏感受体的分布、信息展示、空间分析；利用风险受体脆弱性评价模型对闵行区进行脆弱性评价，如图17-15所示。

3. 风险分区

在综合风险源危险性评价和受体脆弱性评价的基础上对闵行区的环境风险信息进行实时计算，并将结果结合 GIS 进行综合展示，以实现区域的动态环境风险分区，图17-16为闵行区的环境风险分区结果。

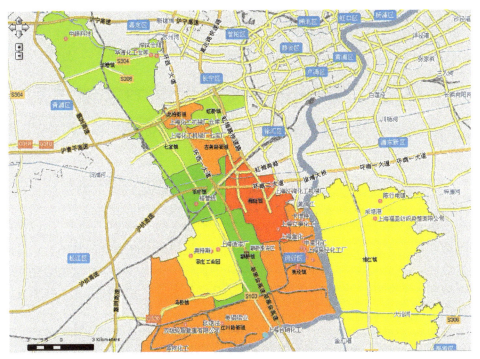

图 17-15 受体脆弱性评价

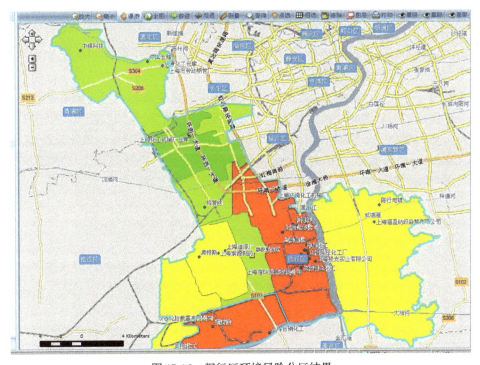

图 17-16 闵行区环境风险分区结果

第18章 基于环境风险分区的区域布局优化调整决策支持系统

18.1 区域布局优化调控理论与方法

首先，本书在理论研究的基础上，提出了环境风险承载力的量化方法，用以衡量一定区域对环境风险承受能力的阈值。其次，在对区域环境风险系统研究的基础上，提出了区域环境危险性分区的方法，从风险源和风险场两方面综合体现区域内环境危险性状况。最后，在区域环境风险承载力和环境危险性评价分区的基础上，综合经济成本的考虑，提出基于环境风险的布局优化方法，技术路线见图18-1。

环境风险的布局优化方法的步骤主要为：①区域环境风险承载力计算，通过GIS实现分级分区；②区域环境危险性分区；③区域环境风险性分区与区域环境风险承载力分区在GIS中叠加，识别出风险承载力小而风险性大的区域，即超载区，作为候选调整地区；④根据布局优化调整原则，筛选调整对象；⑤综合考虑经济可行性、风险变化趋势等方面因素，提出布局优化调整方案。

目前，一些学者提出了与环境风险承载力含义相近的概念，这些研究大多只是定性的描述含义，并没有提出具体计算的方法或模型等定量内容。有的学者从风险认知角度对可接受风险进行了研究，认为风险承受能力是人们在一定风险认知、风险价值观和个人心理特征的交互作用下形成的对风险的适应、调整和反映能力。风险承载能力与风险心理承受能力、个人避险能力、安全倾向和风险认识有关。毕军提出区域内的风险承载能力（risk carrying capability）可能影响同一风险造成的后果；同时提出，环境风险容量是环境容量的一种特殊类型，等于某一地区最大可接受风险水平与背景风险水平之差。某一区域的环境风险容量大小是该地区社会经济活动合理布局、制定可行环境规划的基础。环境风险容量与公众风险意识、风险认识水平密切相关，与该地区的功能相关联。

环境承载力、环境容量和生态足迹的提出对区域环境风险承载力的研究带来了启发。环境承载力又称环境承受力或环境忍耐力。它是指在某一时期，某种环境状态下，某一区域环境对人类社会、经济活动的支持能力的限度。当今存在的种种环境问题，大多是人类活动与环境承载力之间出现冲突的表现。当人类社会经济活动对环境的影响超过了环境所能支持的极限，即外界的"刺激"超过了环境系统维护其动态平衡与抗干扰的能力，也就是人类社会行为对环境的作用力超过了环境承载力。因此，人们用环境承载力作为衡量人类社会经济与环境协调程度的标尺。

由于环境承载力可以通过社会、经济以及生态环境要素进行量化表征，与其具有相似含义的环境风险承载力也可通过社会经济和生态要素等方面进行量化。为此，本书提出了

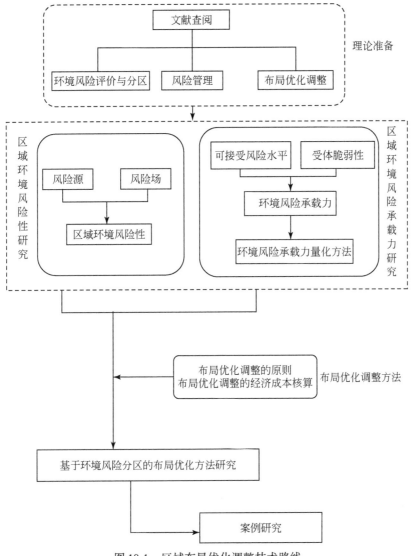

图 18-1　区域布局优化调整技术路线

区域环境风险承载力的概念。即在一定风险概率水平和一定暴露强度下，区域环境系统对风险的抵抗能力。区域环境风险承载力与区域可接受风险发生概率、生态环境系统的脆弱性有关。

18.1.1　环境风险承载力指标体系

环境风险承载力是从受体的角度评价区域可以承载的风险的大小，是在不影响区域正常功能的情况下，受体所能承受的最大环境风险。这种风险承受能力与受体自身的属性以及社会经济水平有关，与风险源无关。

1. 可接受风险水平

本书中可接受风险水平的确定是根据我国城市安全功能区划分标准、ALARP 原则以及相关研究成果的基础上，结合土地利用状况，分析不同土地利用类型对风险的接受水平。

可接受风险标准采用统计学的方法，通过一定时间内事故发生次数、死亡人数，综合考虑我国政治因素、行业因素和地区差异性等，得到了个人风险和社会风险的具体数值，是完全基于客观统计资料得出的，没有掺杂受体风险认知方面的内容，可以客观估算一定区域范围对风险的承受水平。

2. 受体脆弱性

在本书中，受体脆弱性强调承灾体易于受到侵害的性质，描述承灾体对破坏和伤害的敏感性。受体脆弱性优先于干扰或暴露程度而存在，但是又与干扰或暴露程度的特征相关，一方面，因干扰或暴露而表现；另一方面，暴露的历史，即过去受影响的经历对脆弱性具有很重要的影响。

目前，国际上流行的脆弱性的构成要素为：暴露、敏感和适应力。本论文选择暴露受体的敏感性和适应能力，其中适应能力包括系统的抵御力和恢复力，构建受体脆弱性指标体系。暴露受体的敏感性越强，脆弱性越大；而适应能力越强，则脆弱性越低。受体脆弱性具体的指标体系如表 18-1 所示。

表 18-1　受体脆弱性评价指标体系

目标层	系统层	准则层	指标层
受体脆弱性 V	敏感性 S	人口因素 B_1	人口密度 B_{11}
			贫困人口比例 B_{12}
			被抚养人口比例 B_{13}
			受教育程度 B_{14}
		受体种类 B_2	生态系统差异 B_{21}
	适应力 A	基础设施 C_1	公路密度 C_{11}
		社会经济条件 C_2	人均 GDP C_{21}
		应急救援水平 C_3	万人病床数 C_{31}
			距医院、消防设施距离 C_{32}

3. 环境风险承载能力量化

在分析典型污染事件案例，总结环境风险系统和自然灾害风险系统的已有研究成果的基础上，建立区域环境风险承载系统，明确影响区域环境风险承载力各因素间的相互关系，依据可接受风险水平和脆弱性及其表征指标之间的相互作用，构建环境风险承载力量化模型。环境风险承载力＝可接受风险水平×受体脆弱性。

1）目标层量化

区域环境风险承载能力（C）＝可接受风险水平（P）×受体脆弱性（V），即

$$C = P \times V \tag{18-1}$$

式中，$V = \dfrac{S}{A}$

式中，S 为受体敏感性；A 为受体适应性。

2）系统层量化

受体敏感性由受体种类和受体状况共同决定，表征为

$$S = B_1 + B_2 \tag{18-2}$$

式中，B_1 为人口因素；B_2 为受体种类。

受体适应力受基础设施状况、社会经济水平和应急救援水平共同影响，用公式表示为

$$A = C_1 + C_2 + C_3 \tag{18-3}$$

式中，C_1 为基础设施；C_2 为社会经济条件；C_3 为应急救援水平。

3）准则层量化

$$B_1 = a\,B_{11} + b\,B_{12} + c\,B_{13} + d\,B_{14} \tag{18-4}$$
$$C_3 = e C_{31} + f C_{32}$$

式中，B_{11} 为人口密度；B_{12} 为贫困人口比例；B_{13} 为被抚养人口比例；B_{14} 为受教育程度；C_{31} 为万人病床数；C_{32} 为距医院、消防设施的距离；a、b、c、d、e、f 为各指标相应的权重。

在获得数据后，为消除量纲影响，必须对具有不同量纲的数据进行标准化处理。在计算脆弱性和抵抗力两组指标时，本文选用极值标准化方法对两套指标体系中的原始数据进行标准化处理。前文已经对灾害脆弱性影响不同，将所有指标按照正向指标与逆向指标，分别采用式（18-5）和式（18-6）进行处理。

对于正向指标：

$$y_{ij} = x_{ij} / \max x_{ij} \tag{18-5}$$

对于逆向指标：

$$y_{ij} = \min x_{ij} / x_{ij} \tag{18-6}$$

式中，x_{ij}，y_{ij} 分别为指标的原始值和标准值；$\max x_{ij}$ 为该指标中的最大值，$\min x_{ij}$ 为该指标中的最小值。

18.1.2　布局优化调整

布局优化调整思路为将区域由于其社会经济属性决定的对风险的承载能力与风险水平之间的关系作为布局优化调整的基础和依据，将风险源及风险场决定的区域风险性与区域环境风险承载能力相比较，根据其相对大小作为布局调整和项目选址的决策依据。

具体操作步骤为：

（1）按区域环境风险承载力计算，通过 GIS 实现分级分区。

（2）区域环境风险分区。

（3）区域环境风险性分区与区域环境风险承载力分区在 GIS 中叠加，识别出风险承载力小而风险性大的区域，即超载区，作为候选调整地区。

（4）根据布局优化调整原则，筛选调整对象。

（5）综合考虑经济可行性、风险变化趋势等方面的因素，提出布局优化调整方案。

基于环境风险的布局优化调整，主要包括两个方面的内容：一是现有布局的调整；二是选址优化。

1. 情景分析

1）情景1：现有布局调整

现有布局调整首先分别计算区域环境风险承载力和区域风险现状，将计算结果在 GIS 中相比较，进行承载-风险冲突识别；对识别出的存在冲突的地区根据一定的规则进一步筛选，精选待调整地区；确定布局调整对象，对候选调整方案进行经济成本核算，同时对调整后的区域布局再进行承载-风险冲突识别，明确调整后区域风险的变化趋势；选取没有发生风险逆向变化的方案作为布局优化决策方案。具体过程如图 18-2 所示。

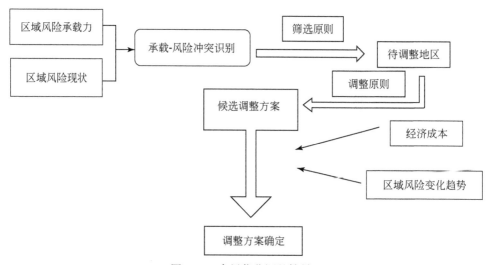

图 18-2 布局优化调整情景1

2）情景2：新建项目选址

对于区域环境管理者来说，项目选址是非常重要的一项工作内容。新企业的加入意味着风险的增加，如何安排企业选址，使之既能不使当地的环境风险增大，又能促进当地经济的发展，需要综合考虑区域自然条件、发展现状，区域规划等诸多方面的问题。

通过对比分析区域环境风险现状和环境风险承载力，将两者在 GIS 中相比较，进行承载–风险冲突识别，在一定筛选原则的辅助下，精选有剩余承载的地区，缩小范围，确定目标地点，将新风险源加入各目标选址，比较不同方案的承载-风险现状，选取没有发生风险逆向变化的方案作为布局优化决策方案，具体过程如图 18-3 所示。

2. 布局优化调整原则

布局优化调整主要回答两个问题：一是优化调整的对象是什么？二是优化调整到哪里去？在回答这两个问题的过程中，要综合考虑研究区域的特点、社会经济发展规划、调整

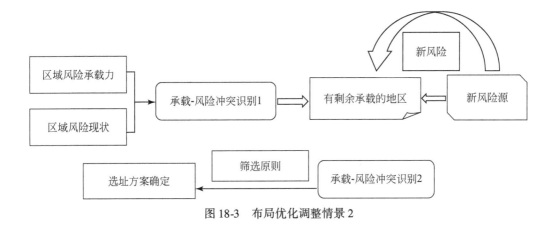

图 18-3　布局优化调整情景 2

经济代价等多方面因素，提出布局优化调整的基本原则。

1）确定布局调整对象的原则

A. 符合区域功能规划，不符合功能区划的布局需作为调整对象

目前，对区域布局产生限制的规划或区划主要有主体功能区划、环境功能区划、土地利用总体规划和城镇体系规划等。区域布局优化调整要以主体功能区划为依据，结合工业区、农业区、商业区等一般功能区划和自然保护区、防洪泄洪区、各类开发区等特殊功能区划的具体要求，将不符合区划要求的企业或居民区作为调整对象。

B. 风险–承载冲突级别高的区域，作为优先调整对象

根据风险–承载冲突分析的结果，冲突级别越高，所在区域的风险性越大。从降低区域整体风险、减少风险损失的角度出发，应将承载–风险冲突级别高的区域作为优先调整对象。

C. 区域布局符合功能区划要求时，企业作为优先调整对象

通常而言，在区域范围内企业和居民区均作为布局优化调整的对象而存在。当风险超载，需要对现有布局进行调整，选择搬迁对象时，企业优先作为优先调整对象是有一定原因的：一方面，与居民区相比，企业搬迁较易达成协议，尤其是当居民区面积较大、涉及居民较多时，搬迁的可操作性较低，且随着近年来居民搬迁补偿的问题日益敏感，一旦处理不好会引发诸多社会问题，因此选择企业具有更高的可操作性；另一方面，企业作为风险的产生者，对风险超载应员直接责任，因此在减少区域风险的过程中也应承担相应的责任，作为优先调整对象。

D. 当有风险超载区为零星居民点时，居民点可作为调整对象

当零星居民区所在地区风险超载时，其搬迁成本比企业搬迁成本小得多，且较易达成协议，可操作性强，可行性较高。

E. 对大气风险较高地区，在区域上风向、对大气造成影响大的企业作为调整对象；对水体风险较高地区，在区域上游、对水体造成影响大的企业作为调整对象。

区域环境风险性评价分区，分别对大气风险场和水体风险场进行了研究，根据环境风险产生原因（大气污染风险或水体污染风险）的不同，将区域划分为不同等级的区域，不同风险类型区在布局优化调整时应有区别的、有针对性的进行调整。

217

根据风险扩散原理，在大气主导风向的上风向和河流上游减少风险源的数量，可减少风险传播，降低区域风险性。因此，根据造成区域风险超载的原因，有针对性的挑选企业进行布局调整可达到事半功倍的效果。

F. 优先选择调整风险性大的企业

风险性大的企业对区域风险的贡献大，在风险超载区，调整一家风险较大企业所削减的风险效果大于调整一家风险较小企业的削减效果，同时考虑到搬迁多家企业所带来的不便，因此选择风险性大的企业作为优先调整的对象。

2) 确定调整方案的原则

A. 不论是企业还是居民区，均要以集中、就近为基本原则

从经济成本的角度出发，企业和居民区的新选址应遵循就近原则。旧址与新址的距离越近，搬迁成本越低；从区域布局规划角度出发，企业或居民区越集中，越有利于区域管理。

B. 企业向风险传递下游调整

根据风险扩散原理，为降低一旦发生事故后产生的影响范围，减少区域风险损失，应将企业调整至风险传递的下游。

C. 企业搬迁至承载力高的区域，同时避免发生风险逆向变化的趋势

企业布局调整的原因在于企业的存在区域已有风险大于区域风险承载力，现有布局对区域环境造成了威胁，需要对引起风险过载的企业进行布局调整，将其迁至风险承载水平较高的地区。同时，在同一承载力水平地区选择调整目的地，应尽量远离低承载地区，以防止因距离较近而产生新的风险影响，使原本风险不超载的区域受到新的风险影响而出现风险超载现象。

D. 若需要调整居民区，则调整至风险传递上游

根据风险扩散原理，为降低一旦发生事故后产生的影响范围，减少区域风险损失，居民区作为风险受体应向风险传递的逆向调整，即向当地主导风险的上风险或水体上游调整。

3. 搬迁成本核算

1) 居民搬迁成本核算方法

2010 年国务院出台新的拆迁补偿条例，要求各省根据自身情况确定适用于各省的拆迁补偿办法。本论文中关于居民的搬迁没有商业赢利目的，其成本核算方法与区域发展中的拆迁补偿既有共同点又相互区别，因此需在国家已颁布相关规定的基础上建立适用于本论文实际情况的成本核算方法。

搬迁成本与研究区域的经济发展状况、土地利用方式等有密切联系。通过研究分析目前已颁布的征地补偿安置办法，建立基于环境风险额居民搬迁成本的核算方法。

居民搬迁成本主要包括搬家费、房屋补偿费以及因搬迁引起的群众生产、生活损失的补偿费。对于城乡居民，尤其是以农作物生产为主的人群，居民点搬迁意味着土地的损失，搬迁费由搬家费、安置费和土地补偿费组成，即

$$搬迁成本 = 搬家费 + 土地补偿费 + 安置费 \tag{18-7}$$

式中，土地补偿费的计算公式为：土地补偿费=补偿标准×被征收土地面积；安置补助费需按照需要安置的被征地人数计算，需要安置的被征地人数，按照被征用的耕地数量除以该地区人口密度；搬家费，根据目前的搬家收费标准，搬家费用与楼层高度和搬迁距离有关，该部分费用根据具体地区具体计算。

2）企业搬迁成本核算方法

目前，我国并没有颁布基于区域环境风险考量的企业搬迁补偿标准。因此，本论文在已颁布的工业企业搬迁补偿方法的基础上，根据研究区域实际情况以及课题拟解决的问题深度，构建企业搬迁成本核算方法。

4．承载-风险冲突水平验证

在布局调整和选址后，随着区域风险性或承载力水平的改变，区域内风险与承载的关系也会随着改变，因此需对布局调整的结果进行验证，判断其是否达到了优化区域布局的目的。

对于布局调整，具体的验证过程如下：

（1）重新计算区域内风险源的风险值。

（2）根据风险场的计算方法，计算区域内的大气和水体风险场，并在 GIS 中实现其空间分布。

（3）将新的风险性分区与风险承载水平在 GIS 中叠图分析，观察原风险超载区的风险是否已降低，若符合要求则说明调整合理，若不符合要求则需要重新调整。

对于项目选址，具体的验证过程如下：

（1）计算添加新风险受体后区域的风险承载力分布水平。

（2）将新的风险承载水平分布图与风险分布图在 GIS 中叠加，观察新的风险-承载关系中是否有新的超载区域的出现。若没有，则说明选址成功，若出现新的超载区域，则需要重新选址。

18.2　区域布局优化调整决策支持系统设计

18.2.1　系统总体功能

通过对研究区域内环境风险承载力以及区域现有风险水平的计算来实现对区域风险现状评价及工业布局管理；在已知区域风险现状的基础上，对新进企业进行风险评价，衡量综合风险与风险承载能力之间的关系，为企业选址的合理性管理提供决策依据。

18.2.2　系统需求分析

1．体系结构需求

将数据通过服务的方式进行管理，基于服务的架构上结合 GIS 进行信息的展示，体系结构如图 18-4 所示。

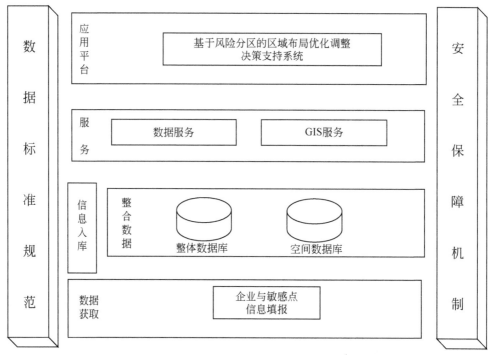

图 18-4　基于风险分区的区域布局优化调整决策支持系统体系结构

2. 系统整体功能框架

平台的系统功能框架如图 18-5 所示。

3. 功能需求

在区域功能优化调整决策支持系统中共分为：企业管理、敏感点管理、模型管理、知识库、GIS 功能等五大模块。

企业管理模块主要功能为：添加企业的基本信息，并存入数据库；对已有的企业基本信息进行编辑、查看以及删除。

敏感点管理模块的主要功能为：添加敏感点的基本信息，并存入数据库；对已有的敏感点的基本信息进行编辑、查看以及删除。

模型管理模块主要功能为：通过模型管理模块，可以选择承载能力模型，并可以把模型结果按照环境风险能力指数（即模型参数 M），在 GIS 地图渲染每个网格并显示。

知识库模块主要功能为：对一些案例文档和优化决策文档进行统一管理和调用查看，方便用户的使用。

GIS 功能模块：对系统中的图件进行基本的 GIS 操作，并对风险分区、网格绘制、网格中风险承载力的结果进行可视化的展示。

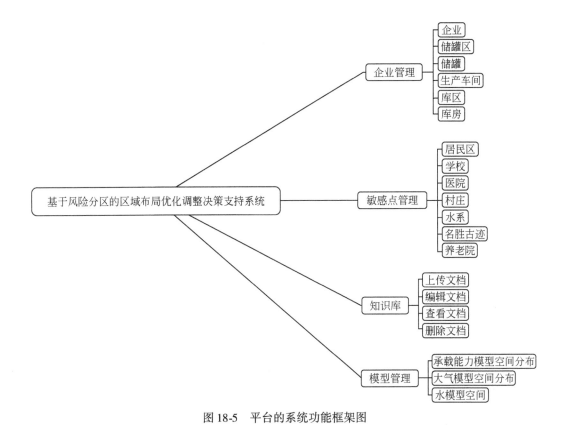

图 18-5　平台的系统功能框架图

18.3　区域布局优化调整决策支持系统运行测试

18.3.1　主界面

环境风险分区的布局优化决策支持系统主界面如图 18-6 所示。

18.3.2　布局调整

布局调整模块分为评价网格、分区展示和承载力评价模型，如图 18-7 所示。

1. 评价网格

点击左侧功能导航栏的"评价网格"—"查看网格参数"，弹出"输入网格参数信息"，输入信息，点击生成网格，弹出生成网格成功提示，如图 18-8 所示。

点击左侧功能导航栏的"评价网格"—"打开网格图层"，弹出网格图层页面，如图 18-9 所示。

点击左侧功能导航栏的"评价网格"—"关闭网格图层"，关闭网格图层页面。

图 18-6　环境风险分区的布局优化决策支持系统主界面

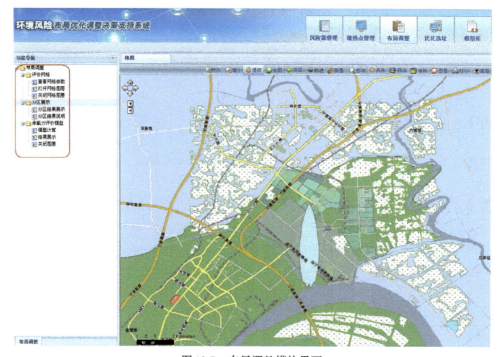

图 18-7　布局调整模块界面

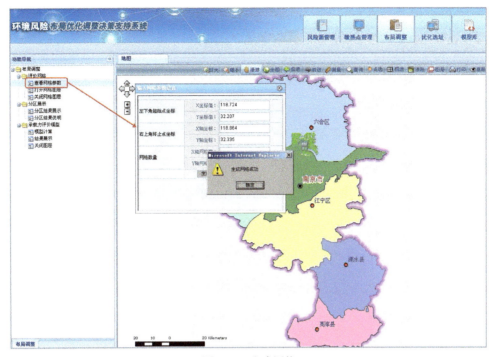

图 18-8 生成网格

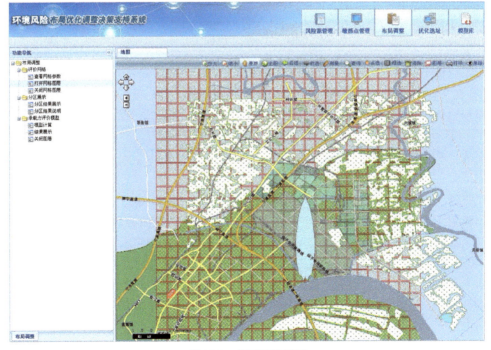

图 18-9 打开网格图层

2. 承载力评价模型

承载力评价模型包括模型计算、结果展示，如图 18-10 所示。

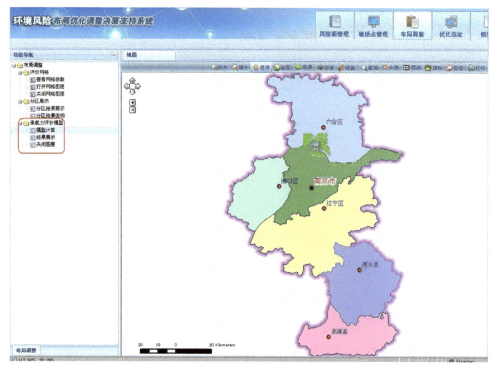

图 18-10 承载力评价模型展示

点击"模型计算"，弹出承载能力模型计算页面，该页面展示概率水平界面，点击"重新计算"可对承载能力模型进行重新计算，如图 18-11 所示。点击结果展示，承载力评价模型结果展示出来，如图 18-12 所示。

18.3.3 优化选址

优化选址包括企业搬迁和模型两部分：企业搬迁包括选择搬迁企业、选择迁往地、企业搬出模型、企业迁入模型、企业正常模型；模型包括获取所有风险数据、展示大气模型、展示水系模型、展示综合风险、获取承载力数据、承载力展示、承载与风险叠加。如图 18-13 所示。

点击左侧"企业搬迁"—"选择企业搬迁"，地图上显示出定位点，点击图中的任意定位图标，弹出企业搬迁页面，包括企业名称、地址、经纬度等基本信息。如图 18-14 所示。

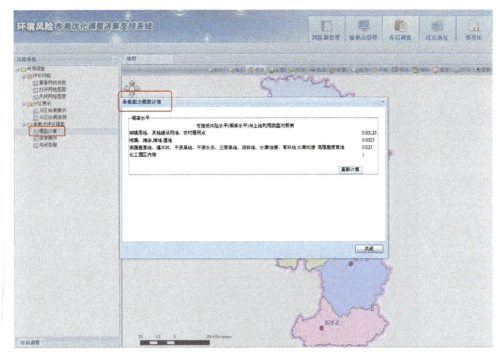

图 18-11　模型计算

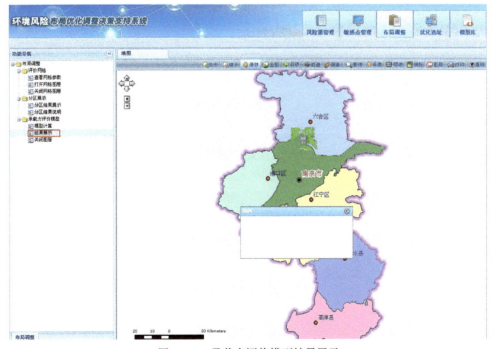

图 18-12　承载力评价模型结果展示

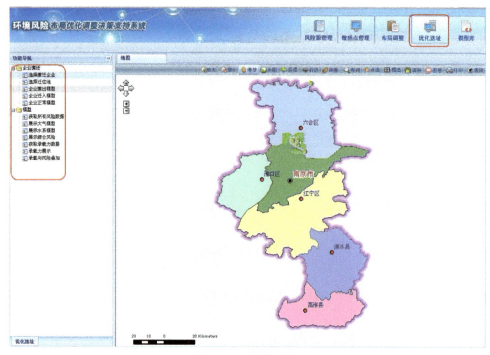

图 18-13　优化选址

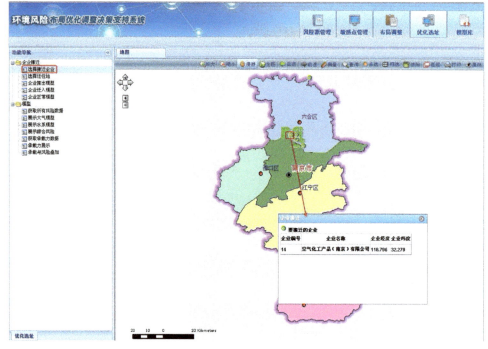

图 18-14　企业搬迁页面

参 考 文 献

包晓斌.1997. 流域生态经济区划的应用研究 [J]. 自然资源, (5)：8-13.

毕军, 王华东.1994. 沈阳地区过去 30 年环境风险时空格局的研究 [J]. 环境科学, 16 (5)：72-76.

毕军, 杨洁, 李奇亮.2006. 区域环境风险分析与管理 [M]. 北京：中国环境科学出版社, 2-3.

曹希寿.1991. 区域环境系统的风险评价与风险管理的综述 [J]. 环境科学研究, 4 (2)：55-58.

曹希寿.1994. 区域环境风险评价与管理初探 [J]. 中国环境科学, 14 (6)：465-470.

车越.2006. 中国东部平原河网地区水源地的环境管理理论、方法与实践 [D]. 华东师范大学博士论文, 162.

陈立新.1993. 环境风险评价方法刍议 [J]. 重庆环境科学, 15 (4)：21-23, 34.

樊洪涛, 李凤英, 葛俊杰.2007. 建立城市环境风险管理与应急系统初探：以南京市为例 [C] //第二届全国循环经济与生态工业学术研讨会暨中国生态经济学会工业生态经济与技术专业委员会论文集.

付在毅, 许学工, 林辉平, 等.2001. 辽河三角洲湿地区域生态风险评价 [J]. 北京大学学报 (自然科学版), 21 (3)：365-373.

付在毅, 许学工.2001. 区域生态风险评价 [J]. 北京大学学报 (自然科学版), 2001, 16 (2)：267-271.

傅伯杰, 刘国华, 陈利顶, 等.2001. 中国生态区划方案 [J]. 生态学报, 21 (1)：1-6.

龚莉娟, 夏春萍, 王冬平, 等.2007. 水上溢油环境风险源确定研究 [J]. 油气田环境保护, 17 (3)：21-24.

谷晓研.2009. 渭河下游洪泛区土地风险区划及安全利用研究 [D]. 兰州大学博士论文.

顾传辉, 陈桂珠.2001. 浅议环境风险评价与管理 [J]. 新疆环境保护, 23 (4)：38-41.

郭永龙, 刘红涛, 蔡志杰.2002. 论工业建设项目的环境风险及其评价 [J]. 中国地质大学学报 (地球科学版), 27 (2)：235-240.

郭振仁, 张剑鸣, 李文禧, 等.2006. 突发环境污染事故防范与应急 [M]. 北京：中国环境科学出版社, 4.

国家统计局, 环境保护部.1990-2008. 中国环境统计年鉴 [M]. 北京：中国统计出版社.

韩旭.2008. 青岛市生态系统评价与生态功能分区研究 [D]. 东华大学博士论文.

胡二邦.2000. 环境风向评价实用技术和方法 [M]. 北京：中国环境科学出版社.

胡海军, 程光旭, 禹盛林, 等.2007. 一种基于层次分析法的危险化学品源安全评价综合模型 [J]. 安全与环境学报, 3 (7)：141-144.

黄圣彪, 王子健, 乔敏.2007. 区域环境风险评价及其关键科学问题 [J]. 环境科学学报, 27 (5)：705-713.

冀永生.2009. 上海市湿地资源现状与保护对策研究 [D]. 华东师范大学硕士论文, 7.

江命友, 史培军, 程梓华等.1993. 湖南省自然灾害系统与保险减灾对策 [M]. 北京：海洋出版社.

姜伟立, 毕军, 吴海锁, 等.2006. 区域环境风险研究进展探讨 [J]. 江苏环境科技, 19 (6)：35-37.

蒋勇军, 袁道先, 章程, 等.2005. 典型岩溶农业区土地利用变化对土壤性质的影响 [J]. 地理学报, 60 (5)：751-760.

兰冬东, 刘仁志, 曾维华.2009. 区域环境污染事件风险分区技术及其应用 [J]. 应用基础与工程科学学报, 11 (17)：82-90.

李炳元, 李钜章, 王建军.1996. 中国自然灾害的区域组合规律 [J], 地理学报, 51 (1)：72-79.

李凤英, 毕军, 曲常胜.2010. 环境风险全过程评估与管理模式研究机应用 [J]. 中国环境科学, 30 (6)：858-864.

李辉霞，陈国阶．2003．可托方法在区域易损性评判中的应用——以四川省为例［J］．地理科学，23（3）：335-341．

李健，赵科．1994．环境风险评价的探讨［J］．核动力工程，15（4）：315-318．

李丽娜．2005．上海生态敏感度评价研究［D］．华东师范大学．

李其亮，毕军，杨洁．2005．工业园区环境风险管理水平模糊数学评价模型及应用［J］．环境评价，20-28．

刘诗飞，詹予忠．2004．重大危险源辨识及危害后果分析［M］．北京：化学工业出版社．

卢宏玮，曾光明，谢更新．2003．洞庭湖流域区域生态风险评价［J］．生态学报，23（12）：2520-2530．

吕红亮，杜鹏飞．2005．灰色系统方法在县域生态区划中的应用［J］．城市环境与城市生态，18（3）：41-43．

彭祺，胡春华，郑金秀，等．2006．突发性水污染事故预警应急系统的建立［J］．环境科学与技术，29（11）：58-61．

蒲淳．1998．关于我国粮食生产的易损性评价［J］．自然灾害学报，7（4）：30-34．

钱学森，于景元，戴汝为．1990．一个科学新领域——开放的复杂巨系统及其方法论［J］．自然杂志，（1）：1-10．

乔青，高吉喜，王维，等．2008．生态脆弱性综合评价方法与应用［J］．环境科学研究，21（5）：117-123．

曲常胜，毕军，葛怡等．2009．基于风险系统理论的区域环境风险优化管理［J］．环境科学与技术，32（11）：167-170．

曲常胜，毕军，黄蕾等．2010．我国区域环境风险动态综合评价研究［J］．北京大学学报（自然科学版），46（3）：477-481．

上海市环境科学研究院，上海市监测中心．2006．上海市郊区饮用水源地环境现状调查［R］．

上海市统计局．2007．上海市统计年鉴［M］．北京：中国统计出版社．

邵磊等．2010．基于 AHP 和熵权的跨界突发性大气环境风险源模糊综合评价［J］．中国人口、资源与环境，20（3）：135-138．

石剑荣．2005．水体扩散衍生公式在水环境风险评价中的应用［J］．水科学进展，16（1）：92-97．

史培军．1991．灾害研究的理论与实践［J］．南京大学学报（自然科学版）．

史培军．1996．再论灾害研究的理论与实践［J］．自然灾害学报，5（4）：17-21．

孙莉，朱鸿斌，张成云等．2005．一起工业废水污染沱江水源水事故的调查［J］．环境与健康杂志，22（3）：192-193．

王玉秀，常艳君．1999．区域环境风险综合评价方法［J］．辽宁城乡环境科技，19（3）：34-38．

万庆．1999．洪水灾害系统分析与评估［M］．北京：科学出版社．

汪宏清．2006．江西省生态功能区划原理与分区体系［J］．江西科学，24（4）：154-159．

汪金福，廖洁．2007．化工项目环境风险模糊识别方法研究［J］．环境科学与技术，30（7）：67-68，81，V．

汪立忠，陈正夫，陆雍森，等．1998．突发性环境污染事故风险管理进展［J］．环境科学进展，6（3）：14-21．

王华东．1986．区域环境影响评价和区域环境研究［C］．全国环境影响评价和区域环境研究讨论会议论文，石家庄．

王静，钱瑜．2009．区域环境风险评价方法初探［J］．污染防治技术，22（1）：19-21．

王丽靖，郭怀成，刘永．2005．洱海流域生态脆弱性及其评价研究［J］．生态学杂志，24（10）：1192-1196．

王平, 史培军. 1999. 自下而上进行区域自然灾害综合区划的方法研究 [J]. 自然灾害学报, 8 (3): 45-47.

王平. 2000. 基于地理信息系统的自然灾害区划的方法研究 [J]. 北京师范大学学报 (自然科学版), 36 (3): 410-416.

王让会, 宋郁东, 樊自立, 等. 2001. 新疆塔里木河流域生态脆弱带的环境质量综合评价 [J]. 环境科学, 22 (2): 145-150.

王苏斌, 郑海涛, 邵谦谦. 2003. SPSS 统计分析 [M]. 北京: 机械工业出版社.

王学山, 牟春辉, 张祖陆. 2005. 区域自然灾害综合区划的二次聚类法及其在山东省的应用 [J]. 干旱区研究, 22 (4): 491-496.

魏科技, 王毅力, 等. 2008. 突发性环境污染事故防范与应急研究进展及体系构建 [J]. 安全与环境学报, 8 (6): 64-70.

吴绍洪. 1998. 综合区划的初步设想: 以柴达木盆地为例 [J]. 地理研究, 17 (4): 367-374.

吴宗之. 1998. 易燃、易爆、有毒重大危险源评级方法与控制措施 [J]. 中国安全科学学报, 8 (2): 57-61.

熊飚, 陈炎, 焦飞. 2003. 突发污染事故易发薄弱环节分析 [J]. 环境科学与技术, 3: 23-24.

徐琳瑜. 2007. 一种区域环境风险评价方法——信息扩散法 [J]. 环境科学学报, 27 (9): 1549-1556.

许学工, 林辉平, 付在毅. 2001. 黄河三角洲湿地区域生态风险评价 [J]. 北京大学学报 (自然科学版), 37 (1): 111-120.

薛纪渝, 赵桂久. 1995. 生态环境综合整治与恢复技术研究 [M]. 北京: 科学技术出版社, 72.

杨洁, 毕军, 李其亮, 等. 2006. 区域环境风险区划理论与方法研究 [J]. 环境科学研究, 19 (4): 132-137.

杨娟. 2007. 岛屿生态风险评价的理论与方法-崇明三岛实证研究 [D]. 华东师范大学博士论文, 5.

张海峰, 白永平, 刘峰贵. 2008. 基于 GIS 的青南高原自然灾害综合区划研究 [J]. 干旱区资源与环境, 22 (7): 99-104.

张宏哲, 赵永华, 姜春明, 等. 2008. 有毒化学品事故安全区域的划分及人员疏散 [J]. 中国安全科学学报, 18 (1): 46-49.

张俊香, 黄崇福. 2004. 自然灾害区划与风险区划研究进展 [J]. 应用基础与工程科学学报, 12: 15-19.

张羽, 张勇, 杨凯. 2005. 基于特征时间指数的水源地突发性污染事件应急评估方法研究 [J]. 安全与环境学报, 5 (5): 82-84.

张震宇, 王文楷. 1993. 自然灾害区划若干理论问题的探讨 [J]. 自然灾害区划若干理论问题探讨, 2 (2): 1-7.

赵红兵. 2007. 生态脆弱性评价研究—以沂蒙山区为例 [D]. 山东大学硕士论文.

赵晓莉, 赵金辉, 张斌. 2003. 环境风险评价及其在环境管理中的应用 [J]. 污染防治技术, 2003, 16 (4): 186-189.

朱明. 2008. 数据挖掘 [M]. 合肥: 中国科学技术出版社, 208.

祝志辉, 黄国勤. 2008. 江西省生态功能区划的分区过程及结果 [J]. 生态科学, 2008, 27 (2): 114-118.

Abaurra J, Cebrian C A. 2002. Drought analysis based on a cluster Poisson model: distribution of the most severe drought [J]. Clim Res. 22: 227-235.

Adger W N. 2006. Global environmental change resilience, vulnerability, and adaptation: A cross-cutting theme of the internatioal human dimensions programme on global environmental change [J]. Vulnerability, 16 (3): 268-281.

Alloy L B, Clements C M. 1992. Illusion of control: Invulnerability to negative affect and depressive symptoms after laboratory and natural stressors [J] . Journal of Abnormal Psychology.

Ammann H. 2006. A conceptual approach to the use of cost benefit and multi criteria analysis in natural hazard management [J] . Natural Hazards and Earth System Science, 6 (2): 293-302.

Anil K G, Inakollu V S, Jyoti M, et al. 2002. Environmental risk mapping approach: risk minimization tool for development of industrial growth centres in developing countries [J] . Journal of Cleaner Production, 10: 271-281.

Arunraj N S, Maiti J. 2009. A methodology for overall consequence modeling in chemical industry [J] . Journal of Hazardous Materials, 169 (1): 556-574.

Cherrett J M. 1989. Key Concepts in ecology in cherrerr [M] . Oxford: Scientific Publication, 15.

Cooper E R, Siewicki T C, Phillips K. 2008. Preliminary risk assessment database and risk ranking of pharmaceuticals in the environment [J] . Science of the Total Environment, 398 (3): 28-33.

Dobbies J P, Abkowitz M D. 2003. Development of a centralized inland marine hazardous materials response database [J]. Journal of Hazardous Materials, 102 (2): 201-216.

Eduljee G H. 2000. Trends in risk assessment and risk management [J] . The Science of The Total Environment, 2000, 249 (1-3): 13-23.

Emerson S D, Nadeau J. 2003. A coastal perspective on security [J] . Journal of Hazardous Materials, 104 (1-3): 1-13.

Fengying Li, Jun Bi, el al. 2010. Mapping Human Vulnerability to Chemical Accidents in the Vicinity of Chemical Industry Parks [J] . Journal of Hazardous Wastes, 179 (1-3): 500-506.

Ghonemy H E, Watts L, Fowler L. 2005. Treatment of uncertainty and developing conceptual models for environmental risk assessments and radioactive waste disposal safety cases [J] . Environment International, 31: 89-97.

Gommes R, Guerny J, Nachtergaele F, et al. 1998. Potential impacts of sea-level rise on populations and agriculture [J] . Climate Change and Africa, 6: 54-60.

Gorsky V, Shvetzova S T, Voschnin A. 2000. Risk assessment of accidents involving environmental high toxicity substances [J] . Journal of Hazardous Materials, 78 (1-3): 173-190.

Graham R L, Hunsaker CT. 1991. Ecological risk assessment at the regional scale [J] . Ecological Applications, 1 (2): 196-206.

Gupta A K, Suresh V, Misra J et al. 2002. Environmental risk mapping approach: risk minimization tool for development of industrial growth centers in developing countries [J] . Journal of Cleaner Production, 10: 271-281.

Hutchinson G, Mcintosh P. 2000. A case study of integrated risk assessment mapping in the southland region of New Zealand [J] . Environmental Toxicology and Chemistry, 19 (4): 1143-1147.

James E D. 1990. Riskanalaysis for health and environmental management [M] . Halifax: Atlantic Nova Print

Jenkins L. 2000. Selecting scenarios for environmental disaster planning [J] . European Journal of Operational Research, 121 (2): 275-286.

Kaly P W, Heesacker M, Frost H M. 2002. Collegiate alcohol use and high-risk sexual behavior: A literature review [J] . Journal of College Student Development, 43 (6): 838-850.

Kik R A. 1990. Method for reallotment research in land development projects in the Netherlands [J] . Agricultural Systems, (33): 127-138.

Kuchuk A A, Krzyzanowski M, HuysmansK. 1998. The application of WHO's health and environment geographic information system (HEGIS) in mapping environmental health risks for the European region [J]. Journal of Hazardous Materials, 61: 287-290.

Kuijen V. 1987. Risk management in netherland: UNID workshop on hazardous waste management and industrial safety [R]. 1.

Lahr J, Kooistra L. 2010. Environmental risk mapping of pollutants: state of the art and communication aspects [J]. Science of The Total Environment, 18 (408): 3899-3907.

Lange H J, Sala S, Vighi M, Faber J H. 2009. Ecological vulnerability in risk assessment- A review and perspectives [J]. Science of the Total Environment, 408 (18): 3871-3879.

Merad M M, VerdelT, Roy B, et al. 2004. Use of multi-criteria decision-aids risk zoning and management of large area subjected to mining-induced hazards [J]. Tunnelling and Underground Space Technology, 19: 165-178.

Muller F, Wiggering H. 2000. Indicating ecosystem integrity-theoretical concepts and environmental requirements [J]. Ecologcial Modelling, 13: 12-13.

Petts J, Cairney T, Smith M. 1997. Risk-based contaminated land investigation and assessment [J]. Chichester, 1997, 21: 31-50.

Pratt C R, Kaly U L, Mitchell J. 2004. Manual: how to use the environmental vulnerability index.

Sanderson H, Johnson D, Reitsma T, et al. 2004. Ranking and prioritization of environmental risks of pharmaceuticals in surface waters [J]. Regul Toxicol Pharmacol, 39 (17): 1713-1719.

Scott A. 1998. Environmental-accident index: validation of a model [J]. Journal of Hazardous Materials, 61: 305-312.

Smit B, Wandel J. 2006. Adaptation, adaptive capacity and vulnerability [J]. Global Environmental Change Resilience, Vulnerability, and Adaptation: A Cross-Cutting Theme of the Internatioal Human Dimensions Programme. Global Environmental Change, 16 (3): 282-292.

Timothy W C, Sara E G, Maria de L R. 2009. Vulnerability toenviro. Vulnerability to environmental hazards in the Ciudad Juarez-EI Paso metropolis: A model for spatial risk assessment in transnational context [J]. Applied Geography, 29: 448-461.

USEPA. 1990. Reducing the risk: setting priorities and strategies for environmental protection [R].

Varnes D J. 1984. IAEG commission on landslide and other mass-movements. Landslide hazard zonation: a review of principles and practice [M]. Paris: UNESCO.

Vogel C. 2006. Foreword: resilience, vulnerability and adaptation: a cross cutting theme of the international human dimension programme on global environmental change [J]. Global Environmental Change, 16 (3): 254-267.

Wies J A, Parker K R. 1995. Analyzing the effects of accidental environmental impacts: approaches and assumptions [J]. Ecological Applications, 5 (4): 1069-1083.

Word Bank. 1985. Guidelines for identifying, analyzing and controlling major hazard installations in developingcountries [R].

Zhang J. 2004. Risk assessment of drought disaster in the maize-growing region of Songliao Plain, China [J]. Agriculture, Ecosystems & Environment, 102 (2): 133-153.

Zhu Y G, Wang Z J, Wang L, et al. 2007. China steps up its efforts in research and development to combat environmental pollution [J]. Environmental Pollution, 147: 301-302.

附录 I

上海市 100 家环境风险源有毒有害物质危险性

源编号	物质名称	物质存量/10^3 kg	急性/（LD_{50}：mg/kg）	危险性/10^6 kg
1	苯	76 520	3 306	23 145.8
2	硫化氢	41 500	618	67 152.1
	甲醇	62 000	5 628	11 016.35
3	甲醇	38 582	5 628	6 855.37
4	甲醇	54 700	5 628	9 719.26
5	甲苯二异氰酸酯	25 410	5 000	5 082
	甲基异氰酸酯	3 670	1 995	1 839.59
6	甲醇	5 800	5 628	1 030.56
	丙酮	1 000	8 453	118.31
	二甲苯	30 000	4 300	6 976.74
7	甲醇	54 000	5 628	9 594.88
	甲醛	50 000	800	62 500
	氨	3 000	1 390	2 158.27
8	甲醇	41 300	5 628	7 338.31
9	氯气	122	850	143.53
10	苯	16 000	3 306	4 839.69
	二甲苯	64 200	4 300	14 930.23
11	戊烷	3 981	446	8 926.01
12	戊烷	4 946	446	11 089.69
13	丙酮	45 000	8 453	5 323.55
	1，3-丁二烯	37 000	5 480	6 751.83
	苯	75 000	3 306	22 686.03
14	甲醇	200 000	5 628	35 536.61
15	乙酸	200 000	3 530	56 657.22
	氨	160 000	1 390	115 107.93
	甲醇	40 000	5 628	7 107.32
	乙醇	50 000	37 620	1 329.08
	甲醛	3 000	800	3 750

续表

源编号	物质名称	物质存量/10^3 kg	急性/（LD_{50}：mg/kg）	危险性/10^6 kg
16	环氧乙烷	560	380	1473.68
	乙酸	45 000	3 530	12 747.88
	氨	38 000	1 390	27 338.13
	乙腈	390	2 730	142.86
17	甲醇	2930	5628	520.61
18	氨	10 000	1 390	7 194.24
	丙酮	4 300	8 453	508.69
	苯	13 700	3 306	4 143.98
	甲醇	23 000	5 628	4 086.71
	甲苯	37 300	2 000	18 650
19	乙烯	600	75 000	61.33
	汽油	80	67 000	14.63
	二氧化硫	2 000	6 600	303.03
	氨	10 000	1 390	7 194.25
20	丙烯	2 000	65 000	30.77
21	丙烯	1 750	65 000	26.92
22	甲醇	7 500	5 628	1 332.62
	乙醇	1 400	37 620	37.21
	丙烯	900	65 000	13.85
23	甲醛	540.2	800	675.25
24	甲醇	8 000	5 628	1 421.46
25	乙醇	2 510	37 620	66.72
26	1，3-丁二烯	4 706.8	5 480	858.91
27	甲苯	6 250	2 000	3 125
28	乙醇	1 006	37 620	26.74
29	环氧乙烷	100	380	263.16
	乙酸	360	3 530	101.98
30	戊烷	764.2	446	1713.45
31	甲醇	2 400	5 628	426.44
	乙醇	900	37 620	23.92
	丙酮	900	8 453	106.47
32	环氧乙烷	300	380	789.48
33	甲醛	3 000	800	3 750
	甲醇	2 500	5 628	444.21
34	二甲基丁烷	657	1 000	657

源编号	物质名称	物质存量/10^3kg	急性/（LD_{50}：mg/kg）	危险性/10^6kg
35	乙醇	2 768	37 620	73.58
36	1，3-丁二烯	1 950	5 480	355.84
37	乙醇	500	37 620	13.29
38	甲醇	498	5 628	88.49
39	甲醇	23 000	5 628	4 086.71
	甲醛	44 000	800	55 000
40	环氧乙烷	300	380	789.47
	乙醇	5 100	37 620	135.57
41	甲苯	1 439	2 000	719.53
	二甲苯	1 007	4 300	234.19
	丙酮	650	8 453	76.89
42	环氧乙烷	80 000	380	210 526.36
	乙醇	120 000	37 620	3 189.79
43	汽油	54 870	67 000	81.89
44	四氯化碳	10 000	2 350	4 255.32
	氯乙烯	5 000	500	10 000
45	戊烷	310.2	446	695.52
46	环氧乙烷	150	380	394.74
	甲醇	650	5 628	115.49
47	戊烷	210.3	446	471.52
	1，3-丁二烯	4 758	5 480	868.25
48	汽油	6 540	67 000	97.61
49	汽油	5 780	67 000	86.27
50	丙酮	540	8 453	63.88
	甲醇	130	5 628	23.09
51	乙醇	478	37 620	12.71
52	苯	31 000	3 306	9 376.89
	异氰酸甲酯	1 430	51.5	27 766.99
	甲苯	740	2 000	370
	二甲苯	210	4 300	48.84
	甲醇	1 800	5 628	319.83
53	苯	23 000	3 306	6 957.05
	甲苯	25 000	2 000	12 500
	二甲苯	1 100	4 300	255.81
54	戊烷	145	446	325.11

源编号	物质名称	物质存量/10^3 kg	急性/（LD_{50}：mg/kg）	危险性/10^6 kg
55	乙醇	6 213	37 620	165.15
56	甲苯	2 000	2 000	1 000
	二甲苯	4 300	4 300	1 697.67
57	苯	374.2	3 306	113.19
58	二甲苯	5 400	4 300	1 255.81
59	氨	13 047.5	1 390	9 386.69
	乙酸	7 652.3	3 530	2 167.79
	甲醇	485	5 628	86.18
60	甲苯	15 000	2 000	7 500
61	甲苯	124	2 000	62
	甲醛	471.2	800	589
62	二甲苯	7 120	4 300	165.58
63	甲苯	700	2 000	350
	甲苯二异氰酸酯	2 500	5 000	500
64	甲苯	640	2 000	320
65	1，3-丁二烯	1 000	5 480	182.48
66	丙酮	850	8 453	100.56
67	乙酸	765.4	3 530	216.83
68	二甲苯	426	4 300	99.07
69	甲醛	1 700	800	2 125
70	乙醇	453	37 620	12.04
71	甲醇	1320	5 628	234.54
72	乙醇	905.4	37 620	24.07
73	甲醇	1 140	5 628	202.56
74	二甲苯	2 240	4 300	520.93
75	二甲基乙酰胺	6 200	4 200	1 476.19
	环氧丙烷	360	380	947.37
76	乙醇	720	37 620	19.14
77	甲苯	600	2 000	300
78	环氧乙烷	500	380	1 315.79
79	乙醇	850	37 620	22.59
80	苯	5 890	3 306	178.13
81	汽油	4 750	67 000	70.89
82	甲醇	678	5 628	120.47
83	苯	314	3 306	94.98

续表

源编号	物质名称	物质存量/10^3kg	急性/（LD_{50}：mg/kg）	危险性/10^6 kg
84	甲醇	874	5 628	155.29
85	戊烷	365	446	818.39
86	甲醇	100 000	5 628	17 768.35
87	甲醇	1 850	5 628	328.71
88	甲苯	748	2 000	374
89	汽油	780	67 000	11.64
90	甲醇	430	5 628	76.43
	丙酮	2 281	8 453	269.85
	二甲苯	35 000	4 300	8 139.54
91	甲醛	7 210	800	9 012.58
	甲醇	2 000	5 628	3 553.66
92	戊烷	2 140	446	540.36
93	环氧乙烷	32	380	84.21
94	戊烷	124	446	278.03
95	戊烷	109	446	224.39
96	乙酸	742	3 530	210.19
97	甲苯	2 500	2 000	1 250
98	乙醇	9 130	37 620	242.69
99	丙酮	735	8 453	86.95
100	甲醇	250	5 628	44.42
	乙醇	405	37 620	10.77
	丙酮	372	8 453	44.01

附录 Ⅱ

化学工业园区环境风险区划技术指南

1.1　适用范围

本指南适用于建有化工企业的工业开发区，或进行化学工业生产活动的区域，以及生产、存储其他对人体健康和生态环境产生不可逆影响的有毒有害物质区域的环境风险分区划分。

1.2　指导思想、基本原则和目标

1.2.1　指导思想

为了贯彻科学发展观，协调人与自然的关系，协调环境保护与经济社会发展的关系，以保障环境安全、促进经济社会可持续发展为目标，在充分认识区域环境风险发生过程及空间分异规律的基础上，划分环境风险分区，以指导区域功能布局和产业规划布局，保障人群健康和生态安全，推动我国经济社会安全、健康发展。

1.2.2　基本原则

（1）系统性原则。区域环境风险不是单一风险事件的简单加和，而是这些事件相互作用、相互联系而形成的一个整体；同时，区域环境风险的发生、分析和管理涉及自然、经济及社会多个系统。因此只有采取系统分析的手段才能真正认识区域环境风险发生、发展和演化的规律。在系统分析的基础上，研究区域内各种风险的内在联系及综合效应，真正揭示区域之间及区域内环境风险分布的差异性和相似性。

（2）一致性原则。区域之间及区域内部环境风险分布的一致性是风险区划的基础和依据。它可以表现为环境风险性质和类型的一致性、环境风险源类型的一致性、环境风险转运空间的一致性、环境风险受体易损性及价值的一致性。环境风险区划根据区划指标的一致性与差异性进行分区。但必须注意这种特征的一致性是相对一致性。不同等级的区划单位各有一致性标准。为便于管理，风险区划时应尽可能保证风险区的界线与行政区界线一致，这样就可以保证风险管理计划的制订和实施的可行性。基于一致性原则而得到的风险区划结果有利于环境风险管理计划的执行，在同一风险区内，可采纳相同或相似的风险管理对策，提高管理的针对性及有效性。

（3）主导性原则。风险区划的一个重要任务就是为区域环境风险管理制定优先顺序，所以只有危害较大、发生频率较高的风险事件才是决策者及公众关注的对象，它们也是风险管理的优先内容。事实上，正是这些风险事件反映了特定区域内环境风险的基本特征。因此，在风险区划过程中，必须筛选出主导风险，并以它们为基础进行风险区划。具体地说，就是在风险区划之前，确定用于区划的单一风险事件的最低限值（包括危害大小、发生概率和风险大小等多个方面）。

（4）动态性原则。一方面，随着社会经济的发展，自然环境的变化，潜在环境风险源、风险转运空间及环境风险受体的时空特性及其他性质将发生一定的变化，即区域环境风险格局将有一定的改变；另一方面，人类的"风险观"会有所改变，对风险事件的判断标准也将发生变化，社会最大可接受风险水平和区域环境风险容量也会有所变化。因此，必须根据风险格局和风险容量的动态变化进行动态分析，实施动态风险区划，为区域环境风险动态管理提供依据。

1.2.3 目标

（1）分析化学工业园区域内环境风险分布的相似性和差异性，并根据区域环境风险分布的规律，按照区域自然环境及社会环境的结构、功能及特点，划分成不同的地区，确定环境风险管理的优先管理顺序，实现环境风险分区管理。

（2）利用区域环境风险分区结论制订区域环境风险预防措施和应急预案；对区域进行布局调整、优化，分散降低环境风险；或对区域城乡建设规划、土地利用规划等进行调整；或调整消防、抢险、应急监测和交通管制等资源的合理配置，或者为企业选址、住宅建设等提供帮助，有效地预先组织群众和财物转移，有效地降低风险损失。

1.3 区划方法与依据

环境风险区划是在对区域风险信息进行调查的基础上，通过区域环境风险系统进行系统分析，分析环境风险源、环境风险场、受体的空间特征分布规律，将研究区域划分为不同区域，提出环境风险区划方案。

1.3.1 环境风险区划流程框架

通过对环境风险系统进行分析，分别分析对环境风险源、环境风险场、风险受体有影响的重要因素，选取相应的指标对其进行量化，构建相应的量化模型得到反应风险源、风险场、风险受体的指数。

计算每个区划单元在区划单元的环境风险源风险指数、环境风险场指数、受体脆弱性指数，并基于这些指数进行聚类分析，将网格单元划分为相应的类别，进行"自下而上"

的分区，并利用 GIS 进行空间表达。通过对研究区域的历史污染事故的空间信息进行统计分析，将其进行分类分区，作为"自上而下"的分区。

最后，将"自下而上"的分区与"自上而下"的分区进行集成，得到研究区域的环境风险区划结果。环境风险区划流程框架如附图 1 所示。

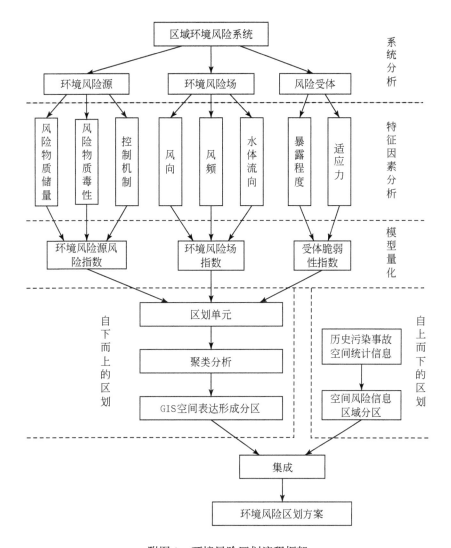

附图 1 环境风险区划流程框架

通常，化工业园区域范围不大，可根据精度需要选取自然地理网格作为区划的基本单元进行区划，根据化学工业园的环境风险系统特点，其区划指标体系可参考附表 1 进行构建。

附表 1　化工园区环境风险区划指标体系构建参考

目标层	系统层	准则层	指标层
环境风险系统	环境风险源风险性	源物质风险	规模（实际物质储存量）
			行业水平
			LC_{50}
		初级控制机制	设备保养维护状态
			安全措施
			企业监控情况
			企业常规应急预案
			企业防护措施
	环境风险场强度	大气风险场	风向
			风频
		水系风险场	水系覆盖范围
			水体流向
	风险受体易损性	暴露程度	人口居住密度
			生态系统类型
			区域敏感指数
		应急响应能力	人均 GDP 水平
			医疗卫生条件

1.3.2　环境风险源风险性量化评估

1. 源物质风险量化

风险源物质计算公式如下。该公式可以相对地反映不同源的化学品对人群健康的危险大小。

$$S = \sum_c \frac{E_c}{LC_{50}} P$$

式中，S 为持有危险化学物质的空间单元风险值之和；c 为某种危险化学物质；E_c 为突发性事故时 c 的排放量因子；LC_{50} 为 c 物质吸入的半致死浓度；P 为行业的事故概率或风险水平。

实际计算中，危险化学物质的排放量因子取值为根据危险化学品登记中实际物质的储存量，行业风险因子方面，因各种行业其事故发生的概率及损害程度不尽相同。附表 2 列出了部分行业的风险水平。

附表 2　国内企业风险水平

产业类别	行业风险水平/（事故死亡数/年）
工矿企业	1.4×10^{-4}
石油化工	0.4×10^{-4}

产业类别	行业风险水平/（事故死亡数/年）
化工	1.12×10^{-4}
运输及公用事业	0.52×10^{-4}

2. 初级控制机制

主要通过专家打分的方式对企业的设备保养维护状态、安全措施、企业监控情况、企业应急预案等几个方面进行打分，在打分的基础上将分值进行归一化后所得的数据作为影响环境风险源的影响因子。

最后，将源物质风险值 S 与初级控制机制影响因子相乘得到环境风险源的风险值 TS。

1.3.3 环境风险场量化

1. 大气风险场

对区域内的单个风险源，构造其大气风险场指数为

$$r = \begin{cases} 10^6 \cdot \dfrac{Q}{x} \cdot \left[\exp\left(-\dfrac{y^2}{40x}\right)\right], & x > 0 \text{ 且 } x \geqslant |y|, \\ 0, & x < 0 \text{ 或 } x < |y| \end{cases}$$

上述公式采用高斯扩散模式的坐标系，即以风险源为坐标原点，x 轴正向为风向，y 轴在水平面上垂直于 x 轴，正向在 x 轴左侧。

对于区域内的多源模式，需在一固定坐标系（通常 x 轴正向水平指向东，y 轴正向垂直指向北）的基础上，按风向和风险源对计算点进行坐标变换。设区域内的初始固定坐标系为 XOY，在 XOY 坐标系中，某一风险源坐标为 $M(X_0, Y_0)$，计算点坐标为 $k(X, Y)$。高斯扩散模式的坐标系 XOY 由风向和风险源共同确定，设风向与 X 轴正向逆时针方向的夹角为 α，则坐标变换公式为

$$\begin{cases} x = (X - X_0)\cos\alpha + (Y - Y_0)\sin\alpha \\ y = (Y - Y_0)\cos\alpha - (X - X_0)\sin\alpha \end{cases}$$

通过坐标变换公式求出计算点对于相应风险源和风向下的变换坐标，然后带入上式求出计算点对应于该风险源的风险场指数；再依次算出计算点对应于区域内其他风险源的风险场指数；最后进行叠加得出计算点在多源模式下的风险场指数。

$$r_k = \sum_{i=1}^{n} r_{ki}(x_{ki}, y_{ki})$$

式中，r_k 为区域内某计算点的风险场指数；n 为风险源个数；$r_{ki}(x_{ki}, y_{ki})$ 为计算点 k 对应于第 i 个风险源的风险场指数；x_{ki}，y_{ki} 为计算点对应于风险源 i 的变换坐标。

考虑区域内多个风向的影响，则多源模式下的风险场指数计算公式为

$$r_k = \sum_{j} \sum_{i=1}^{n} p_j r_{kij}(x_{kij}, y_{kij})$$

式中，r_k 为区域内某计算点的风险场指数；n 为风险源个数；p_j 为 j 风向的频率；r_{kij}（x_{kij}, y_{kij}）为计算点 k 在 j 风向下对应于第 i 个风险源的风险场指数；x_{kij}，y_{kij} 为计算点在 j 风向下对应于风险源 i 的变换坐标。

2. 水系风险场

风险源风险物质泄漏后经水冲洗最终将汇入水系河流，风险物质在河流中将经历一定的衰减，然后通过取水口（供饮用或灌溉）将风险带到区域，其作用机理如附图 2 所示。

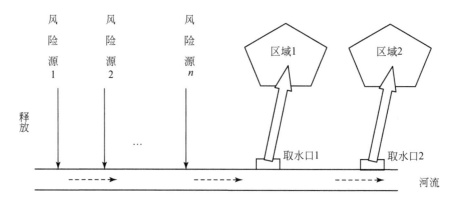

附图 2　水系风险场作用机理

对河流上游任一风险源 k，参考河流一维稳态混合衰减模型，构造该风险源对于某一取水口所对应的服务区域的水系风险场指数为

$$W_k = \frac{q_k}{Q}\exp\left(-\frac{kx}{86400u_x}\right)$$

式中，W_k 为水系风险场指数；q_k 为风险源 k 的风险值；x 为风险源到取水口的距离，单位 m；Q 为河流流量；k 为风险物质衰减系数，单位 d^{-1}；u_x 为河流平均流速，单位 m/s。

当风险物质流经多条河流到达取水口取水时，该取水口的水系风险场指数为

$$W_k = \left[\frac{\frac{q_k}{Q_1}\exp\left(-\frac{kx_1}{86400u_1}\right)Q_1}{Q_1 + Q_2}\right] \times \exp\left(-\frac{kx_2}{86400u_2}\right)$$

对于取水口上游存在多个风险源时，可将各风险源产生的影响进行累加，即其风险场指数为

$$W = \sum_{k=1}^{n} W_k$$

式中，W_k 为水系风险场指数；x_1 为风险物质流经 Q_1 河流的距离；x_2 为风险物质流经 Q_2 河流到取水的距离；k 为风险物质在河流衰减系数；u_1 为 Q_1 河流的平均流速，单位 m/s；u_2 为 Q_2 河流的平均流速，单位 m/s。

1.3.4　受体脆弱性量化

风险受体的脆弱性主要考虑暴露程度和应急响应能力两个因素，暴露程度越大，受体脆弱性越大，而应急响应能力越强，则脆弱性越低，具体量化公式为

$$V = \frac{E}{R}$$

式中，E 为受体暴露程度；R 为区域单元应急响应能力。

暴露程度主要考虑评价区域内的人口密度分布、区域敏感指数，人口密度越大，暴露程度也就越大，发生风险时带来的损伤也就越大，区域敏感性则主要考虑学校、保护区等特殊区域。具体量化公式为

$$E = D \times S_a$$

式中，D 为区域单元人口密度；S_a 为区域敏感性指数。

应急响应能力主要考虑 GDP 水平和医疗卫生条件，一般情况下，GDP 水平越高，城市基础设施越好，有助于对风险事故的快速反应和处理，医疗卫生条件则直接影响救援能力，具体量化公式为

$$R = G \times F$$

式中，G 为人均 GDP 值；F 为医疗卫生水平指数。

生态系统的脆弱性则主要根据生态系统的类型对其脆弱性进行分类，考虑其可能的损失与后果对其赋值。附表 3 给出了生态系统脆弱性量化的参考值。

附表 3　生态系统脆弱性指标量化参考

生态系统类型	农田和鱼塘	绿地	建设用地
脆弱性指数	3	2	1

1.3.5　聚类分析

通过研究区域的网格进行指标量化后，最终研究区域内的每一个网格都具有风险源风险指数、大气风险场指数、水系风险场指数、人群脆弱性和生态系统脆弱性的指标值，然后对数据进行标准化处理，采用 k 均值聚类方法对标准化后的数据进行聚类分析。

设研究区域内第 i 个网格为 X_i（TS_i，Ir_i，W_i，Vs_i，Ve_i），TS_i、Ir_i、W_i、Vs_i、Ve_i 分别为标准化后的风险源风险值、大气风险场指数、水系风险场指数、人群脆弱性和生态系统脆弱性。定义任意两个网格 i，j 之间的差异度（距离）为

$$d(X_i,\ X_j) = |\ X_i - X_j\ | = \sqrt{(\mathrm{TS}_i - \mathrm{TS}_j)^2 + (\mathrm{Ir}_i - \mathrm{Ir}_j)^2 + (W_i - W_j)^2 + (\mathrm{Vs}_i - \mathrm{Vs}_j)^2}$$

（1）从研究区域的所有网格（62 400 个网格）中选取 k 个网格作为初始聚类中心 Z_j（I），$j=1$，2，3，$\cdots$，k，并令 $I=1$。

（2）分别计算每个网格到 k 个聚类中心的距离 d（x_i，Z_j（I）），$i=1$，2，3，$\cdots$，n；$j=1$，2，3，$\cdots$，k，如果满足：

$$d(x_i, Z_k(I)) = \min\{d(x_i, Z_j(I))\}$$

则 $x_i \in w_k$，即 x_i 属于第 k 类；即将网格分配给与其距离最小的的聚类中心所代表的类。

（3）计算误差平方和准则函数 J_c：

$$J_c(I) = \sum_{j=1}^{k} \sum_{x \in w_j} |x - Z_j(I)|^2$$

（4）令 $I=I+1$，重新计算 k 个新的聚类中心（取该聚类中所有网格属性的平均值）。

$$Z_j(I) = \frac{1}{n_j} \sum_{i=1}^{n_j} x_i^{(j)}, \quad (x_i^{(j)} \in w_j), \quad j = 1, 2, 3, \cdots, k$$

（5）返回（2），直到 $|J_c(I) - J_c(I-1)| < \xi$，（在此，$\xi$ 取 $J_c(I)$ 的 10^{-6}），则算法结束。

根据以上过程进行聚类分析，得出每个网格所属类别，然后通过 GIS 予以空间表达，得到区域环境风险区划结果。

1.4　分区命名与管理

聚类分析是一种无监督归纳过程，把一组个体按照相似性归成若干类别，使得属于同一类别的个体之间的差异性尽可能的小，而不同类别上的个体间的差异性尽可能的大。采用聚类分析得出的环境风险区划结果，其特点在于同一分区的区域其共同特征比较明显，而属于不同分区的区域其特征差异性较为显著。为进一步便于对化学工业园区域进行分区管理，应从环境风险系统的组成要素出发分析各分区的内在特征及分区间的相互差异，然后对各个分区进行命名，并提出有针对性的管理与应急对策。分析过程可参考附表 4 进行。

附表 4　各分区环境风险系统要素特征及分区命名

分区	风险源	风险场	风险受体	分区主导因子	分区命名
分区一					
分区二					
分区三					
⋮					

在附表 4 中，主要分析风险系统中风险源的强度、空间分布特征（聚集或分散），风险场的大小及其空间衰减规律，风险受体脆弱性、空间分布特征等情况，并分析该分区的主要表现特征为环境风险系统中的哪一要素，即分区主导因子。然后根据环境风险系统要素特征和分区主导因子对分区进行命名。其中，命名可以取风险源聚集区、受体高脆弱区、受体中度脆弱离散区等反应分区特征的名字。

通常，对于风险源聚集的分区，应在厂区内各生产单元设置隔离墙和防火墙，以便发生风险物质泄露、爆炸、燃烧时阻断物质流动路径，把事故和危险控制在尽可能小的范围内；在厂区附近的沟渠内设置一定数量的闸门，当事故发生时，放下闸门，以阻挡液态石化产品进入河流水道的通道。在水道与陆地接触的地方，均应设置一定长度和高度的防堤，对有毒有害物质形成阻挡作用，防止进入水体。对企业生产过程中每一个可能发生事故的环节进行严格检查和监控，力争在事故发生前发现并解除安全隐患，降低其发生风险的概率。

对于人口密集、敏感目标较多的分区，要做好安全防护工作和应急救援工作，加强卫生防护带建设，在防护带内种植树木和花卉，并且尽量种植一些能够吸收有毒有害气体的植物，在卫生防护带内，禁止居民居住，同时应制订详细的人员疏散方案（包括具体路线）和救援方案，以保证事故发生时，救援工作能够有序地进行。

附录Ⅲ

区域突发环境污染事故风险区划技术指南

1.1 适 应 范 围

本指南适用于存在发生污染事故风险的区域，包括有生产、经营、储存、使用环境风险物质的城市或由于长期积累性环境风险源的地区。

1.2 指导思想、基本原则和目标

1.2.1 指导思想

为了贯彻科学发展观，协调环境保护与经济社会发展关系，增强环境风险管理能力，有效降低事故发生概率和污染损失，在充分认识区域突发环境污染事故风险发生过程及环境风险空间分异规律的基础上，划分环境风险区，明确应急主体，针对不同类型区提出预防管理策略，对各风险区进行差异性管理，在资源有限的条件下，达到事半功倍的风险管理目的。

1.2.2 基本原则

1. 环境风险要素分布地域分异原则

区域突发环境风险系统包含环境风险源、环境风险场及环境风险受体，而在环境风险系统要素内部，由于环境风险源危险性、环境风险场特征性及环境风险受体风险可接受水平的差异，形成了相应的次级环境风险区。因此，突发环境风险的空间分异是环境风险区划划分的基础。

2. 发生学原则

突发环境污染事故不能被简单的看成是事故释放的一种或一套多种危险性因素造成的后果，而应看成是由风险产生、风险传输及受体暴露等所有因素所构成的系统。环境风险源在控制机制失效的条件下，将风险物质释放到空间介质，产生环境风险场，环境风险场

与受体叠加产生污染事故。根据突发环境污染事故产生、发展过程，形成不同风险格局的关系，确定区划中的主导风险因子和风险区划依据。

3. 相似性原则

突发环境风险是由于受人类活动和自然因素的影响，使得区域内环境风险系统结构存在某些相似性和差异性。突发环境污染事故风险区划就是根据区划指标的一致性与差异性进行分区。虽然本研究中，突发环境风险的一致性是相对一致性，但它能从某种程度反映区域环境风险的空间特征，对环境风险的管理具有一定的指导意义。

4. 主导性原则

风险区划为区域环境风险管理制定优先顺序。所以，只有危害较大、发生频率较高的风险事件才是决策者及公众关注的对象，它们也是风险管理的优先内容。事实上，正是这些风险事件反映了特定区域内环境风险的基本特征。因此，在风险区划过程中，必须筛选出主导风险，并以它们为基础进行风险区划。

5. 动态性原则

环境风险区划反映某一段时间内突发环境污染事故时间、空间分异规律的区域划分方案，具有鲜明的时效性，它表征的是一定社会经济情景下突发环境污染事故风险的特征。随着社会经济的发展，自然环境的变化，潜在环境风险源、风险转运空间及环境风险受体的时空特性及其他性质将发生一定的变化，即区域环境风险格局将有一定的改变。另外，随着技术进步和应对能力的增强，社会最大可接受风险水平和区域环境风险容量也会有所变化。因此，必须根据风险格局和风险容量的动态变化进行动态分析，实施动态风险区划，为区域环境风险动态管理提供依据。

1.2.3　目标

（1）分析区域环境风险源风险物质的危险性、分布、区域大气和水系等风险传输场特征及周边社会经济和生态系统受体脆弱性等，提出区域突发环境风险区划方案，明确不同环境风险类型区的风险特征、应急主体以及风险管理目标，划定环境风险优先管理区域。

（2）按照环境风险区划结果，改变以往按照行政区划管理环境风险的传统模式，分析各不同类型环境风险区特征及主导环境风险因子，提出相应的风险管理策略。

（3）以环境风险区划为基础，指导区域产业布局、资源利用及土地利用规划、协调社会经济发展和环境保护的关系。

1.3　总　　则

1.3.1　工作程序

环境风险区划的具体流程图如附图1所示。

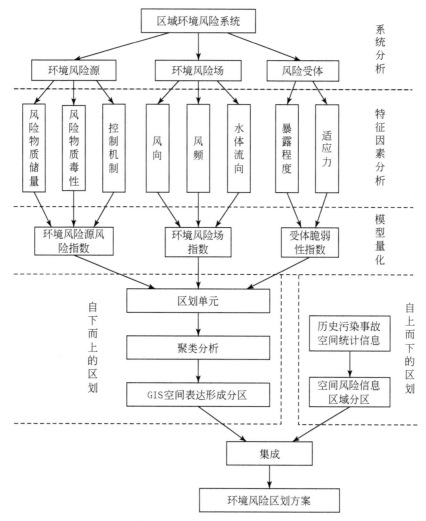

附图1　环境风险区划具体流程

　　突发环境污染事故风险是在时间上不断演替，在空间上有一定分布规律的个体。因此，历史突发环境污染事故时空格局能宏观分析突发环境污染事故风险的分布规律，有助于把握区划的大方向，是指导"自上而下"区划的重要依据。

　　"自下而上"是基于环境风险系统理论，在区划单元的最低层构建突发环境污染事故风险区划的指标并对其进行概念模型量化，在区划的最小单元实现突发环境风险要素空间的解耦，保证风险信息的完整，在此基础上，利用GIS对其进行空间信息的集成，将通过模型量化后指标信息分配到每个网格（本研究区划采用的最小区划单元），作为区域突发环境污染事故风险"自下而上"区划的最小图斑，论文选用基于遗传算法的 K 均值聚类分析对最小图斑进行相似性的合并，而聚类图斑碎块的调整则根据政府宏观规划，如产业布局规划、土地利用规划及城市总体规划等进行合并调整，由于宏观规划能从整体反映环境风险的空间分异规律，因此对图斑碎块调整指导有一定的科学性和实用性，经碎块调整后的聚类结果可作为环境风险亚区和小区。将环境风险大区和环境风险小区通过集成分析生成突发环境污染事故风险区划方案。

1.3.2　环境风险源危险性评价

环境风险源综合危险性概念模型由环境风险源自身的危险性和控制机制有效性两个变量组成。特别需要说明的是，环境风险源与一般危险源不同，火灾爆炸事故不会产生突发环境污染事故，但会造成有毒有害物质的泄露（如松花江污染事故），由此导致大气或水污染事故；鉴于此，从环境风险源有毒有害性（包含易燃易爆危险性对有毒有害危险性加权影响）及控制机制有效性两个方面构建环境风险源综合危险性概念模型。

目前，常见的事故爆炸模型有 TNT 模型，TNO 模型和 CAM 模型。TNT 模型是将爆炸时蒸气云爆炸的破坏力转化为 TNT 爆炸的破坏作用，把蒸汽云的量转化为 TNT 的量，并依此计算物质的爆炸危害半径，该方法简单易行，但需要确定物质的当量系数。TNO 模型是以半球形蒸气云为模型，并用数值方法计算不同燃烧速度下的爆炸强度，获得爆炸强度曲线，该方法理论上合理，但结果通常比实际结果偏小；CAM 模型是通过决策树得到危险源爆炸强度，考虑了障碍物对湍流火焰的影响，结果与实际较吻合，但计算过程复杂。

选用 TNT 模型来量化环境风险源爆炸危险度，但与常见的 TNT 模型使用目的不同，环境风险源危险性评价不采用爆炸危害半径来衡量爆炸危害的大小，而是直接用 TNT 的量来衡量危害大小。根据最大危险性原则，把风险源易燃易爆物质的储量作为初始爆炸物的量，其计算公式为

$$W_{\mathrm{TNT}} = \frac{aW_f Q_f}{Q_{\mathrm{TNT}}}$$

式中，W_{TNT} 为蒸汽云的 TNT 当量，单位 kg；W_f 为蒸汽云中燃料的总质量，单位 kg；a 为蒸气云爆炸的效率因子，表明参与爆炸的可燃气体的百分数，一般取 3% 或 4%；Q_{TNT} 为 TNT 的爆炸热，一般取 4.52MJ/kg。

危险物质有毒有害性则根据《建设项目环境风险评价导则》，用半致死浓度 LD_{50} 来求有毒物质对人和环境的影响。环境风险源有毒有害物质危险性计算方法如下：

$$H_i = \frac{Q_i}{\mathrm{LD}_{50}}$$

式中，H_i 为有毒性物质 i 的危险指数；Q_i 为第 i 种物质储存量；LD_{50} 为第 i 种物质的半致死浓度。

环境风险源的控制机制都是定性的描述指标。因此，在对控制机制有效性进行评价时，不仅要考虑影响控制机制各要素属性，还要尽量减少个人主观臆断带来的弊端。针对定性指标量化的特点，本研究选择基于 ANP 的模糊综合评价方法对环境风险源的控制机制进行效果评估。AHP 模糊评价法综合了多个评价主体的意见，能有效解决评价过程中出现的模糊问题，将模糊问题科学量化，定性与定量相结合，充分体现了评价对象模糊性和评价过程科学性，其评价结果比其他评分方法更符合客观实际。

环境风险源危险性综合指数由易燃易爆物质危险性指数和/或有毒有害物质危险性指

数、控制机制有效性决定。如果某环境风险源中包含一种或多种的危险化学物质，这些危险化学物质同时具有易燃易爆性和毒性，那么这类环境风险源危险性要综合考虑两种危险性指数；若该风险源危险化学物质不具有易燃易爆性，只具有毒性，那么该风险源危险性指数便由有毒物质危险性指数及控制机制水平决定。

由于爆炸危险性 W_{TNT} 和有毒物质危险性 H_i 代表的物理意义不同。因此，在对某环境风险源综合危险性进行计算时，要将 W_{TNT} 和 H_i 进行归一化处理。

环境风险源综合危险性可由下式计算得到。

$$TS = \frac{(1 + \sum \bar{W}_{TNT}) \sum \bar{H}_i}{\bar{G}_i}$$

式中，TS 为环境风险源综合危险性；$\bar{W}_{TNT}$ 为标准化后的 W_{TNT} 值；$\bar{H}_i$ 为标准化后的 H_i 值；$\bar{G}_i$ 为标准化后的控制机制有效性 G_i 值。

1.3.3 环境风险场特征分析

1. 大气环境风险场

对区域内的单个风险源，构造其大气风险场指数为

$$r = \begin{cases} 10^6 \frac{q}{x}\left[\exp\left(-\frac{y^2}{40x}\right)\right], & x > 0 \text{ 且 } x \geqslant |y|, \\ 0, & x < 0 \text{ 或 } x < |y|. \end{cases}$$

上述公式采用高斯扩散模式的坐标系，即以风险源为坐标原点，x 轴正向为风向，y 轴在水平面上垂直于 x 轴，正向在 x 轴左侧。

当区域内受多个风向影响时，需在一固定坐标系（通常 x 轴正向水平指向东，y 轴正向垂直指向北）的基础上，按风向和风险源对计算点进行坐标变换。设区域内的初始固定坐标系为 XOY，在 XOY 坐标系中，某一风险源坐标为 $M(X_0, Y_0)$，计算点坐标为 $k(X, Y)$。高斯扩散模式的坐标系 XOY 由风向和风险源共同确定，设风向与 X 轴正向逆时针方向的夹角为 α，则坐标变换公式为

$$\begin{cases} x = (X - X_0)\cos\alpha + (Y - Y_0)\sin\alpha \\ y = (Y - Y_0)\cos\alpha - (X - X_0)\sin\alpha \end{cases}$$

对于区域内多个风险源下 k 点风险场指数的计算，首先通过坐标变换公式求出计算点对于相应风险源和风向下的变换坐标，然后求出计算点对应于该风险源的风险场指数；再依次算出计算点对应于其他风险源的风险场指数；最后进行叠加得出计算点在多源模式下的风险场指数，多源模式下的大气风险场指数计算公式为

$$r_k = \sum_{i=1}^{n} r_{ki}(x_{ki}, y_{ki})$$

式中，r_k 为区域内某计算点的风险场指数；n 为风险源个数；$r_{ki}(x_{ki}, y_{ki})$ 为计算点 k 对应于第 i 个风险源的风险场指数；x_{ki}，y_{ki} 为计算点对应于风险源 i 的变换坐标。

若考虑受多个风向影响时，多源模式下的风险场指数计算公式为

$$r_k = \sum_j \sum_{i=1}^{n} p_j r_{kij}(x_{kij}, y_{kij})$$

式中，r_k 为区域内某计算点的风险场指数；n 为风险源个数；p_j 为 j 风向的频率。

2. 水系风险场

通过计算突发环境污染事故对饮用水源（取水口）的影响来表征水系风险场指数，进一步根据取水口的服务范围将水系风险场指数分配到区域。

当某取水口上游存在一个风险源，则该风险源的风险值为 q。参考河流一维稳态混合衰减模型，构造该取水口所对应的服务区域的水系风险场指数为

$$W_k = \frac{q_0}{Q}\exp\left(-\frac{kx}{86400u_x}\right)$$

式中，W_k 为水系风险场指数；x 为风险源到取水口的距离，单位 m；Q 为河流流量；k 为风险物质衰减系数，单位 $d-1$；u_x 为河流平均流速，单位 m/s。

当风险物质流经多条河流到达取水口取水时，该取水口的水系风险场指数为

$$W_k = \left[\frac{\frac{q_0}{Q_1}\exp\left(-\frac{kx_1}{86400u_1}\right)Q_1}{Q_1 + Q_2}\right] \times \exp\left(-\frac{kx_2}{86400u_2}\right)$$

对于取水口上游存在多个风险源时，可将各风险源产生的影响进行累加，即其风险场指数为

$$W = \sum_{k=1}^{n} W_k$$

式中，W_k 为水系风险场指数；x_1 为风险物质流经 Q_1 河流的距离；x_2 为风险物质流经 Q_2 河流到取水口的距离；k 为风险物质在河流的衰减系数；u_1 为 Q_1 河流的平均流速，单位 m/s；u_2 为 Q_2 河流的平均流速，单位 m/s。

1.3.4   环境风险受体脆弱性评价

选择暴露受体的敏感性和适应力构建环境风险受体脆弱度指数模型。由于暴露受体的敏感性越强，脆弱性就越大；而适应力越强，则脆弱性越低，其概念模型可表示为

$$VI = SI/ACI$$

式中：VI 为风险受体面对暴露时的脆弱度指数；SI、ACI 分别为敏感度指数及适应力指数。

城市尺度下突发环境污染事故风险受体通常是一个包含社会、经济、自然等因素的复合系统，因此其环境风险受体综合脆弱度模型为

$$SV = \alpha VI_s + \beta VI_e$$

SV 为突发环境污染事故环境风险受体综合脆弱度；VI_s 为社会经济脆弱度指数；VI_e 为生态系统脆弱度指数；α、β 分别代表社会经济和生态系统不同受体的权重值。

突发环境污染事故风险受体脆弱性指标体系如附图2所示。

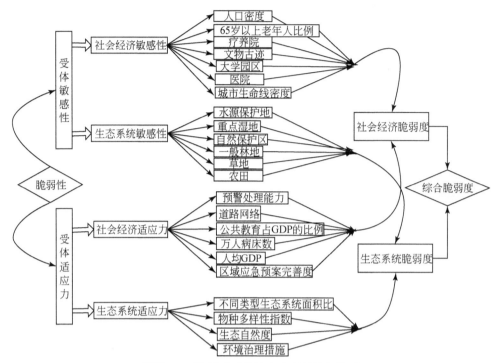

附图2　环境风险受体综合脆弱性指标体系

1.4　区域突发环境污染事故风险区划方案

为进一步对区域城市尺度环境风险进行分区管理，应从环境风险系统的组成要素出发分析各分区的内在特征及分区间的相互差异，然后对各个分区进行命名，并提出有针对性的管理与应急对策。

从宏观层面，区域突发环境风险可分为环境污染事故重点控制区和污染事故防范区两个一级区，从环境风险要素分析，可按照风险源危险性、风险场特征、风险受体脆弱性等，分析不同环境风险类型区主导风险因子，并以此提出区域环境风险优先管理顺序和管理重点。其中，风险亚区的命名可以从环境风险主导因子命名，如环境风险源集群亚区、水系风险场控制亚区、大气风险场控制亚区、风险受体高脆弱亚区、风险受体低脆弱亚区等。

通常，对于污染事故高发区的人口密集、敏感目标较多的亚区，可从重点危险源特征污染物监测预警、明确下风向人群事故逃生路线、制定三级联动应急响应体系等制订应急方案；对于水系风险场控制区，饮用水安全技术和保障是该风险区优先考虑的控制因素，其中取水口周边危险企业事故隐患排查、加大城区备用水源地服务范围、提高上下游污染事故联防联控能力是水系风险场控制亚区风险管理的重点；对于风险受体高脆弱区，人群疏散是该区事故应急管理的重点。其中，事故预警、疏散命令信号的发布、疏散组织及疏散路线的设计、避难场所的收纳能力等都是该风险区污染事故应急管理的核心内容。这一系列的应急管理，都需要一个健全的环境应急组织机构队伍。当污染事故发生时，市/区环保应急中心应在第一时间有专人引导和护送疏散人员向上风方向转移，并在疏散撤离的路线上设立疏散标志，指明方向，使暴露人群井然有序的撤离至最近的社区/城市避难场所，同时保证突发污染事故时信息和交通的畅通。对于污染事故防范区，环境风险管理的重点以预防为主，其中，应急处理资源储备体系的完善、提高危机意识、加强应急教育以及敏感生态系统保护措施，是环境污染事故防范区风险管理的重点。

附录 IV

遗传算法主程序

```
function [x_best,endPopulation,bestPop,traceInfomation]=ga(bounds,
evalFN,evalOps,…
startPopulation, opts, termFN, termOps, selectFN, selectOps, xOverFNs,
xOverOps,mutFNs,mutOps)
n=nargin;
if n<2 |n==6 |n==10 |n==12
  disp('Insufficient arguements')
end
if n<3
  evalOps=[];
end
if n<5
  opts=[1e-6 1 0];
end
if isempty(opts)
  opts=[1e-6 1 0];
end

if any(evalFN<48)
  if opts(2)==1
    e1str=['x_best=c1; c1(xZomeLength)=',evalFN ';'];
    e2str=['x_best=c2; c2(xZomeLength)=',evalFN ';'];
  else
    e1str=['x_best=b2f(endPopulation(j,:),bounds,bits); endPopulation
(j,xZomeLength)=',...
    evalFN ';'];
  end
else
  if opts(2)==1
```

```
    e1str=['[c1 c1(xZomeLength)]='evalFN '(c1,[generation evalOps]);'];
    e2str=['[c2 c2(xZomeLength)]='evalFN '(c2,[generation evalOps]);'];
  else
    e1str=['x_best=b2f(endPopulation(j,:),bounds,bits);[x_best v]='
    evalFN ...
'(x_best,[generation evalOps]); endPopulation(j,:)=[f2b(x_best,bounds,bits)
v];'];
  end
end


if n<6
  termOps=[100];
  termFN='maxGenTerm';
end
if n<12
  if opts(2)==1
  mutFNs=['boundaryMutation multiNonUnifMutation nonUnifMutation unifMuta-
    tion'];
    mutOps=[4 0 0;6 termOps(1)3;4 termOps(1)3;4 0 0];
  else
    mutFNs=['binaryMutation'];
    mutOps=[0.05];
  end
end
if n<10
  if opts(2)==1
    xOverFNs=['arithXover heuristicXover simpleXover'];
    xOverOps=[2 0;2 3;2 0];
  else
    xOverFNs=['simpleXover'];
    xOverOps=[0.6];
  end
end
if n<9
  selectOps=[];
end
if n<8
```

```
  selectFN=['normGeomSelect'];
  selectOps=[0.08];
end
if n<6
  termOps=[100];
  termFN='maxGenTerm';
end
if n<4
  startPopulation=[];
end
if isempty(startPopulation)
   startPopulation=initializega(80,bounds,evalFN,evalOps,opts(1:2));
end

if opts(2)==0
  bits=calcbits(bounds,opts(1));
end

xOverFNs=parse(xOverFNs);
mutFNs=parse(mutFNs);

xZomeLength  = size(startPopulation,2);
numVar       =xZomeLength-1;
popSize      = size(startPopulation,1);
endPopulation     =zeros(popSize,xZomeLength);
c1          =zeros(1,xZomeLength);
c2          =zeros(1,xZomeLength);
numXOvers    = size(xOverFNs,1);
numMuts      = size(mutFNs,1);
epsilon      = opts(1);
oval         =max(startPopulation(:,xZomeLength));
bFoundIn     =1;
done         =0;
generation         = 1;
collectTrace=(nargout>3);
floatGA      = opts(2)==1;
display      = opts(3);
```

```
while(~done)
  [bval,bindx]=max(startPopulation(:,xZomeLength));
  best =  startPopulation(bindx,:);

  if collectTrace
    traceInfomation(generation,1)=generation;
    traceInfomation(generation,2)=startPopulation(bindx,xZomeLength);
     traceInfomation (generation, 3 ) = mean (startPopulation (:, xZome-
     Length));
     traceInfomation (generation, 4 ) = std (startPopulation (:, xZome-
     Length));
  end

  if((abs(bval - oval)>epsilon)|(generation==1))
    if display
      fprintf(1,'\n% d % f\n',generation,bval);
    end
    if floatGA
      bestPop(bFoundIn,:)=[generation startPopulation(bindx,:)];
    else
      bestPop (bFoundIn,:) = [generation b2f (startPopulation (bindx, 1:
      numVar),bounds,bits)...
      startPopulation(bindx,xZomeLength)];
    end
    bFoundIn=bFoundIn+1;
    oval=bval;
  else
    if display
      fprintf(1,'% d ',generation);
    end
  end

endPopulation=feval(selectFN,startPopulation,[generation selectOps]);

  if floatGA
    for i=1:numXOvers,
      for j=1:xOverOps(i,1),
a=round(rand * (popSize-1)+1);
```

```
b=round(rand*(popSize-1)+1);
xN=deblank(xOverFNs(i,:));
[c1 c2] = feval (xN, endPopulation (a,:), endPopulation (b,:), bounds,
[generation xOverOps(i,:)]);

if c1(1:numVar)==endPopulation(a,(1:numVar))
  c1(xZomeLength)=endPopulation(a,xZomeLength);
elseif c1(1:numVar)==endPopulation(b,(1:numVar))
  c1(xZomeLength)=endPopulation(b,xZomeLength);
else
  eval(e1str);
end
if c2(1:numVar)==endPopulation(a,(1:numVar))
  c2(xZomeLength)=endPopulation(a,xZomeLength);
elseif c2(1:numVar)==endPopulation(b,(1:numVar))
  c2(xZomeLength)=endPopulation(b,xZomeLength);
else
  eval(e2str);
end

endPopulation(a,:)=c1;
endPopulation(b,:)=c2;
    end
  end

  for i=1:numMuts,
    for j=1:mutOps(i,1),
a=round(rand*(popSize-1)+1);
c1=feval(deblank(mutFNs(i,:)),endPopulation(a,:),bounds,[generation
mutOps(i,:)]);
if c1(1:numVar)==endPopulation(a,(1:numVar))
  c1(xZomeLength)=endPopulation(a,xZomeLength);
else
  eval(e1str);
end
endPopulation(a,:)=c1;
    end
  end
```

```
    else
      for i=1:numXOvers,
        xN=deblank(xOverFNs(i,:));
        cp=find(rand(popSize,1)<xOverOps(i,1)==1);
        if rem(size(cp,1),2)cp=cp(1:(size(cp,1)-1)); end
        cp=reshape(cp,size(cp,1)/2,2);
        for j=1:size(cp,1)
a=cp(j,1); b=cp(j,2);
[endPopulation(a,:) endPopulation(b,:)]=feval(xN,endPopulation(a,:),
endPopulation(b,:),...
  bounds,[generation xOverOps(i,:)]);
        end
      end
      for i=1:numMuts
        mN=deblank(mutFNs(i,:));
        for j=1:popSize
endPopulation(j,:)=feval(mN,endPopulation(j,:),bounds,[generation
mutOps(i,:)]);
eval(e1str);
        end
      end
    end

  generation=generation+1;
  done=feval(termFN,[generation termOps],bestPop,endPopulation);
  startPopulation=endPopulation;

  [bval,bindx]=min(startPopulation(:,xZomeLength));
  startPopulation(bindx,:)=best;
end

[bval,bindx]=max(startPopulation(:,xZomeLength));
if display
  fprintf(1,'\n%d %f\n',generation,bval);
end

x_best=startPopulation(bindx,:);
```

```
if opts(2)==0
  x_best=b2f(x_best,bounds,bits);
  bestPop(bFoundIn,:) = [generation b2f(startPopulation(bindx,1:
  numVar),bounds,bits)...
      startPopulation(bindx,xZomeLength)];
else
  bestPop(bFoundIn,:)=[generation startPopulation(bindx,:)];
end

if collectTrace
  traceInfomation(generation,1)=generation;
  traceInfomation(generation,2)=startPopulation(bindx,xZomeLength);
  traceInfomation(generation,3)=mean(startPopulation(:,xZomeLength));
end
```

k 均值聚类主程序

```
function [idx_clu,CON,sumD,Dist]=kmeans(DataClu,k,varargin)

if nargin < 2
    error('At least two input arguments required.');
end

[ignore,wasnan,DataClu]=statremovenan(DataClu);
[n,p]=size(DataClu);

pnames={ 'distance' 'start' 'replicates' 'emptyaction' 'onlinephase' 'options' '
maxiter' 'display'};
dflts = {'sqeuclidean' 'sample' [] 'error' 'on' [] [] []};
[eid,errmsg,distance,start,reps,emptyact,online,options,maxit,display] ...
                  =statgetargs(pnames,dflts,varargin{:});
if ~isempty(eid)
    error(sprintf('stats:kmeans:% s',eid),errmsg);
end

if ischar(distance)
    distNames={'sqeuclidean','cityblock','cosine','correlation','hamming'};
    j=strmatch(lower(distance),distNames);
```

```
if length(j)>1
    error('stats:kmeans:AmbiguousDistance',...
         'Ambiguous "Distance" parameter value:  % s.',distance);
elseif isempty(j)
    error('stats:kmeans:UnknownDistance',...
         'Unknown "Distance" parameter value:  % s.',distance);
end
distance=distNames{j};
switch distance
case 'cosine'
    Xnorm=sqrt(sum(DataClu.^2,2));
    if any(min(Xnorm)<= eps(max(Xnorm)))
        error('stats:kmeans:ZeroDataForCos',...
            ['Some points have small relative magnitudes,making them',...
                ' effectively zero. \ nEither  remove  those  points, or
                choose a',...
            'distance other than "cosine".']);
    end
    DataClu=DataClu ./ Xnorm(:,ones(1,p));
case 'correlation'
    DataClu=DataClu - repmat(mean(DataClu,2),1,p);
    Xnorm=sqrt(sum(DataClu.^2,2));
    if any(min(Xnorm)<= eps(max(Xnorm)))
        error('stats:kmeans:ConstantDataForCorr',...
            ['Some points have small relative standard deviations,
            making them',...
            'effectively constant.\nEither remove those points,or
            choose a ',...
            'distance other than "correlation".']);
    end
    DataClu=DataClu ./ Xnorm(:,ones(1,p));
case 'hamming'
    if ~all(ismember(DataClu(:),[0 1]))
        error('stats:kmeans:NonbinaryDataForHamm',...
            'Non -binary data cannot be clustered using Hamming dis-
            tance.');
    end
end
```

```
else
    error('stats:kmeans:InvalidDistance',...
        'The "Distance" parameter value must be a string.');
end

if ischar(start)
    startNames={'uniform','sample','cluster'};
    j=strmatch(lower(start),startNames);
    if length(j)>1
        error('stats:kmeans:AmbiguousStart',...
            'Ambiguous "Start" parameter value:  % s.',start);
    elseif isempty(j)
        error('stats:kmeans:UnknownStart',...
            'Unknown "Start" parameter value:  % s.',start);
    elseif isempty(k)
        error('stats:kmeans:MissingK',...
            'You must specify the number of clusters,K.');
    end
    start=startNames{j};
    if strcmp(start,'uniform')
        if strcmp(distance,'hamming')
            error('stats:kmeans:UniformStartForHamm',...
                'Hamming distance cannot be initialized with uniform random
                values.');
        end
        Xmins=min(DataClu,[],1);
        Xmaxs=max(DataClu,[],1);
    end
elseif isnumeric(start)
    CC=start;
    start='numeric';
    if isempty(k)
        k=size(CC,1);
    elseif k ~ = size(CC,1);
        error('stats:kmeans:MisshapedStart',...
            'The "Start" matrix must have K rows.');
    elseif size(CC,2) ~ = p
        error('stats:kmeans:MisshapedStart',...
```

```
                'The "Start" matrix must have the same number of columns as Data-
                Clu.');
        end
        if isempty(reps)
            reps=size(CC,3);
        elseif reps ~= size(CC,3);
            error('stats:kmeans:MisshapedStart',...
                'The third dimension of the "Start" array must match the "rep-
                licates" parameter value.');
        end

        if isequal(distance,'correlation')
            CC=CC - repmat(mean(CC,2),[1,p,1]);
        end
    else
        error('stats:kmeans:InvalidStart',...
            'The "Start" parameter value must be a string or a numeric matrix
            or array.');
    end

    if ischar(emptyact)
        emptyactNames={'error','drop','singleton'};
        j=strmatch(lower(emptyact),emptyactNames);
        if length(j)>1
            error('stats:kmeans:AmbiguousEmptyAction',...
                'Ambiguous "EmptyAction" parameter value:  % s.',emptyact);
        elseif isempty(j)
            error('stats:kmeans:UnknownEmptyAction',...
                'Unknown "EmptyAction" parameter value:  % s.',emptyact);
        end
        emptyact=emptyactNames{j};
    else
        error('stats:kmeans:InvalidEmptyAction',...
            'The "EmptyAction" parameter value must be a string.');
    end

    if ischar(online)
        j=strmatch(lower(online),{'on','off'});
```

```matlab
    if length(j)>1
        error('stats:kmeans:AmbiguousOnlinePhase',...
              'Ambiguous "OnlinePhase" parameter value: % s.',online);
    elseif isempty(j)
        error('stats:kmeans:UnknownOnlinePhase',...
              'Unknown "OnlinePhase" parameter value: % s.',online);
    end
    online=(j==1);
else
    error('stats:kmeans:InvalidOnlinePhase',...
          'The "OnlinePhase" parameter value must be "on" or "off".');
end

if ~isempty(display)
    options=statset(options,'Display',display);
end
if ~isempty(maxit)
    options=statset(options,'MaxIter',maxit);
end

options=statset(statset('kmeans'),options);
display=strmatch(lower(options.Display),{'off','notify','final','iter'})
-1;
maxit=options.MaxIter;

if ~(isscalar(k) && isnumeric(k) && isreal(k) && k>0 && (round(k)==k))
    error('stats:kmeans:InvalidK',...
          'DataClu must be a positive integer value.');

elseif n<k
    error('stats:kmeans:TooManyClusters',...
          'DataClu must have more rows than the number of clusters.');
end

if isempty(reps)
    reps=1;
end
```

```
dispfmt='% 6d\t% 6d\t% 8d\t% 12g';
if online,Del=NaN(n,k); end


totsumDBest=Inf;
emptyErrCnt=0;
for rep=1:reps
    switch start
    case 'uniform'
        CON=unifrnd(Xmins(ones(k,1),:),Xmaxs(ones(k,1),:));
        if isequal(distance,'correlation')
            CON=CON - repmat(mean(CON,2),1,p);
        end
        if isa(DataClu,'single')
            CON=single(CON);
        end
    case 'sample'
        CON=DataClu(randsample(n,k),:);
        if ~isfloat(CON)
            CON=double(CON);
        end
    case 'cluster'
        Xsubset=DataClu(randsample(n,floor(.1* n)),:);
          [dum, CON] = kmeans (Xsubset, k, varargin {:},' start',' sample','
          replicates',1);
    case 'numeric'
        CON=CC(:,:,rep);
    end

    Dist=distfun(DataClu,CON,distance,0);
    [d,idx_clu]=min(Dist,[],2);
    m=accumarray(idx_clu,1,[k,1]);

    try
        converged=batchUpdate();

        if online
            converged=onlineUpdate();
        end
```

```
nonempties=find(m>0);
Dist(:,nonempties)=distfun(DataClu,CON(nonempties,:),distance,
iter);
d=Dist((idx_clu-1)* n +(1:n)');
sumD=accumarray(idx_clu,d,[k,1]);
totsumD=sum(sumD);

    if display >1
        disp(sprintf('% d iterations, total sum of distances =% g',
        iter,totsumD));
    end

    if totsumD < totsumDBest
        totsumDBest=totsumD;
        idxBest=idx_clu;
        Cbest=CON;
        sumDBest=sumD;
        if nargout > 3
            Dbest=Dist;
        end
    end

catch ME
    if reps == 1 || ~isequal(ME.identifier,'stats:kmeans:EmptyClus-
    ter')
        rethrow(ME);
    else
        emptyErrCnt=emptyErrCnt + 1;
        warning('stats:kmeans:EmptyCluster',...
                'Replicate % d terminated: empty cluster created at it-
eration % d.',rep,iter);
        if emptyErrCnt == reps
            error('stats:kmeans:EmptyClusterAllReps',...
                    'An empty cluster error occurred in every repli-
cate.');
        end
    end
```

```
        end

end
idx_clu=idxBest;
CON=Cbest;
sumD=sumDBest;
if nargout > 3
    Dist=Dbest;
end

if hadNaNs
    idx_clu=statinsertnan(wasnan,idx_clu);
end


% ------------------------------------------------------------------

function converged=batchUpdate

moved=1:n;
changed=1:k;
previdx=zeros(n,1);
prevtotsumD=Inf;

if display > 2 % 'iter'
    disp(sprintf('  iter\t phase\t     num\t          sum'));
end

iter=0;
converged=false;
while true
    iter=iter + 1;

    [CON(changed,:),m(changed)]=gcentroids(DataClu,idx_clu,changed,
    distance);
    Dist(:,changed)=distfun(DataClu,CON(changed,:),distance,iter);

    empties=changed(m(changed) == 0);
```

```
if ~isempty(empties)
    switch emptyact
    case 'drop'
        Dist(:,empties)=NaN;
        changed=changed(m(changed)>0);

    case 'singleton'
        for i=empties
            d=Dist((idx_clu-1)*n+(1:n)');
            [dlarge,lonely]=max(d);
            from=idx_clu(lonely);
            if m(from)<2
                from=find(m>1,1,'first');
                lonely=find(idx_clu==from,1,'first');
            end
            CON(i,:)=DataClu(lonely,:);
            m(i)=1;
            idx_clu(lonely)=i;
            Dist(:,i)=distfun(DataClu,CON(i,:),distance,iter);

            [CON(from,:),m(from)]=gcentroids(DataClu,idx_clu,from,
            distance);
              Dist(:,from)=distfun(DataClu,CON(from,:),distance,i-
              ter);
            changed=unique([changed from]);
        end
    end
end

totsumD=sum(Dist((idx_clu-1)*n+(1:n)'));
if prevtotsumD <= totsumD
    idx_clu=previdx;
      [CON(changed,:),m(changed)]=gcentroids(DataClu,idx_clu,
      changed,distance);
    iter=iter-1;
    break;
end
if display>2
```

```
            disp(sprintf(dispfmt,iter,1,length(moved),totsumD));
        end
        if iter >= maxit
            break;
        end

        previdx=idx_clu;
        prevtotsumD=totsumD;
        [d,nidx]=min(Dist,[],2);

        moved=find(nidx ~= previdx);
        if ~isempty(moved)
            moved=moved(Dist((previdx(moved)-1)*n+moved)>d(moved));
        end
        if isempty(moved)
            converged=true;
            break;
        end
        idx_clu(moved)=nidx(moved);

        changed=unique([idx_clu(moved);previdx(moved)])';

    end

end

% ------------------------------------------------------------------

function converged=onlineUpdate

switch distance
case 'cityblock'
    Xmid=zeros([k,p,2]);
    for i=1:k
        if m(i)>0
            Xsorted=sort(DataClu(idx_clu==i,:),1);
            nn=floor(.5*m(i));
            if mod(m(i),2)==0
```

```
                Xmid(i,:,1:2)=Xsorted([nn,nn+1],:)';
            elseif m(i)>1
                Xmid(i,:,1:2)=Xsorted([nn,nn+2],:)';
            else
                Xmid(i,:,1:2)=Xsorted([1,1],:)';
            end
        end
    end
case 'hamming'
    Xsum=zeros(k,p);
    for i=1:k
        if m(i)>0
            Xsum(i,:)=sum(DataClu(idx_clu==i,:),1);
        end
    end
end

changed=find(m'>0);
lastmoved=0;
nummoved=0;
iter1=iter;
converged=false;
while iter < maxit
    switch distance
    case 'sqeuclidean'
        for i=changed
            mbrs=(idx_clu == i);
            sgn=1 - 2*mbrs;
            if m(i)==1
                sgn(mbrs)=0;
            end
            Del(:,i)=(m(i)./(m(i)+sgn)).*sum((DataClu - CON(repmat(i,
            n,1),:)).^2,2);
        end
    case 'cityblock'
        for i=changed
            if mod(m(i),2)==0
                ldist=Xmid(repmat(i,n,1),:,1)-DataClu;
```

```
            rdist=DataClu - Xmid(repmat(i,n,1),:,2);
            mbrs=(idx_clu == i);
            sgn=repmat(1-2*mbrs,1,p);
            Del(:,i)=sum(max(0,max(sgn.*rdist,sgn.*ldist)),2);
        else
            Del(:,i)=sum(abs(DataClu - CON(repmat(i,n,1),:)),2);
        end
    end
case {'cosine','correlation'}
    normC=sqrt(sum(CON.^2,2));

    for i=changed
        XCi=DataClu * CON(i,:)';
        mbrs=(idx_clu == i);
        sgn=1 - 2*mbrs;
        Del(:,i)=1 + sgn .* ...
                (m(i).*normC(i)- sqrt((m(i).*normC(i)).^2 + 2.*sgn.*
                m(i).*XCi +1));
    end
case 'hamming'
    for i=changed
        if mod(m(i),2) == 0
            unequal01=find(2*Xsum(i,:) ~= m(i));
            numequal01=p - length(unequal01);
            mbrs=(idx_clu == i);
                Di = abs (DataClu (:, unequal01) - CON (repmat (i, n, 1),
unequal01));
            Del(:,i) = (sum(Di,2) + mbrs * numequal01)/p;
        else
            Del(:,i)=sum(abs(DataClu - CON(repmat(i,n,1),:)),2)/p;
        end
    end
end

previdx=idx_clu;
prevtotsumD=totsumD;
[minDel,nidx]=min(Del,[],2);
moved=find(previdx ~= nidx);
```

```
if ~isempty(moved)
    moved=moved(Del((previdx(moved)-1)*n + moved)>minDel(moved));
end
if isempty(moved)
    if(iter == iter1)||nummoved > 0
        iter=iter+1;
        if display > 2 % 'iter'
            disp(sprintf(dispfmt,iter,2,nummoved,totsumD));
        end
    end
    converged=true;
    break;
end

moved=mod(min(mod(moved-lastmoved-1,n)+lastmoved),n)+1;

if moved <= lastmoved
    iter=iter+1;
    if display > 2
        disp(sprintf(dispfmt,iter,2,nummoved,totsumD));
    end
    if iter >= maxit,break; end
    nummoved=0;
end
nummoved=nummoved+1;
lastmoved=moved;

oidx=idx_clu(moved);
nidx=nidx(moved);
totsumD=totsumD + Del(moved,nidx) - Del(moved,oidx);

idx_clu(moved)=nidx;
m(nidx)=m(nidx)+1;
m(oidx)=m(oidx)-1;
switch distance
case 'sqeuclidean'
    CON(nidx,:)=CON(nidx,:)+(DataClu(moved,:)-CON(nidx,:))/m(nidx);
    CON(oidx,:)=CON(oidx,:)-(DataClu(moved,:)-CON(oidx,:))/m(oidx);
```

```
    case 'cityblock'
        for i=[oidx nidx]
            Xsorted=sort(DataClu(idx_clu==i,:),1);
            nn=floor(.5*m(i));
            if mod(m(i),2)==0
                CON(i,:)=.5 * (Xsorted(nn,:)+Xsorted(nn+1,:));
                Xmid(i,:,1:2)=Xsorted([nn,nn+1],:)';
            else
                CON(i,:)=Xsorted(nn+1,:);
                if m(i)>1
                    Xmid(i,:,1:2)=Xsorted([nn,nn+2],:)';
                else
                    Xmid(i,:,1:2)=Xsorted([1,1],:)';
                end
            end
        end
    case {'cosine','correlation'}
        CON(nidx,:)=CON(nidx,:)+(DataClu(moved,:)-CON(nidx,:))/m(nidx);
        CON(oidx,:)=CON(oidx,:)-(DataClu(moved,:)-CON(oidx,:))/m(oidx);
    case 'hamming'
        Xsum(nidx,:)=Xsum(nidx,:)+DataClu(moved,:);
        Xsum(oidx,:)=Xsum(oidx,:)-DataClu(moved,:);
        CON(nidx,:)=.5*sign(2*Xsum(nidx,:)-m(nidx))+.5;
        CON(oidx,:)=.5*sign(2*Xsum(oidx,:)-m(oidx))+.5;
    end
    changed=sort([oidx nidx]);
end

end

end

% ---------------------------------------------------------------

function Dist=distfun(DataClu,CON,dist,iter)
[n,p]=size(DataClu);
Dist=zeros(n,size(CON,1));
nclusts=size(CON,1);
```

```
switch dist
case 'sqeuclidean'
    for i=1:nclusts
        Dist(:,i)=(DataClu(:,1)-CON(i,1)).^2;
        for j=2:p
            Dist(:,i)=Dist(:,i)+(DataClu(:,j)-CON(i,j)).^2;
        end
    end
case 'cityblock'
    for i=1:nclusts
        Dist(:,i)=abs(DataClu(:,1)-CON(i,1));
        for j=2:p
            Dist(:,i)=Dist(:,i)+abs(DataClu(:,j)-CON(i,j));
        end
    end
case {'cosine','correlation'}
    normC=sqrt(sum(CON.^2,2));
    if any(normC < eps(class(normC)))
        error('stats:kmeans:ZeroCentroid',...
            'Zero cluster centroid created at iteration % d.',iter);
    end

    for i=1:nclusts
        Dist(:,i)=max(1 - DataClu * (CON(i,:)./normC(i))',0);
    end
case 'hamming'
    for i=1:nclusts
        Dist(:,i)=abs(DataClu(:,1)-CON(i,1));
        for j=2:p
            Dist(:,i)=Dist(:,i)+abs(DataClu(:,j)-CON(i,j));
        end
        Dist(:,i)=Dist(:,i)/p;
    end
end
end

% ----------------------------------------------------------------
```

```
function [centroids,counts]=gcentroids(DataClu,index,clusts,dist)
[n,p]=size(DataClu);
num=length(clusts);
centroids=NaN(num,p);
counts=zeros(num,1);

for i=1:num
    members=(index == clusts(i));
    if any(members)
        counts(i)=sum(members);
        switch dist
        case 'sqeuclidean'
            centroids(i,:)=sum(DataClu(members,:),1)/counts(i);
        case 'cityblock'
            Xsorted=sort(DataClu(members,:),1);
            nn=floor(.5 * counts(i));
            if mod(counts(i),2)== 0
                centroids(i,:)=.5 * (Xsorted(nn,:)+ Xsorted(nn+1,:));
            else
                centroids(i,:)=Xsorted(nn+1,:);
            end
        case {'cosine','correlation'}
            centroids(i,:)=sum(DataClu(members,:),1)/counts(i); % un-
            normalized
        case 'hamming'
            centroids(i,:)=.5 * sign(2 * sum(DataClu(members,:),1)-
            counts(i))+ .5;
        end
    end
end
end
```